計測・制御
テクノロジー
シリーズ
9

計測自動制御学会 編

システム同定

和田　　清
奥　　宏史
田中　秀幸　共著
大松　　繁

コロナ社

会誌出版委員会（平成28年度）
出版ワーキンググループ

主　　査	金田　泰昌
委　　員	天野　　晃
（五十音順）	尾形　哲也
	久保田　直行
	小木曽　公尚
	小林　　洋
	桜間　一徳
	奈良　高明
	山本　豪志朗

まえがき

　本書のテーマである「システム同定」は，制御，予測，診断などを正確に行うためにシステムの数式モデルを観測データから構成することである。システム同定は，おもに制御工学において発展してきたが，その適用範囲は工学分野にとどまらず，生物，社会，経済，環境など多様な分野にまで拡大している。

　同定手法も年々発展してきており，最近は微分方程式のような数理モデルで表すことが難しい対象でも，ニューラルネットワークなどを用いた数式モデル構成法が開発されている。

　近年，実際のシステムを同定しようとするとき，同定のためのソフトウェアなどを使えばとりあえず何らかの同定結果が得られるようになっているが，有用な結果を得るには，対象のモデルの選択，入出力データの取得，パラメータ推定手法の選定などを適切に行わなければならない。これを行うには，対象についての深い知見とともにシステム同定理論に対する十分な理解を必要とする。

　本書は，システム同定理論の基礎から最近の発展までについて解説したもので，四つの章から構成されている。

　1 章は，例題を用いて同定の概要を示し，また同定の歴史を述べている。

　2 章は，まず統計的推定の基礎理論について説明し，ついで単一入出力システムの同定手法として，標準的な手法のほかに変数誤差モデルの同定やサンプル値データに基づく連続時間システムの同定について述べている。また，多入力多出力システムのベクトル差分方程式による同定の問題点を検討している。

　3 章では，多入力多出力システム同定の問題点を解決する方法として，状態空間モデルの直接同定法である部分空間同定法について述べている。確定システムの代表的な手法を示した後に，確率的システムの部分空間同定法を説明し，閉ループ系の同定などを概説している。

4 章はニューラルネットワークによる非線形システムの同定について，またオンライン同定手法としての適応フィルタを用いた同定および時系列モデルの同定について述べている。

学部学生や技術者にとっての便宜のために，線形代数と確率過程の基礎を付録に書いている。

なお，各章の執筆分担は以下である。

1 章：和田　清，奥　宏史
2 章：和田　清
3 章：奥　宏史，田中秀幸
4 章：大松　繁
付録：奥　宏史，田中秀幸

2017 年 1 月

執筆者を代表して　和田　清

目　　次

1. は　じ　め　に

1.1 システム同定とは ……………………………………………………… *1*
1.2 例題 ―台車振子系の動特性― ……………………………………… *4*
　1.2.1 台車振子系の物理モデル ………………………………… *5*
　1.2.2 台車振子系のシステム同定 ……………………………… *6*
1.3 モデルの分類 …………………………………………………………… *10*
1.4 システム同定の歴史 …………………………………………………… *12*

2. システム同定の基礎

2.1 線形回帰モデル ………………………………………………………… *17*
　2.1.1 最小2乗法 ………………………………………………… *17*
　2.1.2 最小2乗推定量の性質 …………………………………… *20*
　2.1.3 繰返し最小2乗アルゴリズム …………………………… *22*
2.2 離散時間システムの同定 ……………………………………………… *25*
　2.2.1 インパルス応答の推定 …………………………………… *25*
　2.2.2 伝達関数の推定 …………………………………………… *30*
　2.2.3 漸近バイアス ……………………………………………… *38*
　2.2.4 出力誤差法 ………………………………………………… *43*
　2.2.5 一般化最小2乗法 ………………………………………… *46*
　2.2.6 拡大最小2乗法 …………………………………………… *49*

    2.2.7 補助変数法 ･･･ 51
    2.2.8 固有ベクトル法 ･･ 55
    2.2.9 バイアス補償最小2乗法 ･････････････････････････････････････ 60
2.3 連続時間システムの同定 ･･ 68
    2.3.1 インパルス応答による同定 ･･･････････････････････････････････ 68
    2.3.2 連続–離散変換 ･･ 73
    2.3.3 近似離散時間モデル ･･･････････････････････････････････････ 76
2.4 多変数系同定の問題点 ･･･ 77
    2.4.1 多変量回帰式 ･･ 77
    2.4.2 ベクトル差分方程式 ･････････････････････････････････････ 81
    2.4.3 パラメータ推定 ･･･ 86
問　　　　題 ･･ 89

3. 部分空間同定法

3.1 歴　　　　史 ･･ 93
3.2 実　現　理　論 ･･ 96
    3.2.1 確定系の実現理論 ･･････････････････････････････････････ 96
    3.2.2 確率系の実現理論 ･････････････････････････････････････ 100
3.3 確定系の部分空間同定法 ･･･ 108
    3.3.1 確定系の部分空間同定問題 ･･････････････････････････････ 108
    3.3.2 MOESP 法 ･･ 112
    3.3.3 N4SID 法 ･･ 118
3.4 確率系の部分空間同定法 ･･･ 124
3.5 雑音を考慮した部分空間同定法 ･････････････････････････････････････ 131
    3.5.1 Ordinary MOESP 法 ･･････････････････････････････････ 131
    3.5.2 補助変数の導入 ･････････････････････････････････････ 138

	3.5.3	PI-MOESP 法	144
	3.5.4	PO-MOESP 法	147
	3.5.5	雑音モデルの構造による同定法の選択	150
3.6	閉ループ部分空間同定法		155
	3.6.1	CL-MOESP 法	156
	3.6.2	PBSID 法	161
問　　題			171

4. ニューラルネットワークによる同定

4.1	ニューラルネットワークの概要	172
	4.1.1 構造的分類	173
	4.1.2 学習アルゴリズムによる分類	173
4.2	代表的なニューラルネットワークの学習アルゴリズム	174
	4.2.1 多層パーセプトロン	175
	4.2.2 遺伝的アルゴリズム	181
	4.2.3 GMDH ニューラルネットワーク	183
	4.2.4 Elman ニューラルネットワーク	184
4.3	フィードフォワードニューラルネットワークによるシステム同定	185
	4.3.1 動的システムの記述	185
	4.3.2 入出力モデルによる同定	187
	4.3.3 状態空間モデルによる同定	189
4.4	数式モデルのパラメータ推定	193
	4.4.1 ニューラルネットワークによるパラメータ推定	194
	4.4.2 パラメータ推定の例	197
4.5	適応ディジタルフィルタ	199
	4.5.1 非巡回型フィルタ	200

- 4.5.2 巡回型フィルタ 202
- 4.5.3 適応フィルタによるシステム同定 204
- 4.6 時系列パラメータの同定 205
  - 4.6.1 AR(p) の同定 208
  - 4.6.2 MA(q) の同定 208
  - 4.6.3 ARMA(p,q) の同定 208
- 4.7 まとめ 210
- 問題 210

付録 213

- A.1 記法と数学的準備 213
  - A.1.1 線形代数の基礎 213
  - A.1.2 行列による数値計算 215
  - A.1.3 離散時間線形システムの基礎 220
  - A.1.4 確率過程の基礎 221
- A.2 証明および式の導出 223
  - A.2.1 式(3.42)の証明 223
  - A.2.2 式(3.82)の証明 224
  - A.2.3 式(3.87)の証明 225
  - A.2.4 式 (3.138), (3.140), (3.141) の導出 226
  - A.2.5 補題 3.10 の証明 226
  - A.2.6 補題 3.11 の証明 227

引用・参考文献 228
問題解答 241
索引 252

1 はじめに

本章では,システム同定の概要を例題を用いて示し,システム同定の歴史について述べる。

1.1 システム同定とは

制御系設計のためには,制御対象の動特性を知る必要があり,そのために,制御対象の動特性を表すモデルを求める方法が提案されている。

制御対象のモデルを構築する方法は,物理・化学的な法則に基づくものと入出力データに基づくものに大別されるが,後者は同定あるいはシステム同定と呼ばれているモデル構築法である[†1]。この方法は同定対象に対する先験的な知識などに基づいて,対象のモデルの数学的表現を決定し,モデルの集合を設定すると,一般に入出力データに基づく未知パラメータの推定問題に帰着される。

システム同定の手順を少し詳しく説明すると,図 *1.1* に示すようにまず同定対象を定め,対象の入力 u とこの入力に対する出力 y を定める。つぎに計算機処理を前提としてこの入出力を一定時間間隔ごとに観測するサンプリングをす

図 *1.1* システム同定

---

†1 「入出力データに基づく」としているが,入力の観測データそのものではなく,入力の統計的性質を用いる場合も,一般にシステム同定と呼ばれている。

ることになる．このようにして得られた入出力データには，同定対象の動的な性質すなわち動特性の情報が含まれているが，この情報の質を決める要因の一つに入力があるので，可能であれば，情報の質を高める入力の選定が行われる．入力の選定や不要な情報の除去には同定対象の動特性についての先験的な知識が必要となる．入出力データに含まれる動特性の情報を制御・予測・診断などの目的に適した形に変換したものがモデルである．変換に伴う情報の損失が少ないようなモデルの数学的表現[†1]を選ぶことが重要で最も難しい手順である．数学的表現を求めるときにも先験的知識やデータの情報が必要となる．モデルの数学的表現が求まれば，モデルを規定するパラメータが定まり，いわゆるモデル集合が定まり，この集合の中から入出力データに基づいてパラメータを求めるパラメータ推定問題となる．最後に，推定されたモデルの検証が行われる．この検証の際には，パラメータ推定に用いた入出力データとは異なる（同じ同定対象の）入出力データが用いられる．検証の結果が思わしくない場合には，上記の種々の選択を見直すことによって，パラメータ推定を繰り返すことになる．以上の手続きを図示すると図 **1.2** のようになる．なお，伝達関数モデルや状態空間モデルのようなパラメトリックなモデルのパラメータ推定の歴史については **1.4** 節で詳述する．

ここで，我が国のシステム同定の萌芽期における状況を上記の手順と絡めて

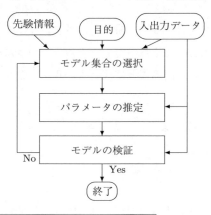

図 **1.2**　システム同定の流れ

[†1]　**1.3** 節参照．

説明することにする．制御の分野において，システム同定という用語が定着したのは，1970年代になってからで[1),2)†1]，それまでは動特性の推定・決定あるいは測定などと呼ばれていた[3)〜9)†2]．1960年代までの我が国のシステム同定は，主として工業プロセスを同定対象として操業状態での入出力データを用いて，インパルス応答モデルのパラメータを相関法あるいは最小2乗法によって求めようとするものであった[10),13)〜15)]．操業状態での入力では動特性推定の精度が満足できない場合は，製品の品質を損ねない程度の小さな振幅の試験信号を加えることが行われていた[11)]．試験信号としてM系列から構成される擬似ランダム2値信号（pseudo-random binary signal, PRBS）が用いられたが[5),12),14)]，これはPRBSの相関関数の性質を使うと，計算が簡単になることが理由の一つであった．なお，この当時はPRBSを現在のように計算機で簡単に生成できるものではなく，PRBSを生成する装置についての提案もされている[5),14)]．このように，モデルの数学的表現は対象の動特性に特別の仮定をおく必要のないインパルス応答で，入力は基本的に操業状態の入力であり，したがって図 **1.2** においてモデル集合および入力の選択肢はなく，試験信号を使うとしてもPRBSに限られていた．また，パラメータ推定法も相関法か最小2乗法であり，モデル検証についても現在のような検証は行われていなかった．ただし，システム同定におけるデータの取得に関する研究の重要性は認識されていて[16)]，また，この時代にすでに，フィードバック系内のプロセスの同定[17)]，無定位系の同定[18),19)]などの研究も行われている．1970年代に入ると，モデルのパラメータを直接用いる制御系設計が主流となり，我が国でもこの流れに沿ってパラメトリックなモデルである伝達関数モデルのパラメータ推定の研究に中心が移っていき，モデル集合やパラメータ推定の選択の幅が広がり図 **1.2** のよ

---

†1 肩付き数字は，巻末の引用・参考文献番号を表す．
†2 システム同定は，system identification の邦訳であるが，他分野ですでに同定という言葉が使われていたにも関わらず，何か違和感があったようで，認知あるいは検知などの訳を用いたり[12)]，そのままアイデンティフィケーションとしたりしていた[11),20),73),75)]．ちなみに，この頃，ある有名な洋書店で，P. Eykhoff の System Identification[60)] が Chemistry の棚に置かれていた．

うなシステム同定の手順の重要性が認識されるようになった。

次節では，メカニカル系を例題として，物理法則に基づくモデリングとシステム同定との違いを説明し，またシステム同定の手順を具体的に説明することにする。

1.2 例題 ―台車振子系の動特性―

図 **1.3** の台車振子系の動特性を考える。台車はベルトを介して直流サーボモータに引っ張られ，直線レール上を水平方向左右に動く。指令電圧信号（u）は PC 上で ±1V を上下限値とする時系列で与えられる。指令電圧信号はコントローラボードを介してドライバボックスへ出力され，ドライバボックスは電流制御（トルク制御）モードでモータを駆動する。振子は台車に自由関節により接続されている。台車位置（ζ）はレールの中央付近を基準位置として台車位置計測用ポテンショメータで計測される。振子角度（θ）は鉛直下向きを基準位置として振子角度計測用ポテンショメータで計測される。

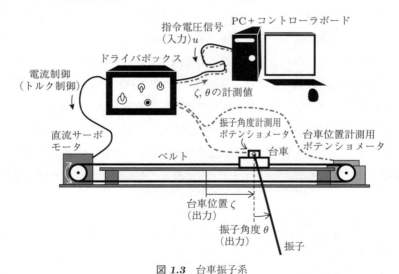

図 **1.3** 台車振子系

1.2.1 台車振子系の物理モデル

図 **1.3** の台車振子系はメカニカル系の一つであり，力学的考察よりその物理モデルを求めることは比較的容易である．ここでは，台車振子系の動特性について物理モデリングのアプローチにより考察する．

いま，台車の質量，振子の質量，振子の長さをそれぞれ M, m, $2L$ とする．θ は微小と仮定する．このとき，この台車振子系の物理モデルとして，つぎの連続時間状態方程式が得られる．

$$\begin{bmatrix} \dot{\zeta} \\ \ddot{\zeta} \\ \dot{\theta} \\ \ddot{\theta} \end{bmatrix} = \begin{bmatrix} 0 & 1 & 0 & 0 \\ 0 & a_1 & a_2 & a_3 \\ 0 & 0 & 0 & 1 \\ 0 & a_4 & a_5 & a_6 \end{bmatrix} \begin{bmatrix} \zeta \\ \dot{\zeta} \\ \theta \\ \dot{\theta} \end{bmatrix} + \begin{bmatrix} 0 \\ b_1 \\ 0 \\ b_2 \end{bmatrix} F \qquad (1.1)$$

ここで，F は台車に働く力とし

$$a_1 = -\frac{4c_1}{4M+m}, \quad a_2 = \frac{3mg}{4M+m}, \quad a_3 = \frac{3c_2}{(4M+m)L},$$
$$a_4 = \frac{3c_1}{(4M+m)L}, \quad a_5 = -\frac{3(M+m)g}{(4M+m)L}, \quad a_6 = -\frac{3(M+m)c_2}{(4M+m)mL^2},$$
$$b_1 = \frac{4}{4M+m}, \quad b_2 = -\frac{3}{(4M+m)L}$$

と定義する．表 **1.1** に定数の定義をまとめておく．

表 **1.1** 各定数の定義

c_1	台車とレール間の摩擦係数	M	台車の質量
c_2	振子の回転軸の摩擦係数	m	振子の質量, $m = 0.023$kg
g	重力加速度	L	（$2L$ で）振子の長さ, $L = 0.200$m

二つのポテンショメータにより台車位置と振子角度が計測されることを考慮すると，出力方程式はつぎのように与えられる．

$$\begin{bmatrix} \zeta \\ \theta \end{bmatrix} = \begin{bmatrix} 1 & 0 & 0 & 0 \\ 0 & 0 & 1 & 0 \end{bmatrix} \begin{bmatrix} \zeta \\ \dot{\zeta} \\ \theta \\ \dot{\theta} \end{bmatrix} \qquad (1.2)$$

1. はじめに

連続時間状態空間モデル (1.1), (1.2) より，この台車振子系の動特性は，① 1入力2出力の，② 可制御かつ可観測な，③ 原点に極をもつ線形時不変系で説明できそうである。また，振子の長さと質量から振子の単振動の周期は約 $1\,\mathrm{s}$[†1] であることがわかる。これらの知見はシステム同定において重要な先見情報として利用できる（図 *1.2*）。なお，式 (1.1) の入力が F であり，u でないことに注意する。すなわち，台車に働く力 F と指令電圧 u の間には動特性があり，図 *1.4* の二つのブロックの動特性次第で系全体の次数が 4 次にも 5 次にもなり得るので，次数は絶対的なものではないことを注意しておく。

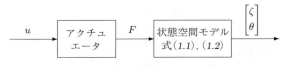

図 *1.4* 台車振子系のブロック線図

1.2.2 台車振子系のシステム同定

システム同定により図 *1.3* の台車振子系のモデルを得ることを考える。図 *1.2* に準じて，システム同定の手順は大まかに

手順 1 入出力データの入手（システム同定実験の設計，データサンプリング，データの前処理）

手順 2 モデル集合の選択およびパラメータの推定（狭義のシステム同定）

手順 3 同定モデルの検証

と分けられる。

手順1にはサンプリング周期 Δ の決定や同定入力の選定も含まれる。システム同定実験におけるデータサンプリングに関して，サンプリング後にデシメーション[†2]によってサンプリング周期の大きなデータに変換するのは難しくないため，一般にはなるべく小さなサンプリング周期でデータサンプリングすれば

[†1] $g=9.81\,\mathrm{m/s^2}$ とすると，周期は $4\pi\sqrt{L/3g} = 1.036\,\mathrm{s}$ となる。
[†2] データを間引くこと。ただし，間引く前に間引き後のナイキスト周波数を遮断周波数とする低周波域通過フィルタによる処理が必要である。

よい．また，可能ならば同定対象のステップ応答試験など必要に応じてプレ同定実験を実施する．もし同定対象のバンド幅や立ち上がり時間などの情報が大まかにでも得られれば，それらの情報は同定モデルを求める際のサンプリング周期を決定する助けとなる．

今回は，台車を駆動するモータとその周辺の動特性を無視できるように，つまり，F と u の関係がある定数 c を介して $F = cu$ とみなせるように，モータの時定数より十分大きい 20 ms をサンプリング周期に選んだ．図 **1.5** にサンプリングされたシステム同定用入出力データを示す．入力 u として，信号レベル ± 0.08，最大長 $2^{12} - 1 = 4\,095$ の PRBS[†1] をコントローラボードにて零次ホールドしたものが指令電圧信号としてドライバボックスに印加される．一般に，信号レベルは大きいほうが望ましいが，ここでは振子角度 θ が微小とみなせる範囲内に収まるように注意深く設定する必要がある．

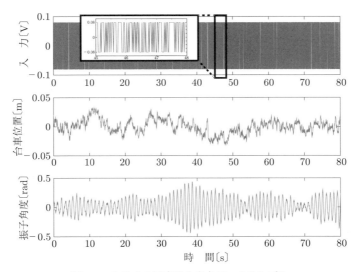

図 **1.5** システム同定用入出力データサンプル

---

†1 ここでは詳述しないが，PO-MOESP 法の持続的励振条件に関する式 (3.159) を満足する信号の一つとして PRBS を採用した．

データの前処理として，サンプリングされた出力データからその平均値を差し引き同定用データの平均値が 0 となるようにした。

手順 2 について，ここでは部分空間同定法の一つである PO-MOESP 法を用いた。PO-MOESP 法は式 (3.156) のモデルに基づいて同定を行うが，その理論的詳細については **3** 章で後述する。モデル次数の決定のために，図 **1.6** に示すある行列（具体的には後述の式 (3.160) の L_{32}）の特異値の分布をみる。ここではモデル次数を 4 次と決定する。これは前項で得られた物理モデル (1.1) の次数と $F = cu$ の関係性に矛盾しない。出力ベクトル $\boldsymbol{y}(t)$ を

$$\boldsymbol{y}(t) = \begin{bmatrix} \zeta(t) \\ \theta(t) \end{bmatrix}$$

とおき，入力 $u(t)$，出力 $\boldsymbol{y}(t)$ のサンプル値を $u(k), \boldsymbol{y}(k)$ とすると，得られた同定モデルは 4 次の離散時間線形時不変状態空間モデル

$$\boldsymbol{x}(k+1) = A\boldsymbol{x}(k) + \boldsymbol{b}u(k)$$
$$\boldsymbol{y}(k) = C\boldsymbol{x}(k)$$

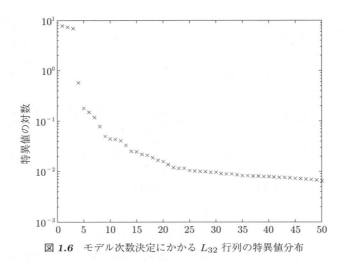

図 **1.6** モデル次数決定にかかる L_{32} 行列の特異値分布

であり,その特性多項式の根は $0.992 \pm 0.120i, 0.945, 0.994$ であった。最後の一つが 1 に近い[†1]。また,根のうち共役複素根の偏角より振子の固有周期がおおよそ計算できて 1.041 s と理論値 1.036 s に近い値が求まった。このようにシステム同定の結果は,前項の物理モデリングによる考察とおおむね合致する。

手順 3 について,システム同定に用いたデータセットとは異なるデータセットを用いて,得られた同定モデルの検証を行った。検証結果を図 1.7 に示す。検証用データと同定モデルによって生成された出力との適合度を式 (1.3) で評価する。

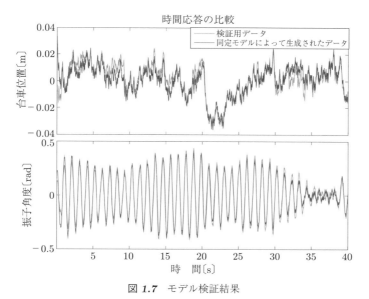

図 1.7 モデル検証結果

$$適合度〔\%〕= 100 \left(1 - \frac{\|y - \widehat{y}\|}{\|y - \mathrm{mean}(y)\|}\right) \qquad (1.3)$$

台車位置と振子角度の適合度はそれぞれ 56%,81% となり,まずまずの結果が得られた。

[†1] 双一次変換により離散時間系において 1 に極をもつことと連続時間系において 0 に極をもつことが対応付けられることに注意する。

1.3 モデルの分類

同定対象のモデルを構成するためには，まずモデルについての適切な数学的表現を選択する必要がある[21]〜[23]。同定対象の数学的表現としては

(1) 連続時間か離散時間か
(2) 集中定数か分布定数か
(3) 線形か非線形か
(4) 時変か時不変か
(5) 単一出力か多出力か
(6) 時間領域か周波数領域か
(7) パラメトリックかノンパラメトリックか

といった選択があり，これらの組合せの各々に対してパラメータ推定問題が考えられる。前節では，数学的表現として離散時間，集中定数，線形，時不変，多出力，時間領域パラメトリックなモデルを選んでいることがわかる。

本書の **2** 章と **3** 章では，それぞれ単一出力と多出力の集中定数線形時不変離散時間モデルのパラメータ推定問題を取り扱うことにする。

集中定数線形時不変離散時間モデルの表現形式としては

(1) パルス伝達関数モデル（差分方程式モデル）
(2) 状態空間モデル

といったパラメトリックなものと単位パルス応答モデル[†1]のようなノンパラメトリックなものがある。単一入出力の場合，入出力から一意に決定されるパラメータの個数は，次数を n とするとき $2n+1$ であること，またパルス伝達関数モデルから状態空間モデルを求めることは容易であることもあって，同定においてはパラメトリックな表現としてパルス伝達関数モデルが最もよく用いられている。

[†1] 単位パルスとインパルスについては，**2.2.1** 項を参照。

1.3 モデルの分類

一方，単位パルス応答モデルで入出力の関係を正確に表そうとするとかなりの個数のパラメータを必要とし，また単位パルス応答モデルから状態空間モデルを求める実現のステップが必要となる。しかし，計算機の発展により推定するパラメータの個数の多さは問題にならなくなってきており，次数決定や推定モデルの安定性の問題に悩まされることもないので，これからは単位パルス応答モデルを選択肢の一つとしてもよいように思われる。ただし，単位パルス応答モデルの推定には数値的な不安定性の問題が生じやすいことに留意する必要がある。

ここで強調しておきたいことは，数学的表現として線形モデルを用いるからといって，同定対象が線形システムであると考えているわけではなく，同定対象のある動作範囲での動特性をモデル化しようとしているということである。動作範囲の設定は，同定の目的や対象に関する先験情報のほかに同定に関わるコストなどに依存する。

より広い動作範囲でのモデル化には，非線形モデルを用いることになるが，線形モデルの場合と異なりノンパラメトリックな表現形式

(1) ボルテラ級数展開
(2) ニューラルネットワーク
(3) 基底関数展開[†1]

が基本的である。**4**章ではニューラルネットワークによるシステム同定について扱う。

その他の表現形式として，静的非線形ブロック（ノンパラメトリック）と動的線形ブロック（パラメトリック）の組合せで表現するブロック指向モデル

(1) ウィーナーモデル
(2) ハマースタインモデル
(3) ウィーナー・ハマースタインモデル

がある。いずれにしても非線形モデルの場合，多くの選択肢があるので適切なモデルの選択が大きな問題となる。

[†1] ニューラルネットワークに含めることもある。

なお，雑音の影響が考えられる場合は，選択されたモデルの表現形式に確率的な情報を加味してモデル集合を設定しなければならない。

最後に，モデルが線形か非線形であるかどうかは，必ずしもパラメータ推定が線形か非線形かどうかとは関係しないことを注意しておく。

1.4 システム同定の歴史

線形離散時間システムのパラメトリックなモデルの未知パラメータ推定が，特に制御工学の分野で必要性を認められ，研究の対象となったのは，適応制御に関する1958年のKalmanの論文以後のことであろう。Kalmanは，系の差分方程式表現を回帰理論における線形回帰式とみなして最小2乗法を適用した[24]。しかし，観測に付加雑音がある場合，最小2乗推定量は漸近バイアスをもち，一致推定量ではないことから一致推定量を与える種々の手法の開発が行われてきた。

まずLevinは差分方程式表現を超平面を表す方程式とみて，観測点にこの超平面を適合させる手法としてKoopmansの手法[25]を形式的に用いた[26]。このLevinの手法の統計的有効性は，Monte Carloシミュレーション[27]や理論的解析[28]によって確かめられている。SteiglitzとMcBrideはLevinの手法の統計的有効性を認めながらも，推定値を求める計算が固有値・固有ベクトルを求める計算になることに問題があるとして[†1]，システムの観測出力とモデル出力の誤差最小化によるパラメータ推定法を提案した[29]。この推定法は観測雑音が正規性白色雑音の場合，最尤法に一致することが知られており[29],[30]，統計的な性質に関する限りこの推定法は最もよい推定法といえる。しかし，推定値を求めるために非線形の連立方程式を解かねばならない点が問題であった。正規性有色雑音の場合の最尤法はRogersとSteiglitz[31]やÅströmとBohlin[32]によって考察されている。

[†1] この当時は，まだ固有値・固有ベクトルを求める数値計算法が確立されていなかった。

制御工学では，Kalman のように差分方程式を回帰式とみなすときの誤差項を式誤差（equation error）と呼び，Steiglitz と McBride の用いたシステム出力とモデル出力との誤差を出力誤差（output error）と呼ぶ[33]。前述のように式誤差の平方和の最小化による最小2乗法は一致推定法ではないが，新しい入出力データが観測されるごとに推定値を更新するいわゆる繰返しアルゴリズムで，逆行列計算を必要とせずに推定値が正確に求められるという利点がある。このように最小2乗法は，オンライン計算に適しているので，式誤差の観点から，一致推定量を与えるオンライン推定法の開発が行われた。例えば，Ho と Lee はオンライン推定法として平均2乗式誤差評価最小に基づく確率近似法を提案した[34]。もちろんこの方法でも観測雑音がある場合，バイアスをもった推定量しか得られない[35]。そこで，Sakrison は平均2乗式誤差評価の補正を行い，この補正された評価を最小にする推定量を確率近似法で求めることを提案している[36]。また Saridis と Stein は Ho と Lee の確率近似アルゴリズムに，漸近バイアスを補償する項を加えたアルゴリズムを提案している[35]。

式誤差の立場に属するものとして，計量経済学の分野で Reiersøl によって提案され[37]，Wong と Polak により制御工学に導入された[38] 補助変数法（instrumental variable method）がある。この方法では補助変数の選択に任意性があり，補助変数の選択に対応して種々の推定量が得られる。Wong と Polak は漸近有効性に関して最適な2種の補助変数，すなわち漸近最適補助変数とミニマックス最適補助変数を提案した。これらの変数はともに入出力データから直接求められないので，特にミニマックス最適補助変数に対して近似的推定値をオンラインで求めるアルゴリズムを与えている[38]。ミニマックス最適補助変数推定値を求めるオンライン計算法は Rowe[39]，Pandya[40] らによっても提案され，これらはブートストラップ法と総称されているが，いずれもアルゴリズムの収束性は保証されていない。一方，過去の出力観測値を補助変数とする補助変数推定量[41]~[43] は，漸近有効性の面で劣るとしても，補助変数を計算するステップが不要であり，近似なしで繰返しアルゴリズムによって求められ収束も保証されている点で優れている。

式誤差をフィルタに通すことによって一致推定量を得ようとする手法に，一般化最小2乗法[44]と拡大最小2乗法[45]~[47]がある。これら二つの方法には，一般化最小2乗法がモデルのパラメータとフィルタのパラメータを交互に最小2乗法で求めるのに対して，拡大最小2乗法は二つのパラメータをまとめて最小2乗推定量の形で求めるという違いがある。なお，いずれも式誤差の推定が必要なので，計算は基本的に反復計算となる。これらは，最尤法と同様に，データ集積後に推定値を求めるオフライン推定法であるが，近似的に繰返しアルゴリズムで求める研究が行われ[49]，このアルゴリズムの収束特性が検討されている[48]。

このように雑音の影響を考慮した統計的取扱いや，ゆるやかに変動する時変系に対処できる繰返しアルゴリズムの開発に重点が置かれていたのは同定対象として，操業状態の工業プロセスが主として想定されていたからである。

以上のように，1970年代半ばまでにほとんどの同定法が提案され，また，これらの手法の解説論文[50],[51]や比較検討した論文[52]~[54]が発表され，システム同定の成書[55]~[60]も発行されている。1970年代半ば以降，多くの同定法が予測誤差法の枠組みで統一化されて議論されるようになり[61]，また，システムがモデル集合に含まれない場合についての理論的検討が行われるようになった[62]。

多入力多出力システムの同定法については，1入力1出力システムの場合と異なり，ベクトル差分方程式表現のパラメータの個数が入出力データから一意に決定できる個数よりも多いという問題がある。そこで，可観測指数の族などの情報を用いて推定パラメータの個数を減らさなければならないが，入出力データからこれらの情報を求めることは容易ではない[63]。また，差分方程式表現から状態空間モデルを求める最小実現も1入力1出力の場合ほど簡単でなく数値計算上の問題がある[21],[64]。

一方，入出力データから直接状態空間モデルを求める方法が提案[65],[66]されたが，出力データからなる行列から一次独立な行を選択する有効な数値計算法がなかったこともあり，それほど注目を集めることはなかった。その約20年後に，特異値分解やRQ分解の優れた数値計算法が整備されたこともあり，理論

的にも明確で数値計算上の配慮も加えられた部分空間同定法が提案され[130]，脚光を浴びることとなった．部分空間同定法が現れるまでの詳細な歴史的経緯については，**3.1**節に述べる．

一般に制御対象は微分方程式で表される連続時間系であるにも関わらず，数学的モデルとして伝達関数（微分方程式）を用いることは少なく，主としてパルス伝達関数（差分方程式）が用いられている[67]．これは，データ処理を計算機で行うためデータをサンプリングすることが前提となっており，サンプルされたデータ間の関係を表現するには差分方程式が適切であると考えられるからである．しかし，計算機の発展により，より短いサンプリング周期でデータの処理が行えるようになり，サンプリング周期をあまり短くするとかえってパラメータの推定精度が悪くなること，また差分方程式のパラメータを微分方程式のそれへの変換精度も悪くなることが知られてきた．そのため，微分方程式のパラメータがもつ物理的意味をパラメータ推定に組み込むことが可能なこともあって，微分方程式のパラメータを入出力サンプル値から直接推定する方法が注目を集めるようになり，精力的な研究が行われている[68],[69]．

出力ばかりでなく入力にも観測雑音がある場合に適用可能な方法は数少なく，有効な推定法の開発が望まれることが Söderström[70] によって指摘されて以来，特に2000年代になって精力的に研究が進められている．統計学や計量経済学では，入出力に観測雑音がある場合の回帰モデルを変数誤差モデルと呼び古くから研究されてきたが，主として対象は静的な関係式であり[†1]，動的なシステムに対する研究はほとんどなされていなかった[71]．

非線形システムの同定であるが，90年代以降の計算機環境（計算速度や記憶容量など）の飛躍的向上によって同定法の研究が盛んに行われるようになっている．ボルテラ級数展開による非線形モデルのパラメータ推定は1960年代からすでに始められ理論的にはほぼ確立していたが[52],[58],[73]，当時の貧弱な計算機環境では，実際に適用するには展開項数の点で無理があった．このことは，ニューラルネットワークの研究においても同様で，有効な学習アルゴリズムの

[†1] 補助変数法は静的な変数誤差モデルに対して提案された手法である．

再発見と相まって 1986 年以降再び注目を集め，システム同定への応用も盛んに研究されるようになった[74],[177]。

　大雑把にいえば，システム同定の問題は，モデルパラメータについての非線形最適化問題に帰着され，計算機の力を最大限に利用すればとりあえず解が求まる時代になりつつある。しかし，特に非線形のシステム同定の場合，牛刀割鶏とならないようにシステム同定の目的を十分に検討する必要があるであろう。

2 システム同定の基礎

本章では，まずシステム同定の基礎となる線形回帰モデルを説明する。ついで単一入出力系の離散時間および連続時間システムのおもな同定手法を述べる。また，部分空間同定法への序章として多変数系同定の問題点に触れる。

2.1 線形回帰モデル

線形離散時間システムの入出力関係は，インパルス応答あるいは伝達関数で表されるが，これらの表現に基づく同定はいずれも形式的に統計学における線形回帰モデルのパラメータ推定問題に帰着する。

本節では，まず標準線形回帰モデルについて述べ，このモデルに対して最小2乗推定量がよい性質をもつことを示す。ついで，データ数が一つ増えるごとに推定値[†1]を更新するアルゴリズムを紹介する。

2.1.1 最小2乗法

二つの変数 x, y の N 個のデータ (x_i, y_i), $i=1,2,\cdots,N$ が与えられている場合を考える。x, y に関するデータは

$$y_i = ax_i + b + \varepsilon_i \qquad (i=1,2,\cdots,N) \tag{2.1}$$

なる関係式を満足するものとする。ここで ε_i は，ある確率分布に従う確率変数であり，誤差項と呼ばれる。式 (2.1) を y と x との間の**線形回帰式**という。ε_i

---

[†1] 本章では，推定量の統計的な性質を議論するので，統計学の用語にしたがって，推定量とその実現値である推定値とを区別する。

は想定した二つの変数の間の関係式

$$y = ax + b \tag{2.2}$$

が「真」の関係式ではないことによる誤差，あるいは式 (2.2) は「真」の関係式であるが，変数 y の観測値に観測誤差が付加したことによる誤差とも考えられる。もちろん，ε_i を関係式の構成上の誤差と観測誤差との和であると考えてもよい。回帰式とそれに関する確率的前提を含めて**回帰モデル**という。

以下では，より一般的な線形回帰式

$$y_i = \beta_0 + \beta_1 x_{i1} + \beta_2 x_{i2} + \cdots + \beta_n x_{in} + \varepsilon_i \quad (i = 1, 2, \cdots, N) \tag{2.3}$$

を考える。$y_1, y_2, \cdots, y_N$ からなるベクトルを $\boldsymbol{y}$ とすると式 (2.3) は

$$\boldsymbol{y} = X\boldsymbol{\beta} + \boldsymbol{\varepsilon} \tag{2.4}$$

と書ける。ここで

$$\boldsymbol{y} = \begin{bmatrix} y_1 \\ y_2 \\ \vdots \\ y_N \end{bmatrix}, \quad \boldsymbol{\varepsilon} = \begin{bmatrix} \varepsilon_1 \\ \varepsilon_2 \\ \vdots \\ \varepsilon_N \end{bmatrix}, \quad \boldsymbol{\beta} = \begin{bmatrix} \beta_0 \\ \beta_1 \\ \vdots \\ \beta_n \end{bmatrix},$$

$$X = \begin{bmatrix} 1 & x_{11} & \cdots & x_{1n} \\ 1 & x_{21} & \cdots & x_{2n} \\ \vdots & \vdots & & \vdots \\ 1 & x_{N1} & \cdots & x_{Nn} \end{bmatrix}$$

である。このとき**標準線形回帰モデル**が以下のように定義される[72]。

定義 2.1 (標準線形回帰モデル)

$$\boldsymbol{y} = X\boldsymbol{\beta} + \boldsymbol{\varepsilon}$$

仮定 1 　　$\mathrm{E}[\boldsymbol{\varepsilon}] = \boldsymbol{0}$

仮定 2 　　$\mathrm{E}[\boldsymbol{\varepsilon}\boldsymbol{\varepsilon}^T] = \sigma^2 I \quad (\sigma^2 > 0)$

仮定3　　rank$(X) = n+1$

$N \times (n+1)$ 行列 X の要素は非確率的量である。

ただし E$[\cdot]$ は期待値（平均値）記号である。

誤差 e_i を
$$e_i = y_i - (\widetilde{\beta}_0 + \widetilde{\beta}_1 x_{i1} + \cdots + \widetilde{\beta}_n x_{in}) \tag{2.5}$$
と定義し，e_i の平方和
$$J = \sum_{i=1}^{N} e_i^2 = \boldsymbol{e}^T \boldsymbol{e} = \|\boldsymbol{e}\|^2 \tag{2.6}$$
を最小にする $\widetilde{\boldsymbol{\beta}} = [\widetilde{\beta}_0, \widetilde{\beta}_1, \cdots, \widetilde{\beta}_n]^T$ を求めることにする。ここで
$$\boldsymbol{e} = \begin{bmatrix} e_1 \\ e_2 \\ \vdots \\ e_N \end{bmatrix} = \boldsymbol{y} - X\widetilde{\boldsymbol{\beta}}$$
である。$\widetilde{\boldsymbol{\beta}}$ についての J の勾配は
$$\frac{\partial J}{\partial \widetilde{\boldsymbol{\beta}}} = -2X^T(\boldsymbol{y} - X\widetilde{\boldsymbol{\beta}})$$
となるので，この勾配を $\boldsymbol{0}$ とすることにより，つぎの**正規方程式**（normal equation）を得る。
$$X^T X \widehat{\boldsymbol{\beta}} = X^T \boldsymbol{y} \tag{2.7}$$
この方程式の解 $\widehat{\boldsymbol{\beta}}$ を $\boldsymbol{\beta}$ の推定量とする方法が最小2乗法である。仮定3より $X^T X$ は正則であるから，正規方程式の解は
$$\widehat{\boldsymbol{\beta}} = (X^T X)^{-1} X^T \boldsymbol{y} \tag{2.8}$$
となる。$\widehat{\boldsymbol{\beta}}$ を $\boldsymbol{\beta}$ の**最小2乗推定量**という。また

$$\widehat{e} = y - X\widehat{\beta} \tag{2.9}$$

のことを**残差**（residual）といい，J の最小値

$$J_{\min} = \|\widehat{e}\|^2 = \|y - X\widehat{\beta}\|^2 = y^T \Pi_X^{\perp} y \tag{2.10}$$

のことを**残差平方和**（residual sum of squares）という。ここで

$$\Pi_X^{\perp} = I - X(X^T X)^{-1} X^T$$

である。

2.1.2 最小2乗推定量の性質

一般に β の推定量 b が，観測値ベクトル y の線形変換

$$b = Cy \tag{2.11}$$

として表されるとき（C は定数行列），b は β の線形推定量であるという。また，b が

$$\mathrm{E}[b] = \beta \tag{2.12}$$

を満たすならば，b は β の**不偏推定量**であるという。式 (2.4) を式 (2.8) に代入すると

$$\widehat{\beta} = \beta + (X^T X)^{-1} X^T \varepsilon$$

となるから，仮定より

$$\mathrm{E}[\widehat{\beta}] = \beta \tag{2.13}$$

を得る。したがって，仮定より $(X^T X)^{-1} X^T$ は定数行列であるから，最小2乗推定量 $\widehat{\beta}$ は β の線形不偏推定量である。

一般に線形推定量 $b = Cy$ に対して

$$b = C(X\beta + \varepsilon) = CX\beta + C\varepsilon \tag{2.14}$$

であるから，$\mathrm{E}[\boldsymbol{b}] = CX\boldsymbol{\beta}$ より $\boldsymbol{b}$ が不偏であるためには $(n+1) \times N$ 行列 C は

$$CX = I \tag{2.15}$$

を満足しなければならない．したがって，式 (2.14) と式 (2.15) より

$$\boldsymbol{b} - \mathrm{E}[\boldsymbol{b}] = \boldsymbol{b} - \boldsymbol{\beta} = C\boldsymbol{\varepsilon}$$

であるので，任意の線形推定量 $\boldsymbol{b}$ の共分散行列は次式である．

$$\mathrm{E}[(\boldsymbol{b} - \mathrm{E}[\boldsymbol{b}])(\boldsymbol{b} - \mathrm{E}[\boldsymbol{b}])^T] = \sigma^2 CC^T$$

C^* を $C^* = (X^T X)^{-1} X^T$ とおくと最小 2 乗推定量 $\widehat{\boldsymbol{\beta}}$ は $\widehat{\boldsymbol{\beta}} = C^* \boldsymbol{y}$ と書ける．もちろん C^* は式 (2.15) を満足する．したがって $(C - C^*) X = O$ が成り立ち，$D = C - C^*$ とおくと $DD^T = CC^T - C^* C^{*T}$ を得る．DD^T は半正定値行列であるから，行列に関する不等式

$$CC^T \geqq C^* C^{*T}$$

が成り立つ．等号が成立するのは $C = C^*$ の場合に限られるので以下の結果を得る．

定理 2.1 (ガウス・マルコフの定理)

任意の線形不偏推定値 $\boldsymbol{b}$ に対し

$$\mathrm{E}[(\widehat{\boldsymbol{\beta}} - \boldsymbol{\beta})(\widehat{\boldsymbol{\beta}} - \boldsymbol{\beta})^T] \leqq \mathrm{E}[(\boldsymbol{b} - \boldsymbol{\beta})(\boldsymbol{b} - \boldsymbol{\beta})^T] \tag{2.16}$$

となる．すなわち $\widehat{\boldsymbol{\beta}}$ は，線形不偏推定量の中で，誤差共分散行列が最小の推定量である．

$\widehat{\boldsymbol{\beta}}$ がこのような性質をもつことを「最小 2 乗推定量は最良線形不偏推定量 (best linear unbiased estimator, BLUE) である．」という．また $\widehat{\boldsymbol{\beta}}$ の共分散行列は

$$\mathrm{E}\,[(\widehat{\boldsymbol{\beta}}-\boldsymbol{\beta})(\widehat{\boldsymbol{\beta}}-\boldsymbol{\beta})^T] = \sigma^2 (X^T X)^{-1} \tag{2.17}$$

によって与えられる．

標準線形回帰モデルの仮定 1〜3 に加えて

　　仮定 4　　誤差項 ε_i は正規分布に従う．

のもとでは，最小 2 乗推定量は**最尤推定量**であることが以下のようにして示される．仮定より，$\boldsymbol{y}$ は平均値が $X\boldsymbol{\beta}$，共分散行列が $\sigma^2 I$ の正規分布に従うので，その確率密度関数は

$$f(\boldsymbol{y}|\boldsymbol{\beta}, \sigma^2) = \frac{1}{2\pi^{N/2}(\sigma^2)^{N/2}} \exp\left\{-\frac{1}{2\sigma^2}(\boldsymbol{y}-X\boldsymbol{\beta})^T(\boldsymbol{y}-X\boldsymbol{\beta})\right\} \tag{2.18}$$

である．$\boldsymbol{y}$ が与えられたとき $f(\boldsymbol{y}|\boldsymbol{\beta},\sigma^2)$ を未知の $\boldsymbol{\beta}, \sigma^2$ の関数とみなしたものを**尤度関数**と呼び $L(\boldsymbol{\beta}, \sigma^2|\boldsymbol{y})$ と表す．$\boldsymbol{\beta}$ の最尤推定量は尤度関数 $L(\boldsymbol{\beta}, \sigma^2|\boldsymbol{y})$ を最大にする $\boldsymbol{\beta}$ であり，容易にわかるようにそれは $(\boldsymbol{y}-X\boldsymbol{\beta})^T(\boldsymbol{y}-X\boldsymbol{\beta})$ を最小にする $\boldsymbol{\beta}$ に等しい．すなわち最小 2 乗推定量 $\widehat{\boldsymbol{\beta}}$ に等しい．

また，最小 2 乗推定量 $\widehat{\boldsymbol{\beta}}$ はすべての不偏推定量（線形とは限らない）の中で誤差共分散行列が最小の推定量，すなわち有効推定量であることも示される．

2.1.3　繰返し最小 2 乗アルゴリズム

以下の議論のために，式 (2.8) の最小 2 乗推定値 $\widehat{\boldsymbol{\beta}}$ にデータ個数を表す添字をつけ，また行列 X，ベクトル $\boldsymbol{y}$ にも添字 N をつけることにする．

$$\widehat{\boldsymbol{\beta}}_N = (X_N^T X_N)^{-1} X_N^T \boldsymbol{y}_N \tag{2.19}$$

データ $\{y_{N+1}, x_{N+1,1}, \cdots, x_{N+1,n}\}$ が新しく手に入ったとすると，データの行列 X_N およびベクトル $\boldsymbol{y}_N$ は

$$X_{N+1} = \begin{bmatrix} X_N \\ \boldsymbol{x}_{N+1}^T \end{bmatrix}, \quad \boldsymbol{y}_{N+1} = \begin{bmatrix} \boldsymbol{y}_N \\ y_{N+1} \end{bmatrix} \tag{2.20}$$

のように拡大される．ここで

$$\boldsymbol{x}_{N+1}^T = [\,1, x_{N+1,1}, \cdots, x_{N+1,n}\,]$$

したがって，$(N+1)$ 個のデータ $(y_i, \boldsymbol{x}_i)$, $i=1,2,\cdots,N+1$ に基づく $\boldsymbol{\beta}$ の

2.1 線形回帰モデル

最小 2 乗推定値 $\widehat{\boldsymbol{\beta}}_{N+1}$ は

$$\widehat{\boldsymbol{\beta}}_{N+1} = (X_{N+1}^T X_{N+1})^{-1} X_{N+1}^T \boldsymbol{y}_{N+1} \tag{2.21}$$

によって求められる．しかし，つぎの定理のアルゴリズムを用いると，N 個のデータに基づく $\widehat{\boldsymbol{\beta}}_N$ と新しいデータ $\{y_{N+1}, \boldsymbol{x}_{N+1}\}$ から逆行列演算を必要とせずに計算される．

定理 2.2 (繰返し最小 2 乗アルゴリズム)

$$r_{N+1} = 1 + \boldsymbol{x}_{N+1}^T P_N \boldsymbol{x}_{N+1} \tag{2.22a}$$

$$\widehat{\boldsymbol{\beta}}_{N+1} = \widehat{\boldsymbol{\beta}}_N + \frac{1}{r_{N+1}} P_N \boldsymbol{x}_{N+1} [y_{N+1} - \boldsymbol{x}_{N+1}^T \widehat{\boldsymbol{\beta}}_N] \tag{2.22b}$$

$$P_{N+1} = P_N - \frac{1}{r_{N+1}} P_N \boldsymbol{x}_{N+1} \boldsymbol{x}_{N+1}^T P_N \tag{2.22c}$$

証明 式 (2.20) より

$$X_{N+1}^T X_{N+1} = X_N^T X_N + \boldsymbol{x}_{N+1} \boldsymbol{x}_{N+1}^T \tag{2.23a}$$

$$X_{N+1}^T \boldsymbol{y}_{N+1} = X_N^T \boldsymbol{y}_N + \boldsymbol{x}_{N+1} y_{N+1} \tag{2.23b}$$

であることに注意すると

$$P_{N+1}^{-1} = X_{N+1}^T X_{N+1}$$

とおくとき

$$P_{N+1}^{-1} \widehat{\boldsymbol{\beta}}_{N+1} = P_N^{-1} \widehat{\boldsymbol{\beta}}_N + \boldsymbol{x}_{N+1} y_{N+1} \tag{2.24a}$$

$$P_{N+1}^{-1} = P_N^{-1} + \boldsymbol{x}_{N+1} \boldsymbol{x}_{N+1}^T \tag{2.24b}$$

を得る．式 (2.24b) を式 (2.24a) に代入して整理すると

$$\widehat{\boldsymbol{\beta}}_{N+1} = \widehat{\boldsymbol{\beta}}_N + P_N \boldsymbol{x}_{N+1} [y_{N+1} - \boldsymbol{x}_{N+1}^T \widehat{\boldsymbol{\beta}}_{N+1}] \tag{2.25}$$

となる．この式の両辺に $\boldsymbol{x}_{N+1}^T$ を左からかけると

$$\boldsymbol{x}_{N+1}^T \widehat{\boldsymbol{\beta}}_{N+1} = \boldsymbol{x}_{N+1}^T \widehat{\boldsymbol{\beta}}_N + \boldsymbol{x}_{N+1}^T P_N \boldsymbol{x}_{N+1} [y_{N+1} - \boldsymbol{x}_{N+1}^T \widehat{\boldsymbol{\beta}}_{N+1}]$$

となる．これより

$$y_{N+1} - \boldsymbol{x}_{N+1}^T \widehat{\boldsymbol{\beta}}_{N+1} = [1 + \boldsymbol{x}_{N+1}^T P_N \boldsymbol{x}_{N+1}]^{-1}[y_{N+1} - \boldsymbol{x}_{N+1}^T \widehat{\boldsymbol{\beta}}_N]$$

を得る．これを式 (2.25) に代入すれば，$\widehat{\boldsymbol{\beta}}_N$ の繰返しアルゴリズムが以下のようになることがわかる．

$$\widehat{\boldsymbol{\beta}}_{N+1} = \widehat{\boldsymbol{\beta}}_N + \frac{P_N \boldsymbol{x}_{N+1}}{1 + \boldsymbol{x}_{N+1}^T P_N \boldsymbol{x}_{N+1}}[y_{N+1} - \boldsymbol{x}_{N+1}^T \widehat{\boldsymbol{\beta}}_N] \qquad (2.26)$$

式 (2.24b) の両辺に左から P_{N+1} を，右から P_N をかけると

$$P_N = P_{N+1} + Pk_{N+1}\boldsymbol{x}_{N+1}\boldsymbol{x}_{N+1}^T P_N$$

となり，さらにこの式の両辺に右から $\boldsymbol{x}_{N+1}$ をかけると

$$P_N \boldsymbol{x}_{N+1} = P_{N+1}\boldsymbol{x}_{N+1}[1 + \boldsymbol{x}_{N+1}^T P_N \boldsymbol{x}_{N+1}]$$

となる．これらの式から，P_N についての繰返し式

$$P_{N+1} = P_N - \frac{P_N \boldsymbol{x}_{N+1}\boldsymbol{x}_{N+1}^T P_N}{1 + \boldsymbol{x}_{N+1}^T P_N \boldsymbol{x}_{N+1}} \qquad (2.27)$$

を得る．

$\boldsymbol{g}_{N+1}$ を

$$\boldsymbol{g}_{N+1} = P_{N+1}\boldsymbol{x}_{N+1} = \frac{P_N \boldsymbol{x}_{N+1}}{1 + \boldsymbol{x}_{N+1}^T P_N \boldsymbol{x}_{N+1}}$$

とおくと，式 (2.26) は

$$\widehat{\boldsymbol{\beta}}_{N+1} = \widehat{\boldsymbol{\beta}}_N + \boldsymbol{g}_{N+1}[y_{N+1} - \boldsymbol{x}_{N+1}^T \widehat{\boldsymbol{\beta}}_N] \qquad (2.28)$$

と書けるので，$\boldsymbol{g}_{N+1}$ が修正項 $y_{N+1} - \boldsymbol{x}_{N+1}^T \widehat{\boldsymbol{\beta}}_N$ の重みベクトルであることがわかる．なお，$\boldsymbol{g}_{N+1}$ は 2 乗誤差最小の意味で最適な重みベクトルであることを示すことができる．

最小 2 乗繰返しアルゴリズムでは，通常 $\widehat{\boldsymbol{\beta}}_0 = \boldsymbol{0}$, $P_0 = cI$ (c は正の定数) を初期値とするが，この場合の推定値は

$$\widehat{\boldsymbol{\beta}}_N(c) = \left(X_N^T X_N + \frac{1}{c}I \right)^{-1} X_N^T \boldsymbol{y}_N$$

なる推定値に対応していることが容易に確かめられる．したがって c を十分大きく選べばこの $\widehat{\boldsymbol{\beta}}_N(c)$ は式 (2.19) の $\widehat{\boldsymbol{\beta}}_N$ にほぼ等しくなることがわかる．

2.2 離散時間システムの同定

インパルス応答の推定および伝達関数の推定は,形式的に線形回帰モデルの推定に帰着するが,標準線形回帰モデルの仮定は満たされない。インパルス応答の場合,仮定は満たされないものの最小2乗推定量のよい性質はほぼ保たれるのに対して,伝達関数の場合は最小2乗推定量が漸近的にすらバイアスをもった推定値を与えることを指摘する。また,この漸近バイアスの問題を解決する代表的な方法を紹介する。

2.2.1 インパルス応答の推定

線形離散時間システムの入出力関係が,つぎの畳み込み和で表されるとする。

$$y(k) = \sum_{i=0}^{L} h_i^0 u(k-i) + v(k) \tag{2.29}$$

ここで,$\{h_i^0\}$ は,単位パルス入力

$$u(k) = \begin{cases} 1 & (k=0) \\ 0 & (k \neq 0) \end{cases}$$

に対する応答であるので,**単位パルス応答列**と呼ばれる。また,$v(k)$ は $\mathrm{E}[v(k)] = 0$ の雑音である。

この $\{h_i^0\}$ を入出力データ $\{y(k), u(k)\}$ から推定する問題を考えよう[75]。$y(L), y(L+1), \cdots, y(N)$ からなるベクトルを $\boldsymbol{y}$ とすると,式 (2.29) は

$$\boldsymbol{y} = U\boldsymbol{h}^0 + \boldsymbol{v} \tag{2.30}$$

と書ける。ここで

$$\boldsymbol{y} = \begin{bmatrix} y(L) \\ y(L+1) \\ \vdots \\ y(N) \end{bmatrix}, \quad \boldsymbol{v} = \begin{bmatrix} v(L) \\ v(L+1) \\ \vdots \\ v(N) \end{bmatrix}, \quad \boldsymbol{h}^0 = \begin{bmatrix} h_0^0 \\ h_1^0 \\ \vdots \\ h_L^0 \end{bmatrix}$$

$$U = \begin{bmatrix} u(L) & u(L-1) & \cdots & u(0) \\ u(L+1) & u(L) & \cdots & u(1) \\ \vdots & \vdots & & \vdots \\ u(N) & u(N-1) & \cdots & u(N-L) \end{bmatrix}$$

である.式 (2.30) を式 (2.4) の線形回帰式に対応させると,rank$(U) = L + 1$ の仮定のもとで,$\boldsymbol{h}^0$ の最小 2 乗推定量 $\widehat{\boldsymbol{h}}$ は

$$\widehat{\boldsymbol{h}} = (U^T U)^{-1} U^T \boldsymbol{y} \tag{2.31}$$

で与えられることがわかる.標準線形回帰モデルでは,$\mathrm{E}[\boldsymbol{\varepsilon}] = \boldsymbol{0}$ および X の要素は非確率的量であるという仮定のもとで,$\boldsymbol{\beta}$ の最小 2 乗推定量 $\widehat{\boldsymbol{\beta}}$ は不偏推定量であった.いまの場合,入力 $u(k)$ が非確率量であれば X に対応する U は非確率量であり,$\boldsymbol{\varepsilon}$ に対応する $\boldsymbol{v}$ は仮定より $\mathrm{E}[\boldsymbol{v}] = \boldsymbol{0}$ であるので,$\widehat{\boldsymbol{h}}$ は $\boldsymbol{h}$ の不偏推定量である.しかし,入力 $u(k)$ が非確率的量という仮定には無理があり,確率的量と考えるほうが適切であろう.$u(k)$ が確率的量であるとすると,$\widehat{\boldsymbol{h}}$ の不偏性はどのようになるであろうか.結論からいえば,U と $\boldsymbol{v}$ が統計的に独立であれば $\widehat{\boldsymbol{h}}$ は $\boldsymbol{h}$ の不偏推定量である.なぜなら,式 (2.30) を式 (2.31) に代入すると

$$\widehat{\boldsymbol{h}} = (U^T U)^{-1} U^T (U \boldsymbol{h}^0 + \boldsymbol{v}) = \boldsymbol{h}^0 + (U^T U)^{-1} U^T \boldsymbol{v} \tag{2.32}$$

となり,独立性から

$$\mathrm{E}[\widehat{\boldsymbol{h}}] = \boldsymbol{h}^0 + \mathrm{E}[(U^T U)^{-1} U^T] \mathrm{E}[\boldsymbol{v}]$$

であり,$\mathrm{E}[\boldsymbol{v}] = \boldsymbol{0}$ より $\mathrm{E}[\widehat{\boldsymbol{h}}] = \boldsymbol{h}^0$ であるからである.

U と $\boldsymbol{v}$ が統計的に独立ではない場合には,一般に $\mathrm{E}[(U^T U)^{-1} U^T \boldsymbol{v}] \neq \boldsymbol{0}$ であるから,$\mathrm{E}[\widehat{\boldsymbol{h}}] = \boldsymbol{h}^0$ は成り立たず,最小 2 乗推定量 $\widehat{\boldsymbol{h}}$ は $\boldsymbol{h}^0$ の不偏推定量で

はなくなる。

以下では，不偏性のような**小標本特性**ではなく，**大標本特性**あるいは**漸近特性**と呼ばれる大きな N についての最小2乗推定量 $\widehat{\boldsymbol{h}}$ の性質を検討しよう。

定義 2.3 (確率収束)

$\{\boldsymbol{x}_k\}$ を確率変数ベクトルの列，$\boldsymbol{a}$ を定数ベクトルとする。任意の $\varepsilon > 0$ に対して

$$\lim_{k \to \infty} \Pr\{\|\boldsymbol{x}_k - \boldsymbol{a}\| > \varepsilon\} = 0$$

が成り立つとき，この確率変数ベクトルの列 $\{\boldsymbol{x}_k\}$ は $\boldsymbol{a}$ に**確率収束**するという。ただし，$\Pr\{A\}$ は確率事象 A の確率を示す。また，$\boldsymbol{a}$ を $\{\boldsymbol{x}_k\}$ の**確率極限**といい

$$\plim_{k \to \infty} \boldsymbol{x}_k = \boldsymbol{a}$$

と表す。

定義 2.3 (一致推定量)

$\widehat{\boldsymbol{\beta}}_k$ を $\boldsymbol{\beta}$ の推定量とするとき，$\widehat{\boldsymbol{\beta}}_k$ が $\boldsymbol{\beta}$ に確率収束するならば $\widehat{\boldsymbol{\beta}}_k$ を $\boldsymbol{\beta}$ の**一致推定量**という。

式 (2.31) の最小2乗推定量に，$\widehat{\boldsymbol{h}}_N$ のようにデータ個数を表す添字 N を付けると，つぎの定理が成り立つ。

定理 2.3

最小2乗推定量 $\widehat{\boldsymbol{h}}_N$ は

$$\left.\begin{array}{l} \displaystyle\operatorname*{plim}_{N\to\infty} \frac{1}{N}U^TU \text{ が存在して正則} \\ \displaystyle\operatorname*{plim}_{N\to\infty} \frac{1}{N}U^T\boldsymbol{v} = \boldsymbol{0} \end{array}\right\}$$

ならば，$\boldsymbol{h}^0$ の一致推定量である。

証明 式 (2.32) より

$$\operatorname*{plim}_{N\to\infty} \widehat{\boldsymbol{h}}_N = \boldsymbol{h}^0 + \operatorname*{plim}_{N\to\infty} (U^TU)^{-1}U^T\boldsymbol{v}$$

であるので，スルツキーの定理[77]を用いると

$$\operatorname*{plim}_{N\to\infty} \widehat{\boldsymbol{h}}_N = \boldsymbol{h}^0 + \left(\operatorname*{plim}_{N\to\infty} \frac{1}{N}U^TU\right)^{-1} \operatorname*{plim}_{N\to\infty} \frac{1}{N}U^T\boldsymbol{v} = \boldsymbol{h}^0$$

が成り立つことがわかる。　♠

この定理より，最小2乗推定量 $\widehat{\boldsymbol{h}}_N$ はデータ数が増えるにつれて理論上は $\boldsymbol{h}^0$ に近い値を与えるが，入力列 $\{u(k)\}$ の性質によっては $L+1$ 次の行列 U^TU が悪条件となり，そのため信頼のおける推定値を得るには数値計算上の考慮が必要であることが指摘されている[78],[79]。

以下では，式 (2.29) と連続時間インパルス応答との関係について検討することにしよう。線形時不変連続時間システムの入出力関係は，インパルス応答 $g(t)$ を用いると

$$y(t) = \int_0^t g(t-\tau)u(\tau)d\tau \qquad (t>0) \tag{2.33}$$

のように表される。ここで

$$y(t) = 0,\ u(t) = 0 \qquad (t \leqq 0)$$

と仮定されている。$u(t),\ y(t)$ を**サンプリング周期 $\varDelta$** でサンプルした入出力系列 $\{u(k), y(k)\}$ は，例えば入力が

$$u(t) = u(k\varDelta) \qquad (k\varDelta \leqq t < (k+1)\varDelta) \tag{2.34}$$

であると仮定すると

$$y(k) = \sum_{i=1}^{k} h_i^0 u(k-i) \qquad (2.35)$$

なる離散時間表現を得る[76]。ここで，h_i^0 は

$$h_i^0 = \int_{(i-1)\Delta}^{i\Delta} g(\tau)d\tau \qquad (i = 1, 2, \cdots, k)$$

である。この単位パルス応答列 $\{h_i^0\}$ の推定をインパルス応答の推定と呼ぶことも多いが，連続時間モデル $G(s)$ のインパルス応答 $g(t)$ のサンプル値ではないことを念頭においておく必要がある。$\{h_i^0\}$ は $g(t)$ のサンプル値ではないが，定義から明らかなように

$$h_1^0 + h_2^0 + \cdots + h_k^0 = \int_0^{k\Delta} g(\tau)d\tau$$

であり，$\{h_i^0\}$ の和は $G(s)$ の単位ステップ応答のサンプル値に等しい。このことから，式 (2.35) を**ステップ不変**な変換によって得られた離散時間モデルと呼ぶ。

一方，サンプリング周期 Δ が十分小さいとして，式 (2.33) に台形則を適用すると，離散時間表現

$$y(k) = \sum_{i=0}^{k} h_i^0 u(k-i) \qquad (2.36)$$

を得る。ただし

$$h_i^0 = \begin{cases} \dfrac{\Delta}{2} g(i\Delta) & (i = 0, k) \\ \Delta g(i\Delta) & (i = 1, \cdots, k-1) \end{cases}$$

である。この表現も単位パルス応答表現としてよく用いられるが[75]，入力に対して

$$u(t) = u(k) \qquad \left(\left(k - \frac{1}{2}\right)\Delta \leqq t < \left(k + \frac{1}{2}\right)\Delta\right) \qquad (2.37)$$

のような仮定をおいていることに相当することに注意する必要がある。

離散時間表現 (2.35) あるいは (2.36) からわかるように，k とともに推定するパラメータ $\{h_i^0\}$ の個数が増加する。システムが漸近安定と仮定すると

$$h_i^0 \approx 0 \quad (i \geqq L)$$

なる L があるので，実際には

$$y(k) \approx \sum_{i=1}^{L} h_i^0 u(k-i) \quad (k \geqq L) \tag{2.38}$$

のように L 個で単位パルス応答列を打ち切った式を用いることになる。この式と式 (2.29) の比較から，$v(k)$ は $y(k)$ の観測雑音と打切り誤差を含んでいると考えられる。

なお，式 (2.29) は，厳密には単位パルス応答表現と呼ぶべきであろうが，一般にインパルス応答表現と呼ぶことが多いので，以下では式 (2.29) をインパルス応答表現と呼ぶことにする。

2.2.2 伝達関数の推定

本項では，サンプルされた入出力データから**パルス伝達関数**のパラメータを推定する手法について述べる。

線形離散時間システムがパルス伝達関数

$$H^0(z) = \frac{b_1^0 z^{n-1} + \cdots + b_n^0}{z^n + a_1^0 z^{n-1} + \cdots + a_n^0}$$

で表されるとし，入力列 $\{u(k)\}$ と出力列 $\{y(k)\}$ の間に

$$\begin{aligned} & y(k) + a_1^0 y(k-1) + \cdots + a_n^0 y(k-n) \\ & = b_1^0 u(k-1) + \cdots + b_n^0 u(k-n) + v(k) \end{aligned} \tag{2.39}$$

なる関係が成り立つと想定する。また，$\mathrm{E}[v(k)] = 0$ と仮定する。

$y(n+1), y(n+2), \cdots, y(N)$ からなるベクトルを $\boldsymbol{y}(N)$ とすると，式 (2.39) は

2.2 離散時間システムの同定

$$y = \Omega\theta^0 + v \tag{2.40}$$

のように線形回帰式 (2.4) と似た形で書ける。ここで

$$\boldsymbol{y} = \begin{bmatrix} y(n+1) \\ y(n+2) \\ \vdots \\ y(N) \end{bmatrix}, \quad \boldsymbol{v} = \begin{bmatrix} v(n+1) \\ v(n+2) \\ \vdots \\ v(N) \end{bmatrix}$$

$$\boldsymbol{\theta}^0 = [\,a_1^0,\ a_2^0,\ \cdots,\ a_n^0,\ b_1^0,\ b_2^0,\ \cdots,\ b_n^0\,]^T$$

$$\Omega = \begin{bmatrix} -y(n) & -y(n-1) & \cdots & -y(1) \\ -y(n+1) & -y(n) & \cdots & -y(2) \\ \vdots & \vdots & \vdots & \vdots \\ -y(N-1) & -y(N-2) & \cdots & -y(N-n) \end{bmatrix}$$

$$\begin{bmatrix} u(n) & u(n-1) & \cdots & u(1) \\ u(n+1) & u(n) & \cdots & u(2) \\ \vdots & \vdots & \vdots & \vdots \\ u(N-1) & u(N-2) & \cdots & u(N-n) \end{bmatrix}$$

である。入出力間の関係に誤差を伴うと想定して，誤差 $\xi(k)$ を

$$\xi(k) = y(k) + a_1 y(k-1) + \cdots + a_n y(k-n)$$
$$- (b_1 u(k-1) + \cdots + b_n u(k-n)) \tag{2.41}$$

のように定義する。この誤差 $\xi(k)$ を**式誤差**あるいは**方程式誤差**と呼ぶ。多項式

$$a(z) = 1 + a_1 z + \cdots + a_n z^n$$

$$b(z) = b_1 z + \cdots + b_n z^n$$

および遅れ演算子 q^{-1} ($q^{-1}y(k) = y(k-1)$) を用いると，式誤差 $\xi(k)$ は式 (2.41) より

$$\xi(k) = a(q^{-1})y(k) - b(q^{-1})u(k) \tag{2.42}$$

と表される。この関係を図示すると図 **2.1** のようになる。ベクトル $\boldsymbol{p}(k)$, $\boldsymbol{\theta}$ を

$$\boldsymbol{p}(k) = [\,-y(k-1),\ \cdots,\ -y(k-n),\ u(k-1),\ \cdots,\ u(k-n)\,]^T$$

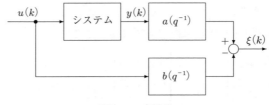

図 2.1 式誤差

$$\boldsymbol{\theta} = [\,a_1,\, \cdots,\, a_n,\, b_1,\, \cdots,\, b_n\,]^T$$

とおくと,式 (2.42) より,式誤差 $\xi(k)$ は

$$\xi(k) = y(k) - \boldsymbol{p}^T(k)\boldsymbol{\theta} \tag{2.43}$$

と表される。したがって,$\xi(n+1), \xi(n+2), \cdots, \xi(N)$ からなるベクトル $\boldsymbol{\xi}$ を

$$\boldsymbol{\xi} = [\,\xi(n+1), \xi(n+2), \cdots, \xi(N)\,]^T$$

とおけば,行列 Ω が $\Omega = [\,\boldsymbol{p}(n+1),\, \boldsymbol{p}(n+2),\, \cdots,\, \boldsymbol{p}(N)\,]^T$ であることに注意すると

$$\boldsymbol{\xi} = \boldsymbol{y} - \Omega\boldsymbol{\theta} \tag{2.44}$$

を得る。

2.1.1 項で述べたように,式誤差の平方和

$$J_\xi = \|\boldsymbol{\xi}\|^2 = \sum_{k=n+1}^{N} \xi(k)^2 \tag{2.45}$$

を最小にする最小 2 乗推定量 $\widehat{\boldsymbol{\theta}}_{\mathrm{LS}}$ は正規方程式

$$\Omega^T \Omega\, \widehat{\boldsymbol{\theta}}_{\mathrm{LS}} = \Omega^T \boldsymbol{y} \tag{2.46}$$

の解であり,$N \geqq 3n$ のとき,$\mathrm{rank}\,\Omega = 2n$ の仮定のもとで $\boldsymbol{\theta}^0$ の最小 2 乗推定量 $\widehat{\boldsymbol{\theta}}_{\mathrm{LS}}$ は

$$\widehat{\boldsymbol{\theta}}_{\mathrm{LS}} = \left[\Omega^T \Omega\right]^{-1} \Omega^T \boldsymbol{y} \tag{2.47}$$

で与えられる。Ω の定義より，行列 $\left[\Omega^T \Omega\right]^{-1} \Omega^T$ は，たとえ入力 $u(k)$ が非確率量であっても出力 $y(k)$ は確率量であり，定数行列ではないので $\widehat{\boldsymbol{\theta}}_{\mathrm{LS}}$ は厳密な意味での線形推定量ではない。したがって，**2.1.2** 項の議論は $\widehat{\boldsymbol{\theta}}_{\mathrm{LS}}$ に対して成り立たないことに注意されたい。

なお，定理 **2.2** より，最小 2 乗推定値 $\widehat{\boldsymbol{\theta}}_{\mathrm{LS}}(N)$ が以下の繰返しアルゴリズムで求められることがわかる。

同定アルゴリズム (1)

$$\left. \begin{aligned} r(N) &= 1 + \boldsymbol{p}^T(N) P(N-1) \boldsymbol{p}(N) \\ \widehat{\xi}(N) &= y(N) - \boldsymbol{p}^T(N) \widehat{\boldsymbol{\theta}}_{\mathrm{LS}}(N-1) \\ \widehat{\boldsymbol{\theta}}_{\mathrm{LS}}(N) &= \widehat{\boldsymbol{\theta}}_{\mathrm{LS}}(N-1) + \frac{1}{r(N)} P(N-1) \boldsymbol{p}(N) \widehat{\xi}(N) \\ P(N) &= P(N-1) - \frac{1}{r(N)} P(N-1) \boldsymbol{p}(N) \boldsymbol{p}^T(N) P(N-1) \end{aligned} \right\} \quad (2.48)$$

最小 2 乗残差を $\widehat{\boldsymbol{\xi}}_{\mathrm{LS}} = \boldsymbol{y} - \Omega \widehat{\boldsymbol{\theta}}_{\mathrm{LS}}$ とおくと，正規方程式 (2.46) より

$$\Omega^T \widehat{\boldsymbol{\xi}}_{\mathrm{LS}} = \sum_{k=n+1}^{N} \boldsymbol{p}(k)[y(k) - \boldsymbol{p}^T(k) \widehat{\boldsymbol{\theta}}_{\mathrm{LS}}] = \boldsymbol{0} \quad (2.49)$$

を得る。また，残差平方和 $\|\widehat{\boldsymbol{\xi}}_{\mathrm{LS}}\|^2$ を R で表すことにすると，式 (2.49) より

$$R = \boldsymbol{y}^T \widehat{\boldsymbol{\xi}}_{\mathrm{LS}} = \sum_{k=n+1}^{N} y(k)[y(k) - \boldsymbol{p}^T(k) \widehat{\boldsymbol{\theta}}_{\mathrm{LS}}] \quad (2.50)$$

を得る。式 (2.49) と式 (2.50) をまとめて表せば

$$\left\{ \sum_{k=n+1}^{N} \begin{bmatrix} -y(k) \\ \boldsymbol{p}(k) \end{bmatrix} \begin{bmatrix} -y(k) & \boldsymbol{p}^T(k) \end{bmatrix} \right\} \begin{bmatrix} 1 \\ \widehat{\boldsymbol{\theta}}_{\mathrm{LS}} \end{bmatrix} = \begin{bmatrix} R \\ \boldsymbol{0} \end{bmatrix} \quad (2.51)$$

である。

以下ではこの式 (2.51) を用いて，式 (2.39) において $v(k) = 0$ の場合について $N \to \infty$ のときの最小 2 乗推定量 $\widehat{\boldsymbol{\theta}}_{\mathrm{LS}}$ の興味ある性質を検討することにする。ただし，議論の簡単のために，入力列 $\{u(k)\}$ は平均値 0，分散 1 の**白色雑音列**すなわち

$$\mathrm{E}\,[u(k)] = 0, \ \mathrm{E}\,[u(k)^2] = 1, \ \mathrm{E}\,[u(k)u(l)] = 0 \quad (k \neq l)$$

であるとする。

ベクトル $\boldsymbol{a}$ および $\boldsymbol{b}$ を

$$\boldsymbol{a} = [\,a_1,\ a_2,\ \cdots,\ a_n\,]^T, \quad \boldsymbol{b} = [\,b_1,\ b_2,\ \cdots,\ b_n\,]^T$$

とおくと，$\boldsymbol{\theta}$ は $\boldsymbol{\theta}^T = [\,\boldsymbol{a}^T\ \boldsymbol{b}^T\,]$ と表されるので，これに対応して $\widehat{\boldsymbol{\theta}}_{\mathrm{LS}}(N)$ を

$$\widehat{\boldsymbol{\theta}}_{\mathrm{LS}}(N) = \begin{bmatrix} \widehat{\boldsymbol{a}}_{\mathrm{LS}}(N) \\ \widehat{\boldsymbol{b}}_{\mathrm{LS}}(N) \end{bmatrix} \tag{2.52}$$

と表す。また，ベクトル $\boldsymbol{p}_y(k)$ および $\boldsymbol{p}_u(k)$ を

$$\boldsymbol{p}_y(k) = [\,y(k-1),\ y(k-2),\ \cdots,\ y(k-n)\,]^T \tag{2.53a}$$

$$\boldsymbol{p}_u(k) = [\,u(k-1),\ u(k-2),\ \cdots,\ u(k-n)\,]^T \tag{2.53b}$$

とおくと，$\boldsymbol{p}(k)$ は

$$\boldsymbol{p}(k) = \begin{bmatrix} -\boldsymbol{p}_y(k) \\ \boldsymbol{p}_u(k) \end{bmatrix} \tag{2.54}$$

であるので，式 (2.51) は

$$\left\{ \sum_{k=n+1}^{N} \begin{bmatrix} -y(k) \\ -\boldsymbol{p}_y(k) \\ \boldsymbol{p}_u(k) \end{bmatrix} [\,-y(k)\ -\boldsymbol{p}_y^T(k)\ \boldsymbol{p}_u^T(k)\,] \right\} \begin{bmatrix} 1 \\ \widehat{\boldsymbol{a}}_{\mathrm{LS}} \\ \widehat{\boldsymbol{b}}_{\mathrm{LS}} \end{bmatrix} = \begin{bmatrix} R \\ \boldsymbol{0} \\ \boldsymbol{0} \end{bmatrix}$$

と書ける。

$N \to \infty$ のとき，入力列の仮定より $\mathrm{E}\,[\boldsymbol{p}_u(k)\boldsymbol{p}_u^T(k)] = I$ に注意すると

$$\begin{bmatrix} m_0 & \boldsymbol{\gamma}^T & -\boldsymbol{d}^T \\ \boldsymbol{\gamma} & \varGamma & -G \\ -\boldsymbol{d} & -G^T & I \end{bmatrix} \begin{bmatrix} 1 \\ \widehat{\boldsymbol{a}} \\ \widehat{\boldsymbol{b}} \end{bmatrix} = \begin{bmatrix} \sigma_\xi^2 \\ \boldsymbol{0} \\ \boldsymbol{0} \end{bmatrix} \tag{2.55}$$

を得る。ここで，$\widehat{\boldsymbol{a}} = \underset{N \to \infty}{\mathrm{plim}}\ \widehat{\boldsymbol{a}}_{\mathrm{LS}}, \quad \widehat{\boldsymbol{b}} = \underset{N \to \infty}{\mathrm{plim}}\ \widehat{\boldsymbol{b}}_{\mathrm{LS}}$ である。また

$$\sigma_\xi^2 = \plim_{N\to\infty} \frac{1}{N} R, \quad m_0 = \plim_{N\to\infty} \frac{1}{N} \sum_{k=n+1}^{N} y(k)^2 = \mathrm{E}\left[y(k)^2\right]$$

であり

$$\left.\begin{aligned}
\boldsymbol{\gamma} &= \plim_{N\to\infty} \frac{1}{N} \sum_{k=n+1}^{N} \boldsymbol{p}_y(k) y(k) = \mathrm{E}\left[\boldsymbol{p}_y(k) y(k)\right] \\
\boldsymbol{d} &= \plim_{N\to\infty} \frac{1}{N} \sum_{k=n+1}^{N} \boldsymbol{p}_u(k) y(k) = \mathrm{E}\left[\boldsymbol{p}_u(k) y(k)\right] \\
\varGamma &= \plim_{N\to\infty} \frac{1}{N} \sum_{k=n+1}^{N} \boldsymbol{p}_y(k) \boldsymbol{p}_y^T(k) = \mathrm{E}\left[\boldsymbol{p}_y(k) \boldsymbol{p}_y^T(k)\right] \\
G &= \plim_{N\to\infty} \frac{1}{N} \sum_{k=n+1}^{N} \boldsymbol{p}_y(k) \boldsymbol{p}_u^T(k) = \mathrm{E}\left[\boldsymbol{p}_y(k) \boldsymbol{p}_u^T(k)\right]
\end{aligned}\right\} \quad (2.56)$$

である。

式 (2.39) の $y(k)$ は $v(k) = 0$ のとき, 単位パルス応答列 $\{h_k^0\}$ によって

$$y(k) = \sum_{i=1}^{\infty} h_i^0 u(k-i)$$

と表されるので, γ_i を, $\gamma_i = \mathrm{E}\left[y(k) y(k-i)\right]$ と定義すると

$$\gamma_i = \sum_{j=1}^{\infty} h_j^0 h_{j+|i|}^0 \quad (2.57)$$

であり, $\boldsymbol{\gamma}$, $\varGamma$ はこの γ_i を用いて

$$\boldsymbol{\gamma} = \begin{bmatrix} \gamma_1 \\ \gamma_2 \\ \vdots \\ \gamma_n \end{bmatrix}, \quad \varGamma = \begin{bmatrix} \gamma_0 & \gamma_1 & \cdots & \gamma_{n-1} \\ \gamma_1 & \gamma_0 & \cdots & \gamma_{n-2} \\ \vdots & \vdots & \ddots & \vdots \\ \gamma_{n-1} & \gamma_{n-2} & \cdots & \gamma_0 \end{bmatrix} \quad (2.58)$$

と表される。また $m_0 = \gamma_0$ であり, $\boldsymbol{d}$, G は単位パルス応答列によって

$$\boldsymbol{d} = \begin{bmatrix} h_1^0 \\ h_2^0 \\ \vdots \\ h_n^0 \end{bmatrix}, \quad G = \begin{bmatrix} 0 & h_1^0 & \cdots & h_{n-1}^0 \\ & 0 & \ddots & \vdots \\ & & \ddots & h_1^0 \\ & & & 0 \end{bmatrix} \quad (2.59)$$

と表される。

定理 2.4

システムと同じ次数あるいはより低い次数のモデルに対して最小2乗法を適用すると，得られるモデルの安定性が保証される[80]。

証明　式 (2.55) より

$$\widehat{\boldsymbol{b}} = \boldsymbol{d} + G^T \widehat{\boldsymbol{a}} \tag{2.60}$$

$$(\varGamma - GG^T)\widehat{\boldsymbol{a}} = -(\boldsymbol{\gamma} - G\boldsymbol{d})$$

$$-(\boldsymbol{\gamma} - G\boldsymbol{d})^T \widehat{\boldsymbol{a}} = \gamma_0 - \boldsymbol{d}^T \boldsymbol{d} - \sigma_\xi^2$$

であり，K を $K = \varGamma - G^T G$ とおくと，式 (2.58)，(2.59) を考慮することにより，つぎの行列方程式を得る。

$$K - C_{\widehat{a}} K C_{\widehat{a}}^T = \boldsymbol{d}\boldsymbol{d}^T + \sigma_\xi^2 \boldsymbol{e}_n \boldsymbol{e}_n^T$$

ここに，行列 $C_{\widehat{a}}$ は，$\widehat{\boldsymbol{a}}$ の要素を $\widehat{a}_i$ とするとき

$$C_{\widehat{a}} = \begin{bmatrix} 0 & 1 & \cdots & 0 \\ \vdots & \ddots & \ddots & \vdots \\ 0 & \cdots & 0 & 1 \\ -\widehat{a}_n & \cdots & -\widehat{a}_2 & -\widehat{a}_1 \end{bmatrix}$$

と定義される行列であり，$\boldsymbol{e}_n$ は $\boldsymbol{e}_n = [0, \cdots, 0, 1]^T$ なる単位ベクトルである。

$$\mathcal{C}(C_{\widehat{a}}, \boldsymbol{e}_n) = \begin{bmatrix} \boldsymbol{e}_n & C_{\widehat{a}} \boldsymbol{e}_n & \cdots & C_{\widehat{a}}^{n-1} \boldsymbol{e}_n \end{bmatrix}$$

の階数が n，すなわち対 $(C_{\widehat{a}}, \boldsymbol{e}_n)$ が可到達であることは容易に確かめられるので，K が正定値ならば $\rho(C_{\widehat{a}}) < 1$ である。式 (2.57) を考慮すると，K が

$$K = \begin{bmatrix} h_1^0 & h_2^0 & \cdots & h_n^0 & \cdots \\ h_2^0 & h_3^0 & \cdots & h_{n+1}^0 & \cdots \\ \vdots & \vdots & \ddots & \vdots & \\ h_n^0 & h_{n+1}^0 & \cdots & h_{2n-1}^0 & \cdots \end{bmatrix} \begin{bmatrix} h_1^0 & h_2^0 & \cdots & h_n^0 \\ h_2^0 & h_3^0 & \cdots & h_{n+1}^0 \\ \vdots & \vdots & \ddots & \vdots \\ h_n^0 & h_{n+1}^0 & \cdots & h_{2n-1}^0 \\ \vdots & \vdots & & \vdots \end{bmatrix}$$

と表されることが示されるので，システムの次数が n より大きければ K が正定値であることがわかる。したがって，システムと同じ次数あるいはより低い次数

のモデルに対して最小2乗法を適用すると得られるモデルの極はすべて単位円内にある。 ♠

定理 2.5

次数が n のモデルに対して最小2乗法を適用すると，得られるモデルの単位パルス応答は，はじめの n 個がシステムの単位パルス応答に一致する[80]。

証明 便利のために，シフト行列 H を

$$H = \begin{bmatrix} 0 & 0 & \cdots & 0 \\ 1 & 0 & \ddots & \vdots \\ 0 & \ddots & \ddots & 0 \\ 0 & 0 & 1 & 0 \end{bmatrix}$$

と定義すると，式 (2.60) は $\hat{a}(H)\boldsymbol{d} = \hat{\boldsymbol{b}}$ と書き直される。一方，最小2乗法によって得られたモデルの単位パルス応答 $\hat{h}_i$ は連立1次方程式 $\hat{a}(H)\hat{\boldsymbol{d}} = \hat{\boldsymbol{b}}$ の解として求められる。ここで，$\hat{\boldsymbol{d}} = [\hat{h}_1, \hat{h}_2, \cdots, \hat{h}_n]^T$ である。両式の比較から $\hat{h}_i = h_i^0$, $i = 1, 2, \cdots, n$ であることがわかる。 ♠

実際に計算機で推定値を求める場合，演算桁数が十分でないと理論的に期待される結果が得られないことがある[81]〜[83]。式 (2.55) より

$$\begin{bmatrix} \Gamma & -G \\ -G^T & I \end{bmatrix} \begin{bmatrix} \hat{\boldsymbol{a}} \\ \hat{\boldsymbol{b}} \end{bmatrix} = \begin{bmatrix} -\boldsymbol{\gamma} \\ \boldsymbol{d} \end{bmatrix} \qquad (2.61)$$

であり，$\hat{\boldsymbol{a}}, \hat{\boldsymbol{b}}$ がこの連立1次方程式の解として数値的に精度よく求められるかどうかは，行列 Γ, G およびベクトル $\boldsymbol{\gamma}, \boldsymbol{d}$ に依存するのであるが，これらはすべて単位パルス応答列 $\{h_k^0\}$ で表される。したがって $\{h_k^0\}$ の性質を調べれば，最小2乗法の**数値的不安定性**の問題を検討することができる。システムの安定性の仮定から，k が大きくなるにつれて h_k^0 の絶対値は小さくなっていくが，大雑把にいって小さくなっていく速さが遅い場合（極が単位円のきわめて近くにある場合）に数値的不安定性の問題が生じる[81],[83]。サンプリング周期 Δ を小さくすると離散時間システムの極は単位円に近づくので，サンプリング

周期 Δ をあまりに小さく選ぶことは数値計算上好ましくないことになる。

2.2.3 漸近バイアス

同定対象の入出力関係式 (2.39) は，多項式 $a^0(z)$, $b^0(z)$ を

$$a^0(z) = 1 + a_1^0 z + \cdots + a_n^0 z^n$$

$$b^0(z) = b_1^0 z + \cdots + b_n^0 z^n$$

と定義すると

$$a^0(q^{-1})y(k) = b^0(q^{-1})u(k) + v(k) \tag{2.62}$$

と表される。これまで $v(k)$ に対しては平均値が 0 すなわち $\mathrm{E}\,[v(k)] = 0$ であること以外，仮定をおいていなかったが，$v(k)$ に対して確率的な構造を仮定すると，最小 2 乗推定量 $\hat{\boldsymbol{\theta}}_\mathrm{LS}$ の一致性などの統計的性質を検討することができる。

そこで，システム同定で用いられる代表的なシステムモデルである **ARX** モデル，**ARMAX** モデル，**伝達関数** モデル，**Box-Jenkins** モデルにおいて，$v(k)$ がどのような確率的構造に対応しているかを見ることにする。$\{e(k)\}$ を平均値 0，分散 σ_e^2 の白色雑音列とおいてこれらのモデルを以下に示す。

(a) ARX モデル

$$a^0(q^{-1})y(k) = b^0(q^{-1})u(k) + e(k) \tag{2.63}$$

(b) ARMAX モデル

$$a^0(q^{-1})y(k) = b^0(q^{-1})u(k) + c^0(q^{-1})e(k) \tag{2.64}$$

ここで，多項式 $c^0(z)$ は次式で表せる。

$$c^0(z) = 1 + c_1^0 z + \cdots + c_n^0 z^n$$

(c) 伝達関数モデル

$$\left.\begin{aligned}a^0(q^{-1})x(k) &= b^0(q^{-1})u(k) \\ y(k) &= x(k) + e(k)\end{aligned}\right\} \tag{2.65}$$

(d) Box-Jenkins モデル

$$\left. \begin{array}{l} a^0(q^{-1})x(k) = b^0(q^{-1})u(k) \\ d^0(q^{-1})v(k) = c^0(q^{-1})e(k) \\ y(k) = x(k) + v(k) \end{array} \right\} \quad (2.66)$$

ここで

$$d^0(z) = 1 + d_1^0 z + \cdots + d_n^0 z^n$$

であるので，式 (2.62) との比較から $v(k)$ がそれぞれモデルに対して

$$v(k) = \begin{cases} e(k) & \text{ARX モデル} \\ c^0(q^{-1})e(k) & \text{ARMAX モデル} \\ a^0(q^{-1})e(k) & \text{伝達関数モデル} \\ a^0(q^{-1})\dfrac{c^0(q^{-1})}{d^0(q^{-1})}e(k) & \text{Box-Jenkins モデル} \end{cases}$$

であることがわかる．

以下では，基本的な二つのモデル，ARX モデルと伝達関数モデルの場合に対して最小 2 乗推定量 $\widehat{\boldsymbol{\theta}}_{\mathrm{LS}}$ の性質を検討することにする．

雑音のベクトル $\boldsymbol{e}$ を $\boldsymbol{e} = [\,e(n), e(n+1), \cdots, e(N)\,]^T$ と定義すると，ARX モデルの場合，式 (2.63) より入出力の関係が

$$\boldsymbol{y} = \Omega \boldsymbol{\theta}^0 + \boldsymbol{e}$$

と表される．これを式 (2.47) に代入すると

$$\widehat{\boldsymbol{\theta}}_{\mathrm{LS}} = \boldsymbol{\theta}^0 + \left[\Omega^T \Omega\right]^{-1} \Omega^T \boldsymbol{e}$$

となる．Ω は確率量であり，$\boldsymbol{e}$ と統計的に独立ではないので，右辺第 2 項の平均値は $\boldsymbol{0}$ とならず，$\widehat{\boldsymbol{\theta}}_{\mathrm{LS}}$ は不偏推定量ではない．しかし，仮定より

$$\operatorname*{plim}_{N \to \infty} \frac{1}{N} \Omega^T \boldsymbol{e} = \operatorname*{plim}_{N \to \infty} \frac{1}{N} \sum_{k=n+1}^{N} \boldsymbol{p}(k) e(k) = \mathrm{E}\left[\boldsymbol{p}(k) e(k)\right] = \boldsymbol{0}$$

であるので，$N \to \infty$ のときには

$$\plim_{N\to\infty} \frac{1}{N} \Omega^T \Omega \text{ が存在して正則}$$

ならば，スルツキーの定理より

$$\plim_{N\to\infty} \widehat{\boldsymbol{\theta}}_{\mathrm{LS}} = \boldsymbol{\theta}^0 + \left[\plim_{N\to\infty} \frac{1}{N} \Omega^T \Omega \right]^{-1} \plim_{N\to\infty} \frac{1}{N} \Omega^T \boldsymbol{e} = \boldsymbol{\theta}^0$$

が成り立ち，$\widehat{\boldsymbol{\theta}}_{\mathrm{LS}}$ は $\boldsymbol{\theta}^0$ の一致推定量となる。

一方，伝達関数モデルの場合では，式 (2.65) より

$$a^0(q^{-1})y(k) = b^0(q^{-1})u(k) + a^0(q^{-1})e(k) \tag{2.67}$$

であり，前述のように $v(k) = a^0(q^{-1})e(k)$ とおけば，入出力の関係が

$$\boldsymbol{y} = \Omega \boldsymbol{\theta}^0 + \boldsymbol{v}$$

のように式 (2.40) と同じ形で表される。これを式 (2.47) に代入すると

$$\widehat{\boldsymbol{\theta}}_{\mathrm{LS}} = \boldsymbol{\theta}^0 + \left[\Omega^T \Omega\right]^{-1} \Omega^T \boldsymbol{v}$$

となる。もちろんこの場合も $\widehat{\boldsymbol{\theta}}_{\mathrm{LS}}$ は不偏推定量ではなく，しかも ARX モデルの場合と異なり一致推定量でもない。なぜなら

$$\plim_{N\to\infty} \frac{1}{N} \Omega^T \boldsymbol{v} = \plim_{N\to\infty} \frac{1}{N} \sum_{k=n+1}^{N} \boldsymbol{p}(k)v(k) = \mathrm{E}\left[\boldsymbol{p}(k)v(k)\right]$$

$$= -\sigma_{\mathrm{e}}^2 \Lambda \boldsymbol{\theta}^0 \neq \boldsymbol{0}$$

であるからである。ただし，$2n \times 2n$ 行列 Λ は

$$\Lambda = \begin{bmatrix} I & 0 \\ 0 & 0 \end{bmatrix}$$

である。$\widehat{\boldsymbol{\theta}}_{\mathrm{LS}}$ の漸近バイアス（より正確には不一致量）は

$$\boldsymbol{\theta}_{\mathrm{BIAS}} = \plim_{N\to\infty} \widehat{\boldsymbol{\theta}}_{\mathrm{LS}} - \boldsymbol{\theta}^0 \tag{2.68}$$

と定義されるので，行列 M を

$$M = \plim_{N \to \infty} \frac{1}{N} \Omega^T \Omega = \plim_{N \to \infty} \frac{1}{N} \sum_{k=n}^{N} \boldsymbol{p}(k)\boldsymbol{p}^T(k) \tag{2.69}$$

とおけば

$$\boldsymbol{\theta}_{\text{BIAS}} = -\sigma_e^2 M^{-1} \Lambda \boldsymbol{\theta}^0 \tag{2.70}$$

である．入力列 $\{u(k)\}$ が平均値 0，分散 1 の白色雑音列ならば，M は

$$M = \begin{bmatrix} \Gamma & -G \\ -G^T & I \end{bmatrix}$$

であり，式 (2.58)，(2.59) からわかるように漸近バイアスの大きさは SN 比 $\sqrt{\gamma_0}/\sigma_e$ とシステムの特性によって決まる．SN 比だけでは決まらないことに注意されたい．

例題 2.1 （最小 2 乗推定量の漸近バイアス）

二つの伝達関数に対して，伝達関数モデルの最小 2 乗法による数値シミュレーションを行った結果を図 **2.2** に示す．入力 $u(k)$ は平均 0，分散 1 の白色雑音であり，観測雑音 $e(k)$ は平均 0 の白色雑音でその分散は出力 SN 比が 20 dB となるような値である．グラフには分母パラメータの最小 2 乗推定値の 10 回のシミュレーション結果を示している．グラフ中の点線はパラメータの真値である．

(a) $\quad H^0(z) = \dfrac{z + 0.5}{z^2 - 1.5z + 0.7}$ $\qquad$ Åström

(b) $\quad H^0(z) = \dfrac{0.169\,901z + 0.143\,831}{z^2 - 1.575\,157z + 0.606\,531}$ $\quad$ Sagara and Wada

42   2. システム同定の基礎

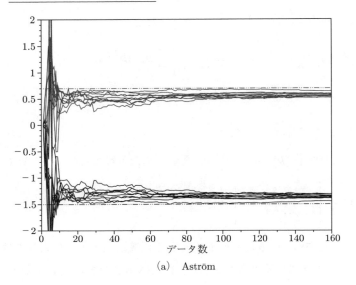

(a) Aström

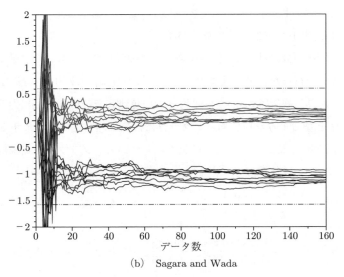

(b) Sagara and Wada

図 2.2 最小 2 乗推定値の収束状況

最小2乗法が一致推定値を与えるのは入出力データがARXモデルに従っている場合に限られる。そこでその他のモデルに対する一致推定法がこれまで数多く提案されてきた。これらの多くは予測誤差法のクラス[142]に含まれるが，含めるのが難しい推定法もある。そこで次項からは，予測誤差法のクラスに含まれる三つの方法および含まれない三つの方法

 (1) 出力誤差法
 (2) 一般化最小2乗法
 (3) 拡大最小2乗法
 (4) 補助変数法
 (5) 固有ベクトル法
 (6) バイアス補償最小2乗法

について述べることにする。

2.2.4 出 力 誤 差 法

モデルの出力 $\eta(k)$ を

$$\eta(k) = \frac{b(q^{-1})}{a(q^{-1})} u(k) \tag{2.71}$$

と定義するとき，図 **2.3** のように出力観測値 $y(k)$ との差

$$\epsilon(k) = y(k) - \eta(k) \tag{2.72}$$

を**出力誤差**と呼ぶ。式 (2.42) と式 (2.71) より出力誤差と式誤差の間には

$$\xi(k) = a(q^{-1})\epsilon(k) \tag{2.73}$$

なる関係がある。この関係を図示すると図 **2.4** のようになる。

観測される出力 $y(k)$ とモデルの出力 $\eta(k)$ との差がなるべく小さくなるようにパラメータ a_i, b_i を定めようという考え方から，つぎの出力誤差の平方和

$$J_\epsilon = \sum_{k=n}^{N} \epsilon(k)^2 \tag{2.74}$$

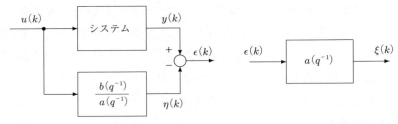

図 2.3 出力誤差 　　　　図 2.4 出力誤差と式誤差

を最小にするような $\widehat{\boldsymbol{\theta}}$ を求める方法が考案された。この方法を**出力誤差法**という[29),33)]。評価 J_ϵ を a_i, b_i で偏微分すると

$$\frac{\partial J_\epsilon}{\partial a_i} = 2\sum_{k=n}^{N} \frac{\partial \epsilon(k)}{\partial a_i}\epsilon(k) = -2\sum_{k=n}^{N} \frac{\partial \eta(k)}{\partial a_i}\epsilon(k)$$

$$\frac{\partial J_\epsilon}{\partial b_i} = 2\sum_{k=n}^{N} \frac{\partial \epsilon(k)}{\partial b_i}\epsilon(k) = -2\sum_{k=n}^{N} \frac{\partial \eta(k)}{\partial b_i}\epsilon(k)$$

であり

$$a(q^{-1})\frac{\partial \eta(k)}{\partial a_i} = -\eta(k-i), \quad a(q^{-1})\frac{\partial \eta(k)}{\partial b_i} = u(k-i)$$

に注意すると

$$\frac{\partial J_\epsilon}{\partial a_i} = 2\sum_{k=n}^{N} \eta_f(k-i)\epsilon(k), \quad \frac{\partial J_\epsilon}{\partial b_i} = -2\sum_{k=n}^{N} u_f(k-i)\epsilon(k) \quad (2.75)$$

を得る。ただし

$$\eta_f(k) = \frac{1}{a(q^{-1})}\eta(k), \quad u_f(k) = \frac{1}{a(q^{-1})}u(k)$$

である。ベクトル $\boldsymbol{q}_f(k)$ を

$$\boldsymbol{q}_f(k) = [-\eta_f(k-1), \cdots, -\eta_f(k-n), u_f(k-1), \cdots, u_f(k-n)]^T$$

とおくと，式 (2.75) より $\boldsymbol{\theta}$ についての J_ϵ の勾配は

2.2 離散時間システムの同定

$$\frac{\partial J_\epsilon}{\partial \boldsymbol{\theta}} = -2 \sum_{k=n}^{N} \boldsymbol{q}_f(k)\epsilon(k) \tag{2.76}$$

のように表される．したがって，式 (2.73) より $\epsilon(k)$ が

$$\epsilon(k) = \frac{1}{a^0(q^{-1})}\xi(k) = y_f(k) - \boldsymbol{p}_f^T(k)\boldsymbol{\theta}$$

と表されることに注意すると，J_ϵ を最小にする $\widehat{\boldsymbol{\theta}}$ に対して

$$\widehat{\boldsymbol{\theta}} = \left[\sum_{k=n}^{N} \boldsymbol{q}_f(k)\boldsymbol{p}_f^T(k)\right]^{-1} \sum_{k=n}^{N} \boldsymbol{q}_f(k)y_f(k) \tag{2.77}$$

なる形式的な表現を得る．ただし

$$\boldsymbol{p}_f(k) = [-\boldsymbol{y}_f(k-1), \cdots, -\boldsymbol{y}_f(k-n), u_f(k-1), \cdots, u_f(k-n)]^T$$

である．

式 (2.67) より，$y(k) = \boldsymbol{p}^T(k)\boldsymbol{\theta}^0 + a^0(q^{-1})e(k)$ であり $y_f(k)$ が

$$y_f(k) = \boldsymbol{p}_f^T(k)\boldsymbol{\theta}^0 + \frac{a^0(q^{-1})}{a(q^{-1})}v(k)$$

と表されることから，これを式 (2.77) に代入することにより

$$\widehat{\boldsymbol{\theta}} = \boldsymbol{\theta}^0 + \left[\sum_{k=n}^{N} \boldsymbol{q}_f(k)\boldsymbol{p}_f^T(k)\right]^{-1} \sum_{k=n}^{N} \boldsymbol{q}_f(k)\left(\frac{a^0(q^{-1})}{a(q^{-1})}e(k)\right)$$

を得る．$\boldsymbol{q}_f(k)$ は定義より入力のみから構成されるベクトルであるので，$e(k)$ と独立であり

$$\plim_{N\to\infty} \frac{1}{N} \sum_{k=n}^{N} \boldsymbol{q}_f(k)\left(\frac{a^0(q^{-1})}{a(q^{-1})}e(k)\right) = \boldsymbol{0}$$

となり，J_ϵ を最小にする $\widehat{\boldsymbol{\theta}}$ は $\boldsymbol{\theta}^0$ の一致推定量となると考えられる．

しかし，式 (2.77) において $\boldsymbol{q}_f(k)$，$\boldsymbol{p}_f(k)$，$y_f(k)$ はすべて $\boldsymbol{\theta}$ に依存する量であるため，出力誤差法では最小2乗法と異なり解を解析的に求めることができないのである．そこで，種々の反復解法が提案されている[84),142)]．

式 (2.71) を式 (2.72) に代入して整理すると

$$y(k) = \frac{b(q^{-1})}{a(q^{-1})}u(k) + \epsilon(k)$$

を得る。また，式 (2.67) を書き直すと

$$y(k) = \frac{b^0(q^{-1})}{a^0(q^{-1})}u(k) + e(k)$$

であるので，出力誤差法は入出力データが伝達関数モデルに従うことを前提とする手法である。このことから，伝達関数モデルを出力誤差モデルともいう。

なお，入出力データが，雑音はないが高次の伝達関数

$$y(k) = \frac{b^0(q^{-1})}{a^0(q^{-1})}u(k) \qquad (a^0(q^{-1}) \text{ の次数} \gg n)$$

に従うとした場合について，式 (2.45) の式誤差平方和の最小化と式 (2.74) の出力誤差平方和の最小化によって得られるモデルの比較検討が行われている[85),86)]。

2.2.5　一般化最小 2 乗法

出力誤差法は，観測雑音 $e(k)$ が入力 $u(k)$ と無相関であれば一致推定量を与えるが，$e(k)$ が白色雑音でなければ，得られる推定量の有効性はあまり高くないことが知られている。そのため $e(k)$ が有色の場合にも，より有効な推定量を与える手法が望まれる。

出力誤差 $\epsilon(k)$ は式誤差 $\xi(k)$ と式 (2.73) より

$$\epsilon(k) = \frac{1}{a(q^{-1})}\xi(k)$$

なる関係にある。これは，$\xi(k)$ を $1/a(q^{-1})$ なるフィルタに通すことによって $\epsilon(k)$ が得られることを示している。このフィルタリングの効果は，以下のようである。もし，モデルがシステムと一致するならば，すなわち $a(q^{-1}) = a^0(q^{-1})$，$b(q^{-1}) = b^0(q^{-1})$ ならば式 (2.42) および式 (2.67) より，$\xi(k) = a^0(q^{-1})y(k) - b^0(q^{-1})u(k) = v(k)$ で $v(k) = a^0(q^{-1})e(k)$ であるから，$e(k)$ が白色のとき $\epsilon(k)$ も白色となる。すなわち，$1/a(q^{-1})$ は白色化フィルタと考えられる。そこで，

より一般のフィルタ $f(q^{-1})$ に式誤差 $\xi(k)$ を通した $\xi_f(k) = f(q^{-1})\xi(k)$ の平方和の最小化によって未知パラメータの推定値を得ようとするものが一般化最小 2 乗法であり，フィルタの係数も平方和を最小にするように定められる[44]。ここで $f(z)$ は

$$f(z) = 1 + f_1 z + \cdots + f_l z^l \tag{2.78}$$

である。$\xi_f(k)$ の平方和

$$J_{\xi_f} = \sum_{k=n}^{N} (\xi_f(k))^2$$

を a_i, b_i および f_i で偏微分すると

$$\frac{\partial J_{\xi_f}}{\partial a_i} = 2\sum_{k=n}^{N} f(q^{-1})\frac{\partial \xi(k)}{\partial a_i}\xi_f(k) = 2\sum_{k=n}^{N} y_f(k-i)\xi_f(k) \tag{2.79}$$

$$\frac{\partial J_{\xi_f}}{\partial b_i} = 2\sum_{k=n}^{N} f(q^{-1})\frac{\partial \xi(k)}{\partial b_i}\xi_f(k) = -2\sum_{k=n}^{N} u_f(k-i)\xi_f(k) \tag{2.80}$$

$$\frac{\partial J_{\xi_f}}{\partial f_i} = 2\sum_{k=n}^{N} \xi(k-i)\xi_f(k) \tag{2.81}$$

となる。ただし，$y_f(k) = f(q^{-1})y(k)$, $u_f(k) = f(q^{-1})u(k)$ である。したがって，ベクトル $\boldsymbol{p}_f(k)$ を

$$\boldsymbol{p}_f(k) = [-y_f(k-1), \cdots, -y_f(k-n), u_f(k-1), \cdots, u_f(k-n)]^T$$

とおくと，式 (2.79) および式 (2.80) より，**一般化最小 2 乗推定量**

$$\widehat{\boldsymbol{\theta}}_{\mathrm{GLS}} = \left[\sum_{k=n}^{N} \boldsymbol{p}_f(k)\boldsymbol{p}_f^T(k)\right]^{-1} \sum_{k=n}^{N} \boldsymbol{p}_f(k)y_f(k) \tag{2.82}$$

を得る。またベクトル $\boldsymbol{s}(k)$, $\boldsymbol{f}$ を

$$\boldsymbol{s}(k) = [-\xi(k-1), \cdots, -\xi(k-l)]^T, \quad \boldsymbol{f} = [f_1, f_2, \cdots, f_l]^T$$

とおくと，$\xi_f(k)$ が $\xi_f(k) = f(q^{-1})\xi(k) = \xi(k) - \boldsymbol{s}^T(k)\boldsymbol{f}$ と表されるので，式 (2.81) より

$$\widehat{\boldsymbol{f}} = \left[\sum_{k=n}^{N} \boldsymbol{s}(k)\boldsymbol{s}^T(k)\right]^{-1} \sum_{k=n}^{N} \boldsymbol{s}(k)\xi(k) \qquad (2.83)$$

を得る。

もしも入出力の関係が

$$a^0(q^{-1})y(k) = b^0(q^{-1})u(k) + \frac{1}{f^0(q^{-1})}e(k)$$

なる **ARARX** モデルで表されるならば

$$a^0(q^{-1})y_f(k) = b^0(q^{-1})u_f(k) + \frac{f(q^{-1})}{f^0(q^{-1})}e(k)$$

であり

$$y_f(k) = \boldsymbol{p}_f(k)\boldsymbol{\theta}^0 + \frac{f(q^{-1})}{f^0(q^{-1})}e(k) \qquad (2.84)$$

である。ただし,$f^0(k)$ は $f^0(k) = 1 + f_1^0 z + \cdots + f_l^0 z^l$ である。この式 (2.84) を式 (2.82) に代入すると

$$\widehat{\boldsymbol{\theta}}_{\mathrm{GLS}} = \boldsymbol{\theta}^0 + \left[\sum_{k=n}^{N} \boldsymbol{p}_f(k)\boldsymbol{p}_f^T(k)\right]^{-1} \sum_{k=n}^{N} \boldsymbol{p}_f(k)\frac{f(q^{-1})}{f^0(q^{-1})}e(k)$$

となるので,$f(z) = f^0(z)$ と選ぶことができれば $\widehat{\boldsymbol{\theta}}_{\mathrm{GLS}}$ が $\boldsymbol{\theta}^0$ の一致推定量となることがわかる。式 (2.83) の $\widehat{\boldsymbol{f}}$ はこの目的に沿うものである。

式 (2.82) は未知パラメータ f_i を含み,式 (2.83) は未知パラメータ a_i, b_i を含んでいるので,$\widehat{\boldsymbol{\theta}}_{\mathrm{GLS}}$, $\widehat{\boldsymbol{f}}$ の計算は,必然的に**反復計算**となる。一般化最小2乗推定値 $\widehat{\boldsymbol{\theta}}_{\mathrm{GLS}}$ の反復計算法はつぎのようにまとめられる。

定理 2.6

1. $i = 1$ とし,$y_f^{(0)}(k) = y(k)$, $u_f^{(0)}(k) = u(k)$ とおく。
2. $\{y_f^{(i-1)}(k),\ u_f^{(i-1)}(k)\}$ を用いて式 (2.82) より $\widehat{\boldsymbol{\theta}}^{(i)}$ を計算する。
3. $\xi^{(i)}(k) = y(k) - \boldsymbol{p}^T(k)\widehat{\boldsymbol{\theta}}^{(i)}$ により $\{\xi^{(i)}(k)\}$ を求める。
4. $\{\xi^{(i)}(k)\}$ を用いて,式 (2.83) により $\boldsymbol{f}^{(i)}$ を計算する。

5. $\boldsymbol{f}^{(i)}$ を用いて,$y_f^{(i)}(k) = f^{(i)}(q^{-1})y(k)$,$u_f^{(i)}(k) = f^{(i)}(q^{-1})u(k)$ に従って $\{\,y_f^{(i)},\,u_f^{(i)}\,\}$ を求める。
6. $i = i+1$ として収束するまでステップ 2 から繰り返す。

$\widehat{\boldsymbol{\theta}}_{\text{GLS}}$ と $\widehat{\boldsymbol{f}}$ は最小 2 乗推定値であるので,二つの最小 2 乗繰返しアルゴリズムを組み合わせたものが提案されているが[49],それぞれの初期値の選択に推定結果が強く影響を受けるので,この繰返しアルゴリズムで計算することは,実用上の観点からは問題があると思われる。

なお,データそのものを記憶する代わりに,積率行列を記憶することにより記憶容量および計算時間の減少をはかった計算法が提案されている[87]。

2.2.6 拡大最小 2 乗法

前項の一般化最小 2 乗法では,式誤差 $\xi(k)$ を白色化フィルタ $f(q^{-1})$ に通すことにより得られる $\xi_f(k)$ の 2 乗和を最小にすることによってパラメータ $\boldsymbol{\theta}$ の一致推定量を得ることを考えた。結果として,伝達関数のパラメータ $\boldsymbol{\theta}$ と,フィルタパラメータ $\boldsymbol{f}$ の両方に対して別々に最小 2 乗推定を行う方法となった。

本項で述べる拡大最小 2 乗法は,原理的には $\boldsymbol{\theta}$ と $\boldsymbol{f}$ を 1 回の最小 2 乗推定で求めようとするものである。$\xi_f(k)$ を,式 (2.78) の多項式 $f(z)$ を用いて

$$\xi_f(k) = \frac{1}{f(q^{-1})}\xi(k)$$

のように定義すると,$\xi(k) = f(q^{-1})\xi_f(k)$ であるので,これを式 (2.42) に代入すると

$$f(q^{-1})\xi_f(k) = a(q^{-1})y(k) - b(q^{-1})u(k) \tag{2.85}$$

となる。$2n+l$ 次元ベクトル $\bar{\boldsymbol{p}}(k)$ を $\bar{\boldsymbol{p}}(k) = [\boldsymbol{p}^T(k) \mid \xi_f(k-1), \cdots, \xi_f(k-l)]^T$ とおけば,式 (2.85) は $\xi_f(k) = y(k) - \bar{\boldsymbol{p}}^T(k)\bar{\boldsymbol{\theta}}$ のように表される。ここに,$\bar{\boldsymbol{\theta}}$ は $\bar{\boldsymbol{\theta}} = [\boldsymbol{\theta}^T \mid f_1, \cdots, f_l]^T = [\boldsymbol{\theta}^T \mid \boldsymbol{f}^T]^T$ である。この式と式 (2.43) との比較から,推定値を

$$\widehat{\bar{\boldsymbol{\theta}}}_{\mathrm{ELS}} = \left[\sum_{k=m+1}^{N} \bar{\boldsymbol{p}}(k)\bar{\boldsymbol{p}}^T(k) \right]^{-1} \sum_{k=m+1}^{N} \bar{\boldsymbol{p}}(k)y(k)$$

のように構成する。ここに $m = \max(n, l)$ である。この $\widehat{\bar{\boldsymbol{\theta}}}_{\mathrm{ELS}}$ を**拡大最小 2 乗推定量**という[45),46)]。この推定量は $\xi_f(k)$ の平方和を最小化するものではないことに注意されたい。

入出力が ARMAX モデルに従っているならば

$$a^0(q^{-1})y(k) = b^0(q^{-1})u(k) + c^0(q^{-1})e(k)$$

であるので，書き直すと

$$c^0(q^{-1})e(k) = a^0(q^{-1})y(k) - b^0(q^{-1})u(k)$$

となる。この式と式 (2.85) との比較から $f(q^{-1})$ は $c^0(q^{-1})$ に $\xi_f(k)$ は $e(k)$ に対応することがわかる。このように拡大最小 2 乗法は入出力が ARMAX モデルに従うことを前提とする手法である。

$\widehat{\bar{\boldsymbol{\theta}}}_{\mathrm{ELS}}(N)$ に対しては以下のような繰返し式が提案されている。

同定アルゴリズム (2)

$$\left. \begin{aligned} & r(N) = 1 + \bar{\boldsymbol{p}}^T(N)\bar{P}(N-1)\bar{\boldsymbol{p}}(N) \\ & \widehat{\xi}_f^{N-1}(N) = y(N) - \bar{\boldsymbol{p}}^T(N)\widehat{\bar{\boldsymbol{\theta}}}_{\mathrm{ELS}}(N-1) \\ & \widehat{\bar{\boldsymbol{\theta}}}_{\mathrm{ELS}}(N) = \widehat{\bar{\boldsymbol{\theta}}}_{\mathrm{ELS}}(N-1) + \frac{1}{r(N)}\bar{P}(N-1)\bar{\boldsymbol{p}}(N)\widehat{\xi}_f^{N-1}(N) \\ & \bar{P}(N) = \bar{P}(N-1) - \frac{1}{r(N)}\bar{P}(N-1)\bar{\boldsymbol{p}}(N)\bar{\boldsymbol{p}}^T(N)\bar{P}(N-1) \end{aligned} \right\} \quad (2.86)$$

この繰返し式において，$\bar{\boldsymbol{p}}(N)$ は

$$\bar{\boldsymbol{p}}(N) = [\boldsymbol{p}^T(N) \mid \widehat{\xi}_f^{N-1}(N-1), \cdots, \widehat{\xi}_f^{N-l}(N-l)]^T$$

のように構成される。ここで

$$\widehat{\xi}_f^N(N) = y(N) - \bar{\boldsymbol{p}}^T(N)\widehat{\bar{\boldsymbol{\theta}}}_{\mathrm{ELS}}(N) \tag{2.87}$$

である．式 (2.86) の $\widehat{\xi}_f^{N-1}(N)$ を**予測誤差**，式 (2.87) の $\widehat{\xi}_f^N(N)$ を**残差**と呼ぶ．$\bar{p}(N)$ の要素を予測誤差で構成しても大差ないように思われるが，実際には繰返し式の振舞いに顕著な差が現れる．式 (2.86) の 3 番目の式を式 (2.87) に代入し式 (2.86) の 2 番目の式を考慮すると，予測誤差 $\widehat{\xi}_f^{N-1}(N)$ と残差 $\widehat{\xi}_f^N(N)$ との関係式

$$\widehat{\xi}_f^N(N) = \frac{1}{1+\bar{p}^T(N)\bar{P}(N-1)\bar{p}(N)} \widehat{\xi}_f^{N-1}(N)$$

を得る．式 (2.86) の繰返し式は一応収束の証明がなされているが[88]，数値計算上はやはりいろいろな問題が生じるので，プログラミングに際しては細心の注意が必要である．

2.2.7 補助変数法

前項までの一致推定法はいずれにしても何らかの誤差の 2 乗和の最小化に基づくものであり，得られる推定量に統計学的な意味である種の最適性を期待するものであった．本項で述べる**補助変数法**は基本的に推定量の一致性のみを目的として考案された手法である．

式 (2.49) より，最小 2 乗推定量 $\widehat{\boldsymbol{\theta}}_{\mathrm{LS}}$ は

$$\sum_{k=n+1}^{N} \boldsymbol{p}(k)[y(k) - \boldsymbol{p}^T(k)\widehat{\boldsymbol{\theta}}_{\mathrm{LS}}] = \boldsymbol{0}$$

を満たす．式 (2.39) より入出力の関係は $y(k) = \boldsymbol{p}^T(k)\boldsymbol{\theta}^0 + v(k)$ と表されるが，**2.2.3** 項で示したように，ARX モデル以外では

$$\mathop{\mathrm{plim}}_{N\to\infty} \frac{1}{N} \sum_{k=n+1}^{N} \boldsymbol{p}(k)v(k) = \mathrm{E}[\boldsymbol{p}(k)v(k)] \neq \boldsymbol{0}$$

であるために，$\widehat{\boldsymbol{\theta}}_{\mathrm{LS}}$ は $\boldsymbol{\theta}^0$ の一致推定値とはなり得ない．そこで

$$\left.\begin{array}{rl} \text{(i)} & \displaystyle\mathop{\mathrm{plim}}_{N\to\infty} \frac{1}{N} \sum_{k=n+1}^{N} \boldsymbol{\zeta}(k)\boldsymbol{p}^T(k) \text{ が存在して正則} \\ \text{(ii)} & \displaystyle\mathop{\mathrm{plim}}_{N\to\infty} \frac{1}{N} \sum_{k=n+1}^{N} \boldsymbol{\zeta}(k)v(k) = \boldsymbol{0} \end{array}\right\}$$

となるような $\zeta(k)$ を用いて

$$\sum_{k=n+1}^{N} \zeta(k)[y(k) - \boldsymbol{p}^T(k)\widehat{\boldsymbol{\theta}}_{\mathrm{IV}}] = \boldsymbol{0} \tag{2.88}$$

を満足するように $\widehat{\boldsymbol{\theta}}_{\mathrm{IV}}$ を定め，これを $\boldsymbol{\theta}^0$ の推定値とするという手法が考案された[38]。これが補助変数法である。$\zeta(k)$ の要素を**補助変数**と呼び，$\widehat{\boldsymbol{\theta}}_{\mathrm{IV}}$ を $\zeta(k)$ を補助変数（ベクトル）とする**補助変数推定量**と呼ぶ。

定義式 (2.88) から明らかなように $\zeta(k)$ が補助変数ベクトルのとき，その正則変換 $T\zeta(k)$ も補助変数ベクトルであり，$\zeta(k)$ と同じ推定量を与える。

$2n \times 2n$ 行列

$$\sum_{k=n+1}^{N} \zeta(k)\boldsymbol{p}^T(k)$$

が正則ならば，$\widehat{\boldsymbol{\theta}}_{\mathrm{IV}}$ は

$$\widehat{\boldsymbol{\theta}}_{\mathrm{IV}} = \left[\sum_{k=n+1}^{N} \zeta(k)\boldsymbol{p}^T(k)\right]^{-1} \sum_{k=n+1}^{N} \zeta(k)y(k)$$

で与えられる。$\widehat{\boldsymbol{\theta}}_{\mathrm{IV}}(N)$ に対する繰返し式は容易にわかるように

同定アルゴリズム (3)

$$\left.\begin{aligned}
r_{\mathrm{IV}}(N) &= 1 + \boldsymbol{p}^T(N)Q(N-1)\zeta(N) \\
\widehat{\xi}_{\mathrm{IV}}^{N-1}(N) &= y(N) - \boldsymbol{p}^T(N)\widehat{\boldsymbol{\theta}}_{\mathrm{IV}}(N-1) \\
\widehat{\boldsymbol{\theta}}_{\mathrm{IV}}(N) &= \widehat{\boldsymbol{\theta}}_{\mathrm{IV}}(N-1) + \frac{1}{r_{\mathrm{IV}}(N)}Q(N-1)\zeta(N)\widehat{\xi}_{\mathrm{IV}}^{N-1}(N) \\
Q(N) &= Q(N-1) - \frac{1}{r_{\mathrm{IV}}(N)}Q(N-1)\zeta(N)\bar{\boldsymbol{p}}^T(N)Q(N-1)
\end{aligned}\right\} \tag{2.89}$$

である。この繰返し式で注意すべきことは，$\boldsymbol{p}^T(N)Q(N-1)\zeta(N) \geqq 0$ が保証されないため $r_{\mathrm{IV}}(N) = 0$ となる可能性があることである。この場合はもちろん $r_{\mathrm{IV}}(N)$ の値がきわめて小さい場合には何らかの対策を講じる必要がある。その一つの方策は更新を行わないことである。すなわちあらかじめ定めた正数

δ に対して $|r_{\mathrm{IV}}(N)| < \delta$ ならば $Q(N) = Q(N-1)$, $\widehat{\boldsymbol{\theta}}_{\mathrm{IV}}(N) = \widehat{\boldsymbol{\theta}}_{\mathrm{IV}}(N-1)$ とするのである.

補助変数の条件は,補助変数ベクトル $\boldsymbol{\zeta}(k)$ が $\boldsymbol{p}(k)$ とは相関をもち,しかも $v(k)$ とは相関をもたないことを示唆している.補助変数推定量の性質は補助変数ベクトル $\boldsymbol{\zeta}(k)$ によって決まるので $\boldsymbol{\zeta}(k)$ として種々のものが提案されているが,三つの代表的な $\boldsymbol{\zeta}(k)$ を以下に示す.

条件 (ii) を満足する $\boldsymbol{\zeta}(k)$ として,まず考えられるのは入力列 $\{u(k)\}$ が雑音列 $\{e(k)\}$ と無相関

$$\mathrm{E}\{u(k)e(l)\} = 0 \qquad (任意の\ k, l)$$

という仮定から,すべての要素が入力列からなる

$$\boldsymbol{\zeta}(k) = \begin{bmatrix} \boldsymbol{p}_u(k-n) \\ \boldsymbol{p}_u(k) \end{bmatrix} \tag{2.90}$$

であろう[89),90)].ここで,$\boldsymbol{p}_u(k)$ は式 (2.53b) で定義されているベクトルである.$\boldsymbol{\zeta}(k)$ を正則変換してもよいので,$\boldsymbol{\zeta}(k)$ の中の要素の並び方は本質的なものではなく,$\boldsymbol{\zeta}(k)$ の要素を

$$\begin{aligned}\boldsymbol{\zeta}(k) &= \begin{bmatrix} \boldsymbol{p}_u(k) \\ \boldsymbol{p}_u(k-n) \end{bmatrix} \\ &= [\,u(k-1), \cdots, u(k-n) | u(k-n-1), \cdots, u(k-2n)\,]^T\end{aligned}$$

のように並べてもよいが,$\boldsymbol{p}(k)$ との対応から通常 $\boldsymbol{\zeta}(k)$ を式 (2.90) のように構成する.

入出力が式 (2.64) の ARMAX モデルあるいは式 (2.65) の出力誤差モデルに従っているとすると

$$\mathrm{E}\{y(k-l)v(k)\} = 0 \qquad (l = n+1, \cdots)$$

が成り立つ.そこで,$\boldsymbol{p}(k)$ との相関を考慮すると,補助変数ベクトルとして

$$\zeta(k) = \begin{bmatrix} \boldsymbol{p}_y(k-n) \\ \boldsymbol{p}_u(k) \end{bmatrix} \tag{2.91}$$

が考えられる[41),42),91)]。ここで，$\boldsymbol{p}_y(k)$ は式 (2.53a) で定義されているベクトルである。

$\zeta(k)$ は $\boldsymbol{p}(k)$ の代わりに用いられるものであるから，なるべく $\boldsymbol{p}(k)$ に似たものが好ましいということで

$$w(k) = \frac{g(q^{-1})}{f(q^{-1})} u(k) \tag{2.92}$$

のように，$u(k)$ から作られる $w(k)$ を使う

$$\zeta(k) = \begin{bmatrix} -\boldsymbol{p}_w(k) \\ \boldsymbol{p}_u(k) \end{bmatrix} \tag{2.93}$$

が補助変数ベクトルとして提案されている[92)]。ここで，$\boldsymbol{p}_w(k)$ は

$$\boldsymbol{p}_w(k) = [\, w(k-1),\ w(k-2),\ \cdots,\ w(k-n)\,]^T$$

である。また，多項式 $f(z),\ g(z)$ はそれぞれ

$$f(z) = 1 + f_1 z + \cdots + f_n z^n, \quad g(z) = g_1 z + \cdots + g_n z^n$$

であり，$f(z)$ の相反多項式 $f_*(z) = z^n + f_1 z^{n-1} + \cdots + f_n$ のすべての零点は単位円内にあるものとする。明らかに，この $\zeta(k)$ は条件 (ii) を満たす。

$f_1 = f_2 = \cdots = f_n = 0$ で $g_1 = g_2 = \cdots = g_{n-1} = 0,\ g_n = -1$ のとき，式 (2.92) より $w(k)$ は $w(k) = -u(k-n)$ であり，式 (2.90) の $\zeta(k)$ は式 (2.93) の $\zeta(k)$ の特別の場合とみなせることがわかる。

$f(z),\ g(z)$ を $f(z) = a(z),\ g(z) = b(z)$ と選ぶと $w(k)$ はモデルの出力 $\eta(k)$ となる。したがって，$\boldsymbol{p}(k)$ の $y(k)$ をモデルの出力 $\eta(k)$ で置き換えた

$$\zeta(k) = \begin{bmatrix} -\boldsymbol{p}_\eta(k) \\ \boldsymbol{p}_u(k) \end{bmatrix}$$

が，補助変数ベクトル $\zeta(k)$ として提案されている[38)]。ここで，$\boldsymbol{p}_\eta(k)$ は

$$\boldsymbol{p}_\eta(k) = [\,\eta(k-1),\ \eta(k-2),\ \cdots,\ \eta(k-n)\,]^T$$

である。しかし $a(z)$ および $b(z)$ の係数は未知であるので，この $\boldsymbol{\zeta}(k)$ を用いるときには式 (2.89) の繰返し式に加えて $\eta(k)$ を推定するつぎのようなステップが必要となる。

推定値 $\widehat{\boldsymbol{\theta}}_{\mathrm{IV}}(N)$ に対応する多項式 $z^n + \widehat{a}_1(N)z^{n-1} + \cdots + \widehat{a}_n(N)$ のすべての零点が単位円内にあれば

$$\widehat{\eta}(N) = \boldsymbol{\zeta}^T(N)\widehat{\boldsymbol{\theta}}_{\mathrm{IV}}(N) \tag{2.94}$$

とし，そうでなければ

$$\widehat{\eta}(N) = \boldsymbol{\zeta}^T(N)\widehat{\boldsymbol{\theta}}_{\mathrm{IV}}(N_0) \tag{2.95}$$

とする。ここに，$\widehat{\boldsymbol{\theta}}_{\mathrm{IV}}(N_0)$ は多項式 $z^n + \widehat{a}_1(N_0)z^{n-1} + \cdots + \widehat{a}_n(N_0)$ のすべての零点が単位円内にある最新の推定値である。$\widehat{\boldsymbol{\zeta}}(N+1)$ はこの式 (2.94) あるいは式 (2.95) の $\widehat{\eta}(N)$ を用いて

$$\widehat{\boldsymbol{\zeta}}(N+1) = [\,-\widehat{\eta}(N),\cdots,-\widehat{\eta}(N-n+1)\,|\,u(N),\cdots,u(N-n+1)\,]^T$$

と構成される。

2.2.8　固有ベクトル法

パルス伝達関数の分母分子を定数倍しても入出力関係は変わらないので，多項式 $a(z)$ の第1項を1と限定せずに $a(z) = a_0 + a_1 z + \cdots + a_n z^n$ とすると，式誤差 $\xi(k)$ は $\xi(k) = a(q^{-1})y(k) - b(q^{-1})u(k)$ であるので，ベクトル $\bar{\boldsymbol{p}}(k)$, $\bar{\boldsymbol{\theta}}$ を

$$\bar{\boldsymbol{p}}(k) = \begin{bmatrix} -y(k) \\ \boldsymbol{p}(k) \end{bmatrix}, \quad \bar{\boldsymbol{\theta}} = \begin{bmatrix} a_0 \\ \boldsymbol{\theta} \end{bmatrix}$$

とおくと，式誤差は

$$\xi(k) = -\bar{\boldsymbol{p}}^T(k)\bar{\boldsymbol{\theta}} \tag{2.96}$$

のように，ベクトル $\bar{\boldsymbol{p}}(k)$ と $\bar{\boldsymbol{\theta}}$ の内積の形で表され，式誤差の平方和は

$$J = \sum_{k=n+1}^{N} \xi(k)^2 = \bar{\boldsymbol{\theta}}^T \left[\sum_{k=n+1}^{N} \bar{\boldsymbol{p}}(k)\bar{\boldsymbol{p}}^T(k) \right] \bar{\boldsymbol{\theta}} \tag{2.97}$$

となる。

補題 2.1

ベクトル $\bar{\boldsymbol{\theta}}$ の第一要素が 1 という制約条件

$$[1 \ \boldsymbol{0}^T]\bar{\boldsymbol{\theta}} = 1 \tag{2.98}$$

のもとで，J を最小にする $\widehat{\bar{\boldsymbol{\theta}}}$ は

$$\left[\sum_{k=n+1}^{N} \bar{\boldsymbol{p}}(k)\bar{\boldsymbol{p}}^T(k) \right] \widehat{\bar{\boldsymbol{\theta}}} = J_{\min} \begin{bmatrix} 1 \\ 0 \end{bmatrix} \tag{2.99}$$

を満たす。ここで，$J_{\min}$ は J の最小値である。

証明 制約条件 (2.98) のもとで，式 (2.97) の J を最小にする問題は，ラグランジュ乗数 λ を導入すると

$$\mathcal{L} = \frac{1}{2}J + \lambda(1 - [1 \ \boldsymbol{0}^T]\bar{\boldsymbol{\theta}})$$

を最小にする問題に帰着する。$\mathcal{L}$ を $\bar{\boldsymbol{\theta}}$ と λ で偏微分すると

$$\frac{\partial \mathcal{L}}{\partial \bar{\boldsymbol{\theta}}} = \left[\sum_{k=n+1}^{N} \bar{\boldsymbol{p}}(k)\bar{\boldsymbol{p}}^T(k) \right] \bar{\boldsymbol{\theta}} - \lambda \begin{bmatrix} 1 \\ 0 \end{bmatrix}$$

$$\frac{\partial \mathcal{L}}{\partial \lambda} = [1 \ \boldsymbol{0}^T]\bar{\boldsymbol{\theta}} - 1$$

となるので，$\widehat{\bar{\boldsymbol{\theta}}}$ が式 (2.99) を満たすことがわかる。♠

$J_{\min}$ は残差平方和 R に等しいので，式 (2.99) は式 (2.51) にほかならない。したがって，式 (2.97) を制約条件 (2.98) のもとで $\bar{\boldsymbol{\theta}}$ について最小化することにより最小 2 乗推定量が得られることがわかる。

以下では，入出力データが伝達関数モデルに従う場合に一致推定値を与える

固有ベクトル法について述べる[26),93)]。**2.2.3**項で述べたように，この場合最小2乗法は一致推定値を与えない。

式 (2.98) の制約条件に代わって，制約条件

$$\bar{\boldsymbol{\theta}}^T \begin{bmatrix} I_{n+1} & O \\ O & O \end{bmatrix} \bar{\boldsymbol{\theta}} = 1 \qquad (2.100)$$

のもとで，J を最小にする $\widehat{\bar{\boldsymbol{\theta}}}$ を求める問題は

$$\left[\sum_{k=n+1}^{N} \bar{\boldsymbol{p}}(k)\bar{\boldsymbol{p}}^T(k) \right] \widehat{\bar{\boldsymbol{\theta}}} = \lambda \begin{bmatrix} I_{n+1} & O \\ O & O \end{bmatrix} \widehat{\bar{\boldsymbol{\theta}}} \qquad (2.101)$$

を満たす最小の λ に対応する $\widehat{\bar{\boldsymbol{\theta}}}$ を求める問題に帰着することが，**補題 2.1** の証明と同様にして示される。

伝達関数モデルの場合，式 (2.65) より

$$a^0(q^{-1})y(k) = b^0(q^{-1})u(k) + a^0(q^{-1})e(k) = b^0(q^{-1})u(k) + v(k)$$

であり，ベクトル $\bar{\boldsymbol{p}}(k)$ を用いると

$$\bar{\boldsymbol{p}}^T(k) \begin{bmatrix} 1 \\ \boldsymbol{\theta}^0 \end{bmatrix} = -v(k)$$

と書けるので

$$\frac{1}{N} \sum_{k=n+1}^{N} \bar{\boldsymbol{p}}(k)\bar{\boldsymbol{p}}^T(k) \begin{bmatrix} 1 \\ \boldsymbol{\theta}^0 \end{bmatrix} = -\frac{1}{N} \sum_{k=n+1}^{N} \bar{\boldsymbol{p}}(k)v(k)$$

を得る。よって，両辺の確率極限をとると

$$\left[\plim_{N \to \infty} \frac{1}{N} \sum_{k=n+1}^{N} \bar{\boldsymbol{p}}(k)\bar{\boldsymbol{p}}^T(k) \right] \begin{bmatrix} 1 \\ \boldsymbol{\theta}^0 \end{bmatrix} = -\mathrm{E}\left[\bar{\boldsymbol{p}}(k)v(k) \right]$$

$$= \sigma_{\mathrm{e}}^2 \begin{bmatrix} I_{n+1} & O \\ O & O \end{bmatrix} \begin{bmatrix} 1 \\ \boldsymbol{\theta}^0 \end{bmatrix}$$

となる。この式は λ/N の最小値が $N \to \infty$ のとき σ_{e}^2 ならば，$\widehat{\bar{\boldsymbol{\theta}}}(N)$ の1番

58   2. システム同定の基礎

目の要素を 1 に規格化することにより $\boldsymbol{\theta}^0$ の一致推定値が得られることを示している。

また，$\bar{\boldsymbol{p}}_y(k)$ を，$\bar{\boldsymbol{p}}_y^T(k) = [\, y(k) \quad \boldsymbol{p}_y^T(k)\,]$ とおくと，$\bar{\boldsymbol{p}}(k)$ は，$\bar{\boldsymbol{p}}^T(k) = [\, -\bar{\boldsymbol{p}}_y^T(k) \quad \boldsymbol{p}_u^T(k)\,]$ であり，以下の議論の便利のために行列 $\bar{Y}, U$ を

$$\bar{Y}^T = [\, \bar{\boldsymbol{p}}_y(n+1),\ \bar{\boldsymbol{p}}_y(n+2),\ \cdots,\ \bar{\boldsymbol{p}}_y(N)\,]$$

$$U^T = [\, \boldsymbol{p}_u(n+1),\ \boldsymbol{p}_u(n+2),\ \cdots,\ \boldsymbol{p}_u(N)\,]$$

とおくと，式 (2.101) は

$$\begin{bmatrix} -\bar{Y}^T \\ U^T \end{bmatrix} [\, -\bar{Y} \quad U \,] \widehat{\boldsymbol{\phi}}(N) = \lambda \begin{bmatrix} I_{n+1} & O \\ O & O \end{bmatrix} \widehat{\boldsymbol{\phi}}(N) \tag{2.102}$$

のように表される。

補題 2.2

$\widehat{\boldsymbol{\theta}}(N)$ を

$$\widehat{\boldsymbol{\theta}}(N) = \begin{bmatrix} \widehat{\boldsymbol{\theta}}_1(N) \\ \widehat{\boldsymbol{\theta}}_2(N) \end{bmatrix} \begin{matrix} \}\, n+1 \\ \}\, n \end{matrix}$$

と分割すると

$$\widehat{\boldsymbol{\theta}}_2(N) = (U^T U)^{-1} U^T \bar{Y} \widehat{\boldsymbol{\theta}}_1(N) \tag{2.103}$$

および

$$\bar{Y}^T \Pi_U^\perp \bar{Y} \widehat{\boldsymbol{\theta}}_1(N) = \lambda \widehat{\boldsymbol{\theta}}_1(N) \tag{2.104}$$

を得る。ここで $\Pi_U^\perp$ は $\Pi_U^\perp = I - U(U^T U)^{-1} U^T$ である。

[証明]　式 (2.102) より

$$\begin{bmatrix} \bar{Y}^T \bar{Y} & -\bar{Y}^T U \\ -U^T \bar{Y} & U^T U \end{bmatrix} \begin{bmatrix} \widehat{\boldsymbol{\theta}}_1(N) \\ \widehat{\boldsymbol{\theta}}_2(N) \end{bmatrix} = \lambda \begin{bmatrix} \widehat{\boldsymbol{\theta}}_1(N) \\ \boldsymbol{0} \end{bmatrix}$$

であるので

$$\bar{Y}^T\bar{Y}\widehat{\boldsymbol{\theta}}_1(N) - \bar{Y}^T U\widehat{\boldsymbol{\theta}}_2(N) = \lambda\widehat{\boldsymbol{\theta}}_1(N)$$
$$-U^T\bar{Y}\widehat{\boldsymbol{\theta}}_1(N) + U^T U\widehat{\boldsymbol{\theta}}_2(N) = \boldsymbol{0}$$

であり，第2式より式 (2.103) が得られ，これを第1式に代入して整理すると式 (2.104) が得られる。♠

この式 (2.104) より，$\widehat{\boldsymbol{\theta}}_1(N)$ は行列 $\bar{Y}^T\Pi_U^\perp\bar{Y}$ の固有値 λ に対応する固有ベクトルであることがわかる。

定理 2.7

$\operatorname*{plim}_{N\to\infty}\dfrac{1}{N}\lambda$ の最小値は σ_e^2 である。

証明 式 (2.65) より $y(k) = x(k) + e(k)$ であるので，$\bar{\boldsymbol{p}}_y(k)$ と同様に $\bar{\boldsymbol{p}}_x(k)$ と $\bar{\boldsymbol{p}}_e(k)$ を定義し，$\bar{Y}$ と同様に $\bar{X}$ と $\bar{E}$ を定義すると $\bar{Y} = \bar{X} + \bar{E}$ を得る。したがって，入力 $u(k)$ と $e(k)$ が無相関という仮定から

$$\operatorname*{plim}_{N\to\infty}\frac{1}{N}\bar{Y}^T\Pi_U^\perp\bar{Y} = \operatorname*{plim}_{N\to\infty}\frac{1}{N}\bar{X}^T\Pi_U^\perp\bar{X} + \operatorname*{plim}_{N\to\infty}\frac{1}{N}\bar{E}^T\bar{E}$$

となる。$\{e(k)\}$ は平均値 0，分散 σ_e^2 の白色雑音列であるので

$$\operatorname*{plim}_{N\to\infty}\frac{1}{N}\bar{E}^T\bar{E} = \operatorname*{plim}_{N\to\infty}\frac{1}{N}\sum_{k=n+1}^{N}\bar{\boldsymbol{p}}_e(k)\bar{\boldsymbol{p}}_e^T(k) = \mathrm{E}\left[\bar{\boldsymbol{p}}_e(k)\bar{\boldsymbol{p}}_e^T(k)\right] = \sigma_e^2 I_{n+1}$$

であり

$$\operatorname*{plim}_{N\to\infty}\frac{1}{N}\bar{Y}^T\Pi_U^\perp\bar{Y} = \operatorname*{plim}_{N\to\infty}\frac{1}{N}\bar{X}^T\Pi_U^\perp\bar{X} + \sigma_e^2 I_{n+1}$$

を得る。λ は $\bar{Y}^T\Pi_U^\perp\bar{Y}$ の固有値であるから

$$0 = \left|\operatorname*{plim}_{N\to\infty}\frac{1}{N}\bar{Y}^T\Pi_U^\perp\bar{Y} - \operatorname*{plim}_{N\to\infty}\frac{1}{N}\lambda I_{n+1}\right|$$
$$= \left|\operatorname*{plim}_{N\to\infty}\frac{1}{N}\bar{X}^T\Pi_U^\perp\bar{X} - \left(\operatorname*{plim}_{N\to\infty}\frac{1}{N}\lambda - \sigma_e^2\right)I_{n+1}\right|$$

が成り立ち，$\operatorname*{plim}_{N\to\infty}\dfrac{1}{N}\bar{X}^T\Pi_U^\perp\bar{X}$ は半正定値であることより

$$\operatorname*{plim}_{N\to\infty}\frac{1}{N}\lambda - \sigma_e^2 \geqq 0$$

を得る。

入出力観測値からなる行列を

$$\begin{bmatrix} U^T \\ \bar{Y}^T \end{bmatrix} = \begin{bmatrix} R_{11} & 0 \\ R_{21} & R_{22} \end{bmatrix} Q$$

のように **RQ** 分解すると

$$\begin{bmatrix} U^T \\ \bar{Y}^T \end{bmatrix} \begin{bmatrix} U & \bar{Y} \end{bmatrix} = \begin{bmatrix} R_{11}R_{11}^T & R_{11}R_{21}^T \\ R_{21}R_{11}^T & R_{21}R_{21}^T + R_{22}R_{22}^T \end{bmatrix}$$

であるので,行列 $\bar{Y}^T \Pi_U^\perp \bar{Y}$ は

$$\bar{Y}^T \Pi_U^\perp \bar{Y} = \bar{Y}^T \bar{Y} - \bar{Y}^T (U^T U)^{-1} U^T \bar{Y} = R_{22} R_{22}^T$$

となり,式 (2.104) より

$$R_{22} R_{22}^T \widehat{\bar{\theta}}_1(N) = \lambda \widehat{\bar{\theta}}_1(N)$$

を得る。この式は $\widehat{\bar{\theta}}_1(N)$ が R_{22} の左特異ベクトルであることを示している。よって,R_{22} の特異値分解を

$$R_{22} = \Phi \, \mathrm{diag}(\sigma_1, \ \sigma_2, \ \cdots, \ \sigma_n, \ \sigma) \Psi^T$$

とするとき,σ が R_{22} の最小特異値ならば,Φ の最後の列は $\widehat{\bar{\theta}}_1(N)$ に等しい。

なお,適応信号処理の分野では,ここで述べた固有ベクトル法を TLS (total least squares) 法 (より正確には Mixed LS-TLS 法) との関連で議論している[94]。

2.2.9 バイアス補償最小2乗法

固有ベクトル法は,入出力に観測雑音がある (変数誤差モデル) 場合にも適用可能な方法であるが[26],[95],この手法を適用するには少なくとも入力雑音の分散と出力雑音の分散の比が既知でなければならない点に問題がある。そこで,

本項では，パラメータとともに入出力観測雑音の分散を推定することによりこの問題を解決する一手法について述べる．以下の**変数誤差モデル**

$$x(k) = \frac{b^0(q^{-1})}{a^0(q^{-1})} u(k) \qquad (2.105a)$$

$$y(k) = x(k) + e(k) \qquad (2.105b)$$

$$w(k) = u(k) + d(k) \qquad (2.105c)$$

を想定する．ここで，$e(k), d(k)$ はそれぞれ出力観測雑音，入力観測雑音である．また，δ_{ij} を**クロネッカーのデルタ**とするとき

$$\mathrm{E}\,[e(k)] = 0, \quad \mathrm{E}\,[e(j)e(k)] = \sigma_{\mathrm{e}}^2 \delta_{jk}$$

$$\mathrm{E}\,[d(k)] = 0, \quad \mathrm{E}\,[d(j)d(k)] = \sigma_{\mathrm{d}}^2 \delta_{jk}$$

$$\mathrm{E}\,[d(j)e(k)] = 0 \ \ \text{for all } j, k$$

であり，入力 $u(k)$ は $e(k), d(k)$ と無相関で，平均値 0，分散が有限の定常確率過程である．

図 **2.5** からわかるように，変数誤差モデルの場合の式誤差 $\xi(k)$ は $\xi(k) = a(q^{-1})y(k) - b(q^{-1})w(k)$ であり，ベクトル $\boldsymbol{p}(k)$ を

$$\boldsymbol{p}(k) = [\,-y(k-1),\ \cdots,\ -y(k-n),\ w(k-1),\ \cdots,\ w(k-n)\,]^T$$

とおくと，式 (2.43) と同じく

$$\xi(k) = y(k) - \boldsymbol{p}^T(k)\boldsymbol{\theta} \qquad (2.106)$$

と表される．したがって，**2.2.2**項の議論からわかるように最小 2 乗推定量 $\widehat{\boldsymbol{\theta}}_{\mathrm{LS}}$ は

$$\widehat{\boldsymbol{\theta}}_{\mathrm{LS}} = \left[\sum_{k=n+1}^{N} \boldsymbol{p}(k)\boldsymbol{p}^T(k)\right]^{-1} \sum_{k=n+1}^{N} \boldsymbol{p}(k)y(k) \qquad (2.107)$$

で与えられる．

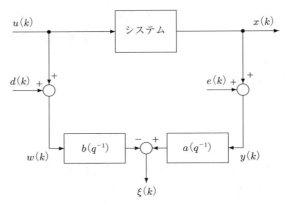

図 **2.5** 変数誤差モデルと式誤差

式 (2.105b), (2.105c) を式 (2.105a) に代入して整理すると，入力観測値 $w(k)$ と出力観測値 $y(k)$ の関係式を得る。

$$a^0(q^{-1})y(k) = b^0(q^{-1})w(k) + v(k) \tag{2.108}$$

ここで，$v(k)$ は

$$v(k) = a^0(q^{-1})e(k) - b^0(q^{-1})d(k) \tag{2.109}$$

と定義される $e(k)$ と $d(k)$ の**合成雑音**である。仮定よりこの合成雑音 $v(k)$ は白色でないことから変数誤差モデルの場合，最小 2 乗推定量 $\widehat{\boldsymbol{\theta}}_{\mathrm{LS}}(N)$ は一致推定量ではなく，漸近的にさえバイアスをもつ。以下では，**2.2.3** 項と同様にして，この漸近バイアスを求めることにする。

定理 2.8

変数誤差モデルの場合の最小 2 乗推定量の漸近バイアスは，式 (2.69) の M を用いると

$$\boldsymbol{\theta}_{\mathrm{BIAS}} = -M^{-1} \begin{bmatrix} \sigma_{\mathrm{e}}^2 I & 0 \\ 0 & \sigma_{\mathrm{d}}^2 I \end{bmatrix} \boldsymbol{\theta}^0 \tag{2.110}$$

で与えられる[96]。

2.2 離散時間システムの同定

証明 ベクトル $\boldsymbol{p}(k)$, $\boldsymbol{\theta}^0$ を用いると,式 (2.108) は

$$y(k) = \boldsymbol{p}^T(k)\boldsymbol{\theta}^0 + v(k) \tag{2.111}$$

と書け,これを式 (2.107) に代入すると

$$\widehat{\boldsymbol{\theta}}_{\mathrm{LS}} = \boldsymbol{\theta}^0 + \left[\sum_{k=n+1}^{N} \boldsymbol{p}(k)\boldsymbol{p}^T(k)\right]^{-1} \sum_{k=n+1}^{N} \boldsymbol{p}(k)v(k)$$

となる。よって,両辺の確率極限をとるとスルツキーの定理[77] より

$$\plim_{N \to \infty} \widehat{\boldsymbol{\theta}}_{\mathrm{LS}} = \boldsymbol{\theta}^0 + M^{-1} \plim_{N \to \infty} \frac{1}{N} \sum_{k=n+1}^{N} \boldsymbol{p}(k)v(k)$$

を得るので,式 (2.68) より $\widehat{\boldsymbol{\theta}}_{\mathrm{LS}}(N)$ の漸近バイアスが

$$\boldsymbol{\theta}_{\mathrm{BIAS}} = M^{-1} \plim_{N \to \infty} \frac{1}{N} \sum_{k=n+1}^{N} \boldsymbol{p}(k)v(k)$$

であることがわかる。$\boldsymbol{r}(k)$ を

$$\boldsymbol{r}(k) = [-e(k-1), \cdots, -e(k-n), d(k-1), \cdots, d(k-n)]^T$$

とおくとき,式 (2.109) より

$$v(k) = e(k) - \boldsymbol{r}^T(k)\boldsymbol{\theta}^0 \tag{2.112}$$

であり,また $\boldsymbol{q}(k)$ を

$$\boldsymbol{q}(k) = [-x(k-1), \cdots, -x(k-n), u(k-1), \cdots, u(k-n)]^T$$

とおけば,$\boldsymbol{p}(k)$ が $\boldsymbol{p}(k) = \boldsymbol{q}(k) + \boldsymbol{r}(k)$ と表されることより,入力および雑音に対する仮定から

$$\plim_{N \to \infty} \frac{1}{N} \sum_{k=n+1}^{N} \boldsymbol{p}(k)v(k) = \mathrm{E}\left[\boldsymbol{p}(k)v(k)\right]$$
$$= \mathrm{E}\left[(\boldsymbol{q}(k) + \boldsymbol{r}(k))(e(k) - \boldsymbol{r}^T(k)\boldsymbol{\theta}^0)\right] = -\mathrm{E}\left[\boldsymbol{r}(k)\boldsymbol{r}^T(k)\right]\boldsymbol{\theta}^0$$
$$= -\begin{bmatrix} \sigma_{\mathrm{e}}^2 I & 0 \\ 0 & \sigma_{\mathrm{d}}^2 I \end{bmatrix} \boldsymbol{\theta}^0 \tag{2.113}$$

を得る。よって,漸近バイアス $\boldsymbol{\theta}_{\mathrm{BIAS}}$ は

$$\boldsymbol{\theta}_{\mathrm{BIAS}} = M^{-1}\left\{-\begin{bmatrix} \sigma_{\mathrm{e}}^2 I & 0 \\ 0 & \sigma_{\mathrm{d}}^2 I \end{bmatrix}\boldsymbol{\theta}^0\right\}$$

である。

式 (2.68) を

$$\boldsymbol{\theta}^0 = \mathop{\mathrm{plim}}_{N \to \infty} \widehat{\boldsymbol{\theta}}_{\mathrm{LS}} - \boldsymbol{\theta}_{\mathrm{BIAS}}$$

と書き直すと,最小2乗推定量 $\widehat{\boldsymbol{\theta}}_{\mathrm{LS}}$ から,その漸近バイアス $\boldsymbol{\theta}_{\mathrm{BIAS}}$ を補償すれば $\boldsymbol{\theta}^0$ の一致推定量が得られることがわかる。

以下の議論では,必要に応じてデータ個数 N を明記する。

$$P(N) = \left[\sum_{k=n+1}^{N} \boldsymbol{p}(k)\boldsymbol{p}^T(k)\right]^{-1} \tag{2.114}$$

と定義すれば,式 (2.69) より

$$M = \mathop{\mathrm{plim}}_{N \to \infty} \frac{1}{N} P(N)^{-1} \tag{2.115}$$

であるから,式 (2.110) を考慮すると漸近バイアス $\boldsymbol{\theta}_{\mathrm{BIAS}}$ の推定量として

$$\widehat{\boldsymbol{\theta}}_{\mathrm{BIAS}} = -NP(N)\begin{bmatrix} \sigma_{\mathrm{e}}^2 I & O \\ O & \sigma_{\mathrm{d}}^2 I \end{bmatrix}\boldsymbol{\theta}^0$$

が考えられ,したがってバイアス補償最小2乗推定量 $\widehat{\boldsymbol{\theta}}_{\mathrm{BCLS}}(N)$ が

$$\widehat{\boldsymbol{\theta}}_{\mathrm{BCLS}}(N) = \widehat{\boldsymbol{\theta}}_{\mathrm{LS}}(N) + NP(N)\begin{bmatrix} \sigma_{\mathrm{e}}^2 I & O \\ O & \sigma_{\mathrm{d}}^2 I \end{bmatrix}\widehat{\boldsymbol{\theta}}_{\mathrm{BCLS}}(N-1) \tag{2.116}$$

で与えられる。もちろん, $\widehat{\boldsymbol{\theta}}_{\mathrm{LS}}(N), P(N)$ は式 (2.48) の繰返しアルゴリズムによって計算される。しかし,この式 (2.116) の推定値は $\sigma_{\mathrm{e}}^2, \sigma_{\mathrm{d}}^2$ を既知としている点で実用性に乏しい。

そこで,以下では, $\sigma_{\mathrm{e}}^2, \sigma_{\mathrm{d}}^2$ の一致推定値を与え,しかも繰返しアルゴリズムで計算されるような推定量 $\sigma_{\mathrm{e}}^2, \sigma_{\mathrm{d}}^2$ を求めることにする。

2.2 離散時間システムの同定 65

$\sigma_\mathrm{e}^2, \sigma_\mathrm{d}^2$ の推定量を求めるために，まず最小 2 乗推定量 $\widehat{\boldsymbol{\theta}}_\mathrm{LS}(N)$ を用いて計算される式誤差 $\widehat{\xi}(k)$ の平方和 $R(N)$ について検討する。

補題 2.3

$\widehat{\boldsymbol{\theta}}_\mathrm{LS}(N)$ を式 (2.52) のように分割し，$\boldsymbol{\theta}^0$ も

$$\boldsymbol{\theta}^0 = \begin{bmatrix} \boldsymbol{a}^0 \\ \boldsymbol{b}^0 \end{bmatrix}$$

と分割すると，$R(N)/N$ の確率極限は次式である[96]。

$$\plim_{N \to \infty} \frac{R(N)}{N} = \sigma_\mathrm{e}^2 \left(1 + \boldsymbol{a}^{0T} \plim_{N \to \infty} \widehat{\boldsymbol{a}}_\mathrm{LS}(N)\right) + \sigma_\mathrm{d}^2 \boldsymbol{b}^{0T} \plim_{N \to \infty} \widehat{\boldsymbol{b}}_\mathrm{LS}(N) \tag{2.117}$$

証明 $\widehat{\xi}(k)$ は，定義より，式 (2.106) の式誤差で $\boldsymbol{\theta}$ を $\widehat{\boldsymbol{\theta}}_\mathrm{LS}(N)$ で置き換えたものであるので

$$\widehat{\xi}(k) = y(k) - \boldsymbol{p}^T(k)\widehat{\boldsymbol{\theta}}_\mathrm{LS}(N) \tag{2.118}$$

であり，式 (2.111) を考慮すると

$$\widehat{\xi}(k) = \boldsymbol{p}^T(k)(\boldsymbol{\theta}^0 - \widehat{\boldsymbol{\theta}}_\mathrm{LS}(N)) + v(k) \tag{2.119}$$

となる。式 (2.107) と式 (2.118) から

$$\sum_{k=n+1}^{N} \boldsymbol{p}(k)\widehat{\xi}(k) = 0$$

であるから，式 (2.119) より $\widehat{\xi}(k)$ の平方和に対し，つぎの関係を得る。

$$R(N) = \sum_{k=n+1}^{N} \widehat{\xi}(k)^2 = \sum_{k=n+1}^{N} v(k)\widehat{\xi}(k) \tag{2.120}$$

再び式 (2.120) の右辺の $\widehat{\xi}(k)$ に式 (2.119) の関係を用いると $\widehat{\xi}(k)$ の平方和は

$$R(N) = \sum_{k=n+1}^{N} v(k)^2 + \sum_{k=n+1}^{N} v(k)\boldsymbol{p}(k)(\boldsymbol{\theta}^0 - \widehat{\boldsymbol{\theta}}_\mathrm{LS}(N)) \tag{2.121}$$

となる。いま

$$\plim_{N \to \infty} \frac{1}{N} \sum_{k=n+1}^{N} v(k)^2 = \mathrm{E}\left[v(k)^2\right] = \sigma_\mathrm{e}^2 + \boldsymbol{\theta}^{0T} \begin{bmatrix} \sigma_\mathrm{e}^2 I & 0 \\ 0 & \sigma_\mathrm{d}^2 I \end{bmatrix} \boldsymbol{\theta}^0$$

であることが導かれるので,この式と式 (2.113) を式 (2.121) に代入すると式 (2.117) を得る。 ♠

つぎに,$\widetilde{\boldsymbol{\theta}}(N)$ とこの $\widetilde{\boldsymbol{\theta}}(N)$ を用いて計算される式誤差 $\widetilde{\xi}(k)$ を

$$\left[\sum_{k=n+2}^{N} \boldsymbol{p}(k-1)\boldsymbol{p}^T(k-1)\right] \widetilde{\boldsymbol{\theta}}(N) = \sum_{k=n+2}^{N} \boldsymbol{p}(k-1)y(k)$$

$$\widetilde{\xi}(k) = y(k) - \boldsymbol{p}^T(k-1)\widetilde{\boldsymbol{\theta}}(N)$$

と定義する[97]。さらに,最小 2 乗残差 $\widehat{\xi}_*(k)$ を

$$\widehat{\xi}_*(k) = y(k) - \boldsymbol{p}^T(k)\widehat{\boldsymbol{\theta}}_\mathrm{LS}(N-1)$$

として,$S(N)$ を

$$S(N) = \sum_{k=n+2}^{N} \widehat{\xi}_*(k-1)\widetilde{\xi}(k)$$

と定義すると,式 (2.120),(2.121) を導いたのと同様の議論から

$$S(N) = \sum_{k=n+2}^{N} v(k-1)\widetilde{\xi}(k)$$
$$= \sum_{k=n+2}^{N} v(k-1)y(k) - \sum_{k=n+2}^{N} v(k-1)\boldsymbol{p}^T(k-1)\widetilde{\boldsymbol{\theta}}(N)$$

を得る。よって

$$\mathrm{E}\left[v(k-1)y(k)\right] = \mathrm{E}\left[v(k-1)e(k)\right]$$
$$\mathrm{E}\left[v(k-1)\boldsymbol{p}^T(k-1)\right] = \mathrm{E}\left[v(k)\boldsymbol{p}(k)\right]$$

に注意すると

$$\plim_{N\to\infty} \frac{S(N)}{N} = \sigma_e^2 \boldsymbol{a}^{0T} \plim_{N\to\infty} \widetilde{\boldsymbol{a}}(N) + \sigma_d^2 \boldsymbol{b}^{0T} \plim_{N\to\infty} \widetilde{\boldsymbol{b}}(N)$$

であることが示される。ここで

$$\widetilde{\boldsymbol{\theta}}(N) = \begin{bmatrix} \widetilde{\boldsymbol{a}}(N) \\ \widetilde{\boldsymbol{b}}(N) \end{bmatrix}$$

である。したがって，σ_e^2, σ_d^2 の推定量を，つぎの連立 1 次方程式の解として定義する。

$$\begin{bmatrix} 1+\widehat{\boldsymbol{a}}_{\rm BC}^T(N-1)\widehat{\boldsymbol{a}}_{\rm LS}(N) & \widehat{\boldsymbol{b}}_{\rm BC}^T(N-1)\widehat{\boldsymbol{b}}_{\rm LS}(N) \\ \widehat{\boldsymbol{a}}_{\rm BC}^T(N-1)\widetilde{\boldsymbol{a}}(N) & \widehat{\boldsymbol{b}}_{\rm BC}^T(N-1)\widetilde{\boldsymbol{b}}(N) \end{bmatrix} \begin{bmatrix} \widehat{\sigma_e^2}(N) \\ \widehat{\sigma_d^2}(N) \end{bmatrix}$$
$$= \frac{1}{N}\begin{bmatrix} R(N) \\ S(N) \end{bmatrix}$$

ここで，バイアス補償最小 2 乗推定量 $\widehat{\boldsymbol{\theta}}_{\rm BCLS}(N)$ を

$$\widehat{\boldsymbol{\theta}}_{\rm BCLS}(N) = \begin{bmatrix} \widehat{\boldsymbol{a}}_{\rm BC}(N) \\ \widehat{\boldsymbol{b}}_{\rm BC}(N) \end{bmatrix}$$

と分割している。

残差平方和 $R(N)$ の繰返しアルゴリズムは

$$R(N) = R(N-1) + \frac{\widehat{\xi}(N)^2}{r(N)} \tag{2.122}$$

であり，$\widetilde{\boldsymbol{\theta}}(N), S(N)$ を求める繰返しアルゴリズムは以下のようになる（章末の問題（8）参照）。

$$\left.\begin{aligned} \widetilde{\xi}(N) &= y(N) - \boldsymbol{p}^T(N-1)\widetilde{\boldsymbol{\theta}}(N-1) \\ \widehat{\xi}_*(N) &= y(N-1) - \boldsymbol{p}^T(N-1)\widehat{\boldsymbol{\theta}}_{\rm LS}(N-1) \\ \widetilde{\boldsymbol{\theta}}(N) &= \widetilde{\boldsymbol{\theta}}(N-1) + P(N-1)\boldsymbol{p}(N-1)\widetilde{\xi}(N) \\ S(N) &= S(N-1) + \widehat{\xi}_*(N)\widetilde{\xi}(N) \end{aligned}\right\} \tag{2.123}$$

本項では，漸近バイアスを推定しこれを用いて最小 2 乗推定値のバイアス分を補償することにより一致推定値を得る**バイアス補償最小 2 乗**（bias compensated LS, BCLS）**法**を示したが，ここでの BCLS 法とは漸近バイアスの推定法が異

なるバイアス補償法が BELS（bias-eliminated LS）法という名前で提案されている[98),101),103)]。しかし，文献[99)〜102)]などで，BELS 法がある条件のもとで補助変数法のクラスに属することが示されている。

2.3 連続時間システムの同定

本節では，まず，インパルス応答のサンプル値から伝達関数のパラメータを推定する方法[104)]について述べ，ついでいわゆるサンプラー＋零次ホールドの場合に得られるパルス伝達関数の推定について述べ，サンプリング周期があまりに小さいとパラメータの推定精度が悪くなることを**パデ近似**を用いた解析で示す。つぎに，**双一次変換**によって得られるパルス伝達関数の場合も事情は同じであることを示し，連続時間系の**近似離散時間モデル**を与える。この近似離散時間モデルは，パラメータではなく入出力データを変換することにより，微分方程式のパラメータを陽にもつ表現である。

2.3.1 インパルス応答による同定

同定対象のモデルがつぎの伝達関数

$$G(s) = \frac{\beta_1 s^{n-1} + \beta_2 s^{n-2} + \cdots + \beta_{n-1} s + \beta_n}{s^n + \alpha_1 s^{n-1} + \alpha_2 s^{n-2} + \cdots + \alpha_{n-1} s + \alpha_n} \tag{2.124}$$

で表されるとする。$G(s)$ の極 $\lambda_i,\ i=1,2,\cdots,n$ が相異なるとすると，$G(s)$ は

$$G(s) = \frac{c_1}{s - \lambda_1} + \frac{c_2}{s - \lambda_2} + \cdots + \frac{c_{n-1}}{s - \lambda_{n-1}} + \frac{c_n}{s - \lambda_n} \tag{2.125}$$

のように部分分数に展開されるので，インパルス応答 $y(t)$ は

$$y(t) = c_1 e^{\lambda_1 t} + c_2 e^{\lambda_2 t} + \cdots + c_{n-1} e^{\lambda_{n-1} t} + c_n e^{\lambda_n t} \tag{2.126}$$

である。

以下では，このインパルス応答がサンプリング周期 Δ で観測されるとして，未知パラメータ $c_i,\ \lambda_i$ を推定する問題を考えよう。簡単のために $y(k) = y(k\Delta)$

2.3 連続時間システムの同定

と表すことにすると，式 (2.126) より

$$y(k) = c_1\mu_1^k + c_2\mu_2^k + \cdots + c_{n-1}\mu_{n-1}^k + c_n\mu_n^k \tag{2.127}$$

を得る．ここで，$\mu_i = e^{\lambda_i \Delta}$, $i = 1, 2, \cdots, n$ である．行列 A およびベクトル $\boldsymbol{b}$, $\boldsymbol{c}$ を

$$A = \begin{bmatrix} \mu_1 & & & \\ & \mu_2 & & \\ & & \ddots & \\ & & & \mu_n \end{bmatrix}, \quad \boldsymbol{b} = \begin{bmatrix} 1 \\ 1 \\ \vdots \\ 1 \end{bmatrix}, \quad \boldsymbol{c} = \begin{bmatrix} c_1 \\ c_2 \\ \vdots \\ c_n \end{bmatrix}$$

とおくと，式 (2.127) は

$$y(k) = \boldsymbol{c}^T A^k \boldsymbol{b} \tag{2.128}$$

と表されるので

$$\begin{bmatrix} y(k) \\ y(k+1) \\ \vdots \\ y(k+n) \end{bmatrix} = \begin{bmatrix} \boldsymbol{c}^T \\ \boldsymbol{c}^T A \\ \vdots \\ \boldsymbol{c}^T A^n \end{bmatrix} A^k \boldsymbol{b} \tag{2.129}$$

を得る．行列 A の特性多項式を

$$|zI - A| = z^n + a_1 z^{n-1} + \cdots + a_{n-1} z + a_n$$

とすると，**Cayley-Hamilton** の定理から

$$A^n + a_1 A^{n-1} + \cdots + a_{n-1} A + a_n I = \begin{bmatrix} a_n & a_{n-1} & \cdots & a_1 & 1 \end{bmatrix} \begin{bmatrix} \boldsymbol{c}^T \\ \boldsymbol{c}^T A \\ \vdots \\ \boldsymbol{c}^T A^n \end{bmatrix} = 0$$

であるので，差分方程式

$$y(k+n) + a_1 y(k+n-1) + \cdots + a_{n-1} y(k+1) + a_n y(k) = 0$$

を得る。これから,未知パラメータ a_i, $i = 1, 2, \cdots, n$ についての連立1次方程式を得る。

$$\begin{bmatrix} y(0) & y(1) & \cdots & y(n-1) & y(n) \\ y(1) & y(2) & \cdots & y(n) & y(n+1) \\ \vdots & \vdots & \ddots & \vdots & \vdots \\ y(n-1) & y(n) & \cdots & y(2n-2) & y(2n-1) \end{bmatrix} \begin{bmatrix} a_n \\ a_{n-1} \\ \vdots \\ a_1 \\ 1 \end{bmatrix} = \mathbf{0}$$

行列 A の定義より

$$z^n + a_1 z^{n-1} + \cdots + a_{n-1} z + a_n = (z - \mu_1)(z - \mu_2) \cdots (z - \mu_n)$$

であるので,特性方程式を解くことにより,μ_i を求めることができる。μ_i が,したがって行列 A が求まれば,式 (2.128) より

$$\begin{bmatrix} y(0) \\ y(1) \\ \vdots \\ y(n-1) \end{bmatrix} = \begin{bmatrix} \bm{b}^T \\ \bm{b}^T A \\ \vdots \\ \bm{b}^T A^{n-1} \end{bmatrix} \bm{c}$$

のような c_i についての連立1次方程式を得る。A と $\bm{b}$ の定義から,この方程式が次式のように表されることがわかる。

$$\begin{bmatrix} 1 & 1 & \cdots & 1 \\ \mu_1 & \mu_2 & \cdots & \mu_n \\ \vdots & \vdots & \ddots & \vdots \\ \mu_1^{n-1} & \mu_2^{n-1} & \cdots & \mu_n^{n-1} \end{bmatrix} \begin{bmatrix} c_1 \\ c_2 \\ \vdots \\ c_n \end{bmatrix} = \begin{bmatrix} y(0) \\ y(1) \\ \vdots \\ y(n-1) \end{bmatrix}$$

c_i, λ_i の推定手順を以下にまとめる。

定理 2.9 (未知パラメータ c_i, λ_i の推定)

　Step 1：データ $y(0), y(1), \cdots, y(2n-1)$ を用いて,a_i を求める。

$$\begin{bmatrix} y(0) & y(1) & \cdots & y(n-1) \\ y(1) & y(2) & \cdots & y(n) \\ \vdots & \vdots & \ddots & \vdots \\ y(n-1) & y(n) & \cdots & y(2n-2) \end{bmatrix} \begin{bmatrix} a_n \\ a_{n-1} \\ \vdots \\ a_1 \end{bmatrix} = - \begin{bmatrix} y(n) \\ y(n+1) \\ \vdots \\ y(2n-1) \end{bmatrix}$$

代数方程式

$$z^n + a_1 z^{n-1} + \cdots + a_{n-1} z + a_n = 0$$

を解いて，μ_i を求める．この μ_i から $\lambda_i = \ln \mu_i / \Delta$ により λ_i を求める．

Step 2：$c_1, c_2, \cdots, c_n$ を求める．

$$\begin{bmatrix} 1 & 1 & \cdots & 1 \\ \mu_1 & \mu_2 & \cdots & \mu_n \\ \vdots & \vdots & \ddots & \vdots \\ \mu_1^{n-1} & \mu_2^{n-1} & \cdots & \mu_m^{n-1} \end{bmatrix} \begin{bmatrix} c_1 \\ c_2 \\ \vdots \\ c_n \end{bmatrix} = \begin{bmatrix} y(0) \\ y(1) \\ \vdots \\ y(n-1) \end{bmatrix}$$

この定理のパラメータ推定法は，基本的に **Prony 法**と呼ばれる古典的な方法に基づいている．

最近，前述の **Step 1** をつぎの補題の **Step 1'** によって置き換える手法が提案されている[105]．

補題 2.4（μ_i の推定）

Step 1'：$n+1$ 次行列 $\mathcal{H}_{n+1}$ を

$$\mathcal{H}_{n+1} = \begin{bmatrix} y(0) & y(1) & \cdots & y(n) \\ y(1) & y(2) & \cdots & y(n+1) \\ \vdots & \vdots & \ddots & \vdots \\ y(n) & y(n+1) & \cdots & y(2n) \end{bmatrix} \quad (2.130)$$

とおき，特異値分解する．

$$\mathcal{H}_{n+1} = U\Sigma V^T \tag{2.131}$$

ここで，U，V は $n+1$ 次の直交行列であり，Σ は特異値を対角要素とする $n+1$ 次の対角行列である。Σ の対角要素は大きさの順に並べられているとする。行列 U の最後の列を除いた $(n+1) \times n$ 行列を U_n とし，さらに U_n の最後の行を取り除いた n 次行列を $U_n^{(1)}$，U_n の最初の行を取り除いた n 次行列を $U_n^{(2)}$ とし

$$U_n^{(2)} = U_n^{(1)} \bar{A}$$

を解いて，$\bar{A}$ を求める。この $\bar{A}$ の固有値計算によって μ_i を求める。

証明 (補題 **2.4** の証明) 式 (2.129) より，$\mathcal{H}_{n+1}$ は

$$\mathcal{H}_{n+1} = \varGamma_n [\boldsymbol{b} \quad A\boldsymbol{b} \quad \cdots \quad A^n \boldsymbol{b}] \tag{2.132}$$

のように，二つの行列の積に分解される。ここで

$$\varGamma_n = \begin{bmatrix} \boldsymbol{c}^T \\ \boldsymbol{c}^T A \\ \vdots \\ \boldsymbol{c}^T A^n \end{bmatrix}$$

とおいている。この $\varGamma_n$ の定義から明らかなように $\varGamma_n$ を

$$\varGamma_n = \begin{bmatrix} \varGamma_n^{(1)} \\ \hline *** \end{bmatrix} = \begin{bmatrix} *** \\ \hline \varGamma_n^{(2)} \end{bmatrix}$$

と分割すると $\varGamma_n^{(2)} = \varGamma_n^{(1)} A$ なる関係が成り立つことがわかる。

ところで，式 (2.128) は，任意の正則行列 P に対して

$$y(k) = \boldsymbol{c}^T P P^{-1} A^k P P^{-1} \boldsymbol{b} = \bar{\boldsymbol{c}}^T \bar{A}^k \bar{\boldsymbol{b}}$$

のように表される。ここで

$$\bar{A} = P^{-1} A P, \ \bar{\boldsymbol{b}} = P^{-1} \boldsymbol{b}, \ \bar{\boldsymbol{c}}^T = \boldsymbol{c}^T P$$

である。これより，$\mathcal{H}_{n+1}$ の分解は

$$\mathcal{H}_{n+1} = \bar{\varGamma}_n [\bar{\boldsymbol{b}} \quad \bar{A}\bar{\boldsymbol{b}} \quad \cdots \quad \bar{A}^n \bar{\boldsymbol{b}}] \tag{2.133}$$

のように，正則行列 P 分の任意性があることがわかる．ここで，$\bar{\Gamma}_n$ は $\bar{\Gamma}_n = \Gamma_n P$ であり，Γ_n と同様の分割に対して，$\bar{\Gamma}_n^{(2)} = \bar{\Gamma}_n^{(1)} \bar{A}$ なる関係が成り立つ．したがって，Σ の $n+1$ 番目の対角要素が 0 であることを考慮すると，$\mathcal{H}_{n+1}$ の特異値分解から求めた U_n を式 (2.133) の $\bar{\Gamma}_n$ と見ることができ，$U_n^{(2)} = U_n^{(1)} \bar{A}$ を解くことにより，A と相似な行列 $\bar{A}$ が求められることがわかる．♠

本項の手法では，n 個のインパルス応答のサンプル値があれば，理論上伝達関数 $G(s)$ のパラメータが求まるのであるが，Δ をあまりに小さく選ぶとインパルス応答のごく一部しか用いないことになってしまう．n 個以上のサンプル値に最小 2 乗法を適用して μ_i のよい推定値が得られたとしても μ_i から λ_i への変換が数値計算上保証されない．

2.3.2 連続–離散変換

サンプリング周期 Δ でサンプルされた同定対象の入出力データ $\{u(k), y(k)\}$ から式 (2.124) の伝達関数 $G(s)$ のパラメータを推定する問題を考えることにしよう[76]．ただし，本項では簡単のため $n = 2$ で

$$G(s) = \frac{\alpha_2}{s^2 + \alpha_1 s + \alpha_2}$$

の場合を議論することにする．通常は，$G(s)$ のステップ不変な変換

$$H(z) = \frac{b_1 z + b_2}{z^2 + a_1 z + a_2}$$

のパラメータ a_1, a_2, b_1, b_2 を推定し，これらから α_1, α_2 を求めることが行われる．すなわち

$$s^2 + \alpha_1 s + \alpha_2 = (s - \lambda_1)(s - \lambda_2), \quad z^2 + a_1 z + a_2 = (z - \mu_1)(z - \mu_2)$$

とおくとき

$$\mu_1 = e^{\lambda_1 \Delta}, \quad \mu_2 = e^{\lambda_2 \Delta} \tag{2.134}$$

であり，$\lambda_1 \neq \lambda_2$ の場合，$G(s)$ のパラメータと $H(z)$ のそれとの間には

$$
\left.\begin{aligned}
a_1 &= -(\mu_1 + \mu_2) \\
a_2 &= \mu_1 \mu_2 = e^{-\alpha_1 \Delta} \\
b_1 &= 1 + \frac{1}{\lambda_1 - \lambda_2}(\lambda_2 \mu_1 - \lambda_1 \mu_2) \\
b_2 &= a_2 - \frac{1}{\lambda_1 - \lambda_2}(\lambda_1 \mu_1 - \lambda_2 \mu_2)
\end{aligned}\right\} \quad (2.135)
$$

なる関係があるので，これを用いて a_1, a_2, b_1, b_2 から α_1, α_2 を逆算する。このようないわゆる間接法でも，Δ をあまり小さく選ぶと λ_1, λ_2 の値に関わりなく μ_1, μ_2 は 1 に近い値をとり，また b_1, b_2 はきわめて小さな値となり，したがって $H(z)$ から $G(s)$ の変換が非常に困難なものとなる。

ここで $|\lambda_i \Delta|$ が十分小さくて $e^{\lambda_i \Delta}$ が

$$
e^{\lambda_i \Delta} \simeq \frac{1 + \dfrac{\lambda_i \Delta}{2}}{1 - \dfrac{\lambda_i \Delta}{2}} \quad (i = 1, 2)
$$

のように 1 次のパデ近似で表される場合を考えてみよう。このとき a_1, a_2, b_1, b_2 は

$$
\left.\begin{aligned}
a_1 &\simeq -\frac{2}{\bar{a}_0}\left\{1 - \alpha_2\left(\frac{\Delta}{2}\right)^2\right\} \\
a_2 &\simeq \frac{1}{\bar{a}_0}\left\{1 - \alpha_1 \frac{\Delta}{2} + \alpha_2\left(\frac{\Delta}{2}\right)^2\right\} \\
b_1 &\simeq \frac{2\alpha_2}{\bar{a}_0}\left(\frac{\Delta}{2}\right)^2 \\
b_2 &\simeq \frac{2\alpha_2}{\bar{a}_0}\left(\frac{\Delta}{2}\right)^2
\end{aligned}\right\}
$$

である。ただし

$$
\bar{a}_0 = 1 + \alpha_1 \frac{\Delta}{2} + \alpha_2 \left(\frac{\Delta}{2}\right)^2
$$

である。したがって，$H(z)$ は $|\lambda_i \Delta|$ が十分小さいとき

2.3 連続時間システムの同定

$$\left.\begin{aligned}
H(z) &\simeq \frac{\bar{b}(z+1)}{\bar{a}_0 z^2 + \bar{a}_1 z + \bar{a}_2} \\
\bar{a}_1 &= -2\left\{1 - \alpha_2\left(\frac{\Delta}{2}\right)^2\right\} \\
\bar{a}_2 &= 1 - \alpha_1 \frac{\Delta}{2} + \alpha_2\left(\frac{\Delta}{2}\right)^2 \\
\bar{b} &= 2\alpha_2 \left(\frac{\Delta}{2}\right)^2
\end{aligned}\right\}$$

と表され，$z = -1$ という零点をもつことがわかる．また

$$\bar{a}_0 z^2 + \bar{a}_1 z + \bar{a}_2 = (z-1)^2 + \alpha_1 \frac{\Delta}{2}(z^2 - 1) + \alpha_2 \left(\frac{\Delta}{2}\right)^2 (z+1)^2$$

であるので $H(z)$ は

$$H(z) = \frac{2\alpha_2 \left(\frac{\Delta}{2}\right)^2 (1+z^{-1})z^{-1}}{(1-z^{-1})^2 + \alpha_1 \frac{\Delta}{2}(1+z^{-1})(1-z^{-1}) + \alpha_2 \left(\frac{\Delta}{2}\right)^2 (1+z^{-1})^2}$$

のようにも表される．これから $H(z)$ と $G(s)$ の間に

$$H(z) \simeq G(s)|_{s=\frac{2}{\Delta}\frac{1-z^{-1}}{1+z^{-1}}} \times \frac{2z^{-1}}{1+z^{-1}} \tag{2.136}$$

のような関係が成り立つことがわかる．z^{-1} を遅れ演算子とみなして

$$\bar{y}(k) = \frac{1+z^{-1}}{2}y(k) = \frac{y(k)+y(k-1)}{2}$$

$$\bar{u}(k) = z^{-1}u(k) = u(k-1)$$

とおき，さらに

$$y_i(k) = \left(\frac{\Delta}{2}\right)^i (1+z^{-1})^i (1-z^{-1})^{2-i} \bar{y}(k)$$

$$u_i(k) = \left(\frac{\Delta}{2}\right)^i (1+z^{-1})^i (1-z^{-1})^{2-i} \bar{u}(k)$$

とおくと

$$y_0(k) + \alpha_1 y_1(k) + \alpha_2 y_2(k) = \alpha_2 u_2(k) + \xi(k) \tag{2.137}$$

なる関係を得る。ここで $\xi(k)$ はいわゆる式誤差と呼ばれているものである。

2.3.3 近似離散時間モデル

直接 $G(s)$ を双一次変換

$$s = \frac{2}{\Delta}\frac{1-z^{-1}}{1+z^{-1}}$$

によって離散時間近似を行うと式 (2.137) において

$$y_i(k) = \left(\frac{\Delta}{2}\right)^i (1+z^{-1})^i (1-z^{-1})^{2-i} y(k)$$

$$u_i(k) = \left(\frac{\Delta}{2}\right)^i (1+z^{-1})^i (1-z^{-1})^{2-i} u(k)$$

とおいたものを得る。いずれにしても式 (2.137) に最小2乗法を適用すると $\xi(k)$ の平方和を最小にするような α_1, α_2 を求めることができる。しかし定義から明らかなように $y_0(k)$ は $y_0(k) = (1-z^{-1})^2 \bar{y}(k)$ あるいは $y_0(k) = (1-z^{-1})^2 y(k)$ のようにデータの差分操作により求められるものであるから，高域の雑音の影響を受けやすく，このような $y_0(k)$ を用いたのでは精度のよい結果が得られない。

そこで $G(s)$ の分母分子を例えば $(s+\lambda)^2$ で割ることにより

$$G(s) = \frac{\dfrac{\alpha_2}{(s+\lambda)^2}}{\dfrac{s^2+\alpha_1 s + \alpha_2}{(s+\lambda)^2}}$$

と変形して双一次変換を行うことにすると $y_i(k), u_i(k)$ がそれぞれ

$$y_i(k) = Q_s(z^{-1})\left(\frac{\Delta}{2}\right)^i (1+z^{-1})^i (1-z^{-1})^{2-i} y(k) \tag{2.138a}$$

$$u_i(k) = Q_s(z^{-1})\left(\frac{\Delta}{2}\right)^i (1+z^{-1})^i (1-z^{-1})^{2-i} u(k) \tag{2.138b}$$

であるときの関係式 (2.137) が得られ，これを近似離散時間モデルと呼ぶ．ここで

$$Q_s(z^{-1}) = \frac{1}{\left\{1 + \frac{\Delta}{2}\lambda - \left(1 - \frac{\Delta}{2}\lambda\right)z^{-1}\right\}^2}$$

である．この場合はフィルタ $Q_s(z^{-1})$ により直接差分をとる操作を避けることができている．したがってこれらの $y_i(k)$, $u_i(k)$ を用いると，最小2乗法により $G(s)$ のパラメータを精度よく求めることができる．このように Δ が十分小さいときに，近似離散時間モデルを用いてサンプル値データから直接 α_1, α_2 を求める方法を連続時間系の同定法と呼ぶ[106)~108)]．

2.4 多変数系同定の問題点

本節では，多変数系の同定にベクトル差分方程式を用いる場合に生じる問題を，簡単のために3次の2入力2出力系の場合について説明する．

一変数系の場合と同様にベクトル差分方程式は**多変量線形回帰式**に帰着できるので，まず多変量回帰式の一般的な話から始める．

2.4.1 多変量回帰式

式 (2.3) を拡張した多変量回帰式

$$\boldsymbol{y}_i = \boldsymbol{b}_0 + B_1 \boldsymbol{x}_{i1} + B_2 \boldsymbol{x}_{i2} + \cdots + B_n \boldsymbol{x}_{in} + \boldsymbol{\varepsilon}_i \tag{2.139}$$

を考える．ここで，$\boldsymbol{y}_i$, $\boldsymbol{x}_{ik}$ はそれぞれ m, r 次元ベクトルである．式 (2.139) は $m \times (rn+1)$ 行列 B と $(rn+1)$ 次元ベクトル $\boldsymbol{x}_i$ を

$$B = [\boldsymbol{b}_0 \ B_1 \ \cdots \ B_n], \quad \boldsymbol{x}_i = \begin{bmatrix} 1 \\ \boldsymbol{x}_{i1} \\ \boldsymbol{x}_{i2} \\ \vdots \\ \boldsymbol{x}_{in} \end{bmatrix}$$

とおくと

$$\bm{y}_i = B\bm{x}_i + \bm{\varepsilon}_i \tag{2.140}$$

と表される。したがって，$\bm{y}_1, \bm{y}_2, \cdots, \bm{y}_N$ からなる行列を Y とすると，式 (2.140) は

$$Y = BX + E \tag{2.141}$$

と書ける。ここで，$m \times N$ 行列 Y，$m \times N$ 行列 E および $(rn+1) \times N$ 行列 X は

$$Y = [\bm{y}_1 \ \bm{y}_2 \ \cdots \ \bm{y}_N]$$
$$E = [\bm{\varepsilon}_1 \ \bm{\varepsilon}_2 \ \cdots \ \bm{\varepsilon}_N]$$
$$X = [\bm{x}_1 \ \bm{x}_2 \ \cdots \ \bm{x}_N] = \begin{bmatrix} 1 & 1 & \cdots & 1 \\ \bm{x}_{11} & \bm{x}_{21} & \cdots & \bm{x}_{N1} \\ \bm{x}_{12} & \bm{x}_{22} & \cdots & \bm{x}_{N2} \\ \vdots & \vdots & \ddots & \vdots \\ \bm{x}_{1n} & \bm{x}_{2n} & \cdots & \bm{x}_{Nn} \end{bmatrix}$$

である。誤差 $\bm{e}_i = \bm{y}_i - \widetilde{B}\bm{x}_i$ のノルムの平方和

$$\begin{aligned} J &= \sum_{i=1}^{N} \|\bm{e}_i\|^2 = \operatorname{trace}\left(\sum_{i=1}^{N} \bm{e}_i \bm{e}_i^T\right) \\ &= \operatorname{trace}(Y - \widetilde{B}X)(Y - \widetilde{B}X)^T \end{aligned} \tag{2.142}$$

を最小にする $\widetilde{B}$ の値を $\widehat{B}$ とすると，$\widehat{B}$ は

$$\widehat{B} = YX^T(XX^T)^{-1} \tag{2.143}$$

で与えられる。なぜなら，J を $\widetilde{B}$ で偏微分すると次式となるからである。

$$\frac{\partial J}{\partial \widetilde{B}} = -2(Y - \widetilde{B}X)X^T$$

一方，$\widetilde{B}$ の k 番目の行を $\widetilde{\bm{b}}_k^T$ で表すことにすると $\widetilde{B}\bm{x}_i$ は

$$\widetilde{B}\boldsymbol{x}_i = \begin{bmatrix} \widetilde{\boldsymbol{b}}_1^T \boldsymbol{x}_i \\ \widetilde{\boldsymbol{b}}_2^T \boldsymbol{x}_i \\ \vdots \\ \widetilde{\boldsymbol{b}}_m^T \boldsymbol{x}_i \end{bmatrix} = \begin{bmatrix} \boldsymbol{x}_i^T \widetilde{\boldsymbol{b}}_1 \\ \boldsymbol{x}_i^T \widetilde{\boldsymbol{b}}_2 \\ \vdots \\ \boldsymbol{x}_i^T \widetilde{\boldsymbol{b}}_m \end{bmatrix} = \begin{bmatrix} \boldsymbol{x}_i^T & \boldsymbol{0}^T & \cdots & \boldsymbol{0}^T \\ \boldsymbol{0}^T & \boldsymbol{x}_i^T & \cdots & \boldsymbol{0}^T \\ \vdots & \vdots & \ddots & \vdots \\ \boldsymbol{0}^T & \boldsymbol{0}^T & \cdots & \boldsymbol{x}_i^T \end{bmatrix} \begin{bmatrix} \widetilde{\boldsymbol{b}}_1 \\ \widetilde{\boldsymbol{b}}_2 \\ \vdots \\ \widetilde{\boldsymbol{b}}_m \end{bmatrix}$$

$$= (I \otimes \boldsymbol{x}_i^T) \mathrm{vec}(\widetilde{B}^T) = Z_i \widetilde{\boldsymbol{b}}$$

と表されるので，$\boldsymbol{e}_i$ は

$$\boldsymbol{e}_i = \boldsymbol{y}_i - Z_i \widetilde{\boldsymbol{b}}$$

のようにも書ける。ここで，$\otimes$ は**クロネッカー積**であり，$\mathrm{vec}(\cdot)$ は **vec 演算**である。また $m \times (rn+1)m$ 行列 Z_i および $(rn+1)m$ 次元ベクトル $\widetilde{\boldsymbol{b}}$ は

$$Z_i = (I \otimes \boldsymbol{x}_i^T), \quad \widetilde{\boldsymbol{b}} = \mathrm{vec}(\widetilde{B}^T)$$

である。したがって，式 (2.142) の J を最小にする $\widetilde{\boldsymbol{b}}$ の値を $\widehat{\boldsymbol{b}}$ とすると

$$\widehat{\boldsymbol{b}} = \left(\sum_{i=1}^N Z_i^T Z_i \right)^{-1} \sum_{i=1}^N Z_i^T \boldsymbol{y}_i \tag{2.144}$$

である。

補題 2.5

式 (2.143) の $\widehat{B}$ と式 (2.144) の $\widehat{\boldsymbol{b}}$ との関係は

$$\widehat{\boldsymbol{b}} = \mathrm{vec}(\widehat{B}^T)$$

である。

証明 Z_i の定義およびクロネッカー積の性質より

$$\sum_{i=1}^N Z_i^T Z_i = \sum_{i=1}^N (I \otimes \boldsymbol{x}_i)(I \otimes \boldsymbol{x}_i^T) = \sum_{i=1}^N (I \otimes \boldsymbol{x}_i \boldsymbol{x}_i^T) = I \otimes \sum_{i=1}^N \boldsymbol{x}_i \boldsymbol{x}_i^T$$

であるので，$\sum_{i=1}^N \boldsymbol{x}_i \boldsymbol{x}_i^T = XX^T$ に注意すると

$$\sum_{i=1}^{N} Z_i^T Z_i = I \otimes XX^T$$

を得る。また

$$\sum_{i=1}^{N} Z_i^T \boldsymbol{y}_i = \sum_{i=1}^{N} (I \otimes \boldsymbol{x}_i)(\boldsymbol{y}_i \otimes 1) = \sum_{i=1}^{N} (\boldsymbol{y}_i \otimes \boldsymbol{x}_i) = \sum_{i=1}^{N} \begin{bmatrix} \boldsymbol{x}_i y_{1i} \\ \boldsymbol{x}_i y_{2i} \\ \vdots \\ \boldsymbol{x}_i y_{mi} \end{bmatrix}$$

であるので，$\widehat{\boldsymbol{b}}$ は

$$\widehat{\boldsymbol{b}} = (I \otimes XX^T)^{-1} \sum_{i=1}^{N} \boldsymbol{y}_i \otimes \boldsymbol{x}_i = \sum_{i=1}^{N} \boldsymbol{y}_i \otimes (XX^T)^{-1} \boldsymbol{x}_i$$

となる。$\boldsymbol{y}_i$ の k 番目の成分を y_{ki} とし

$$\widehat{\boldsymbol{b}} = \begin{bmatrix} \widehat{\boldsymbol{b}}_1 \\ \widehat{\boldsymbol{b}}_2 \\ \vdots \\ \widehat{\boldsymbol{b}}_m \end{bmatrix} \begin{matrix} \} \ r \\ \} \ r \\ \vdots \\ \} \ r \end{matrix}$$

と分割すると，r 次元ベクトル $\widehat{\boldsymbol{b}}_k$ は

$$\widehat{\boldsymbol{b}}_k = \sum_{i=1}^{N} y_{ki} (XX^T)^{-1} \boldsymbol{x}_i = (XX^T)^{-1} \sum_{i=1}^{N} \boldsymbol{x}_i y_{ki}$$

であり，この $\widehat{\boldsymbol{b}}_k$ を k 番目の列とする行列は

$$[\widehat{\boldsymbol{b}}_1 \ \widehat{\boldsymbol{b}}_2 \ \cdots \ \widehat{\boldsymbol{b}}_m] = \sum_{i=1}^{N} (XX^T)^{-1} \boldsymbol{x}_i [y_{1i} \ y_{2i} \ \cdots \ y_{mi}]$$

$$= (XX^T)^{-1} [\boldsymbol{x}_1 \ \boldsymbol{x}_2 \ \cdots \ \boldsymbol{x}_N] \begin{bmatrix} y_{11} & y_{21} & \cdots & y_{m1} \\ y_{12} & y_{22} & \cdots & y_{m2} \\ \vdots & \vdots & \ddots & \vdots \\ y_{1N} & y_{2N} & \cdots & y_{mN} \end{bmatrix}$$

$$= (XX^T)^{-1} XY^T$$

となり，式 (2.143) より

$$[\widehat{\boldsymbol{b}}_1 \ \widehat{\boldsymbol{b}}_2 \ \cdots \ \widehat{\boldsymbol{b}}_m] = \widehat{B}^T$$

を得る。したがって，$\widehat{B}$ と $\widehat{\boldsymbol{b}}$ は $\widehat{\boldsymbol{b}} = \text{vec}(\widehat{B}^T)$ の関係にあることがわかる。　♠

補題 2.5 は，誤差 $\boldsymbol{e}_i$ の二つの表現 $\boldsymbol{e}_i = \boldsymbol{y}_i - \widetilde{B}\boldsymbol{x}_i$, $\boldsymbol{e}_i = \boldsymbol{y}_i - Z_i\widetilde{\boldsymbol{b}}$ のいずれを用いて最小 2 乗法を適用しても，代数的に等価な推定量が得られることを示している。

2.4.2　ベクトル差分方程式

1 入力 1 出力系の場合，**2.2.2** 項で述べたように，入出力関係は一般につぎの差分方程式の形で表せるとして議論が進められている。

$$y(k) + a_1 y(k-1) + \cdots + a_n y(k-n) = b_1 u(k-1) + \cdots + b_n u(k-n)$$

この差分方程式は，多項式 $a(z)$, $b(z)$ および遅れ演算子 q^{-1} を用いて

$$a(q^{-1})y(k) = b(q^{-1})u(k) \tag{2.145}$$

と表され，$a(z)$, $b(z)$ の相反多項式 $a_*(z) = z^n a(1/z)$, $b_*(z) = z^n b(1/z)$ および進み演算子 q を用いて

$$a_*(q)y(k) = b_*(q)u(k) \tag{2.146}$$

とも表せる。1 入力 1 出力系の場合，この二つの表現のどちらを用いても問題はないが，後述するように多変数系の場合，この二つの表現に対応するものを区別する必要がある。

入出力データ $\{y(k), u(k)\}$ から，式 (2.145) あるいは式 (2.146) の未知パラメータ a_i, b_i が一意に求められるためには，$a(s)$ と $b(s)$ がたがいに素であることが要求される。この仮定のもとで，よく知られているように，式 (2.145) あるいは (2.146) の最小実現の一つは

$$\left.\begin{aligned}\boldsymbol{x}(k+1) &= \begin{bmatrix} 0 & 1 & \cdots & 0 \\ \vdots & \ddots & \ddots & \vdots \\ 0 & \cdots & 0 & 1 \\ -a_n & \cdots & -a_2 & -a_1 \end{bmatrix} \boldsymbol{x}(k) + \begin{bmatrix} h_1 \\ h_2 \\ \vdots \\ h_n \end{bmatrix} u(k) \\ y(k) &= \boldsymbol{e}_1^T \boldsymbol{x}(k)\end{aligned}\right\} \tag{2.147}$$

で与えられる。ここで，$\{b_i\}$ と $\{h_i\}$ の間には

$$\begin{bmatrix} h_1 \\ h_2 \\ \vdots \\ h_n \end{bmatrix} = \begin{bmatrix} 1 & & & \\ a_1 & 1 & & \\ \vdots & \ddots & \ddots & \\ a_{n-1} & \cdots & a_1 & 1 \end{bmatrix}^{-1} \begin{bmatrix} b_1 \\ b_2 \\ \vdots \\ b_n \end{bmatrix}$$

なる関係がある。

一変数系の場合，可観測ならば任意の状態方程式表現は，式 (2.147) のような可観測性正準形[109]と呼ばれる形に変換されるので，一変数系の同定問題は式 (2.145) の形の差分方程式の次数 n と未知パラメータ a_i, b_i の推定問題に帰着されるのである。

一方，m 入力 l 出力の多変数系の場合には，つぎの三つの表現が考えられるが，これらの間の関係に留意しなければならない。

定義 2.4 （状態空間表現 (state space representation, SSR)）

$$\begin{aligned} \boldsymbol{x}(k+1) &= A\boldsymbol{x}(k) + B\boldsymbol{u}(k) \\ \boldsymbol{y}(k) &= C\boldsymbol{x}(k) \end{aligned} \qquad (2.148)$$

ここで，$\boldsymbol{x}(k)$ は n 次元状態ベクトル，$\boldsymbol{u}(k)$ は m 次元入力ベクトル，$\boldsymbol{y}(k)$ は l 次元出力ベクトルである。

定義 2.5 （行列分数表現 (matrix fraction description, MFD)）

$$P(q)\boldsymbol{y}(k) = Q(q)\boldsymbol{u}(k) \qquad (2.149)$$

$P(z), Q(z)$ はそれぞれ $l \times l$, $l \times m$ の z の多項式行列である。

$$\begin{aligned} P(z) &= P_0 z^s + P_1 z^{s-1} + \cdots + P_s \\ Q(z) &= Q_1 z^{s-1} + \cdots + Q_s \end{aligned}$$

定義 2.6 （ベクトル差分方程式表現（vector difference equations, VDE））

$$F(q^{-1})\boldsymbol{y}(k) = G(q^{-1})\boldsymbol{u}(k) \qquad (2.150)$$

ここで $F(z)$, $G(z)$ は，それぞれ $l \times l$, $l \times m$ の z の多項式行列である．

$$F(z) = F_0 + F_1 z + \cdots + F_s z^s$$
$$G(z) = G_1 z + \cdots + G_s z^s$$

式 (2.149)，(2.150) はそれぞれ一変数系の場合の式 (2.145)，(2.146) に対応しており，進み型行列分解表現および遅れ型行列分解表現とも呼ばれている[110]．式 (2.148) から導かれた式 (2.149)，(2.150) の $P(z)$, $Q(z)$ および $F(z)$, $G(z)$ は，一変数系とは異なり必ずしも s は次数 n に等しいわけではなく，また P_0, F_0 が単位行列 I に等しいわけでもないこと，さらに式 (2.149) から式 (2.150) への変換は一変数系の場合ほど自明なことではなく $P(z)$, $Q(z)$ の係数行列と $F(z)$, $G(z)$ のそれとは異なることに注意されたい．ここで，$F_0 = I$ のときの VDE をモニックな VDE という．また s を VDE のラグ次数という．

なお，SSR から導かれた MFD と VDE の性質やこれらの間の関係については，Wolovich と Elliott[111] や Gevers[112] の研究がある．

以下では，つぎの 3 次の 2 入力 2 出力系の A, B, C が以下のように与えられる場合に対して，二つの代表的な方法によって SSR から VDE を導くことにしよう．

$$A = \begin{bmatrix} 0.5 & 0 & 0 \\ 0 & 0.25 & 0 \\ 0 & 0 & 0.25 \end{bmatrix}, \quad B = \begin{bmatrix} 4 & 0 \\ -4 & 1 \\ 0 & -1 \end{bmatrix},$$
$$C = \begin{bmatrix} 1 & 1 & 0 \\ 1 & 1 & 1 \end{bmatrix} \qquad (2.151)$$

このとき

$$\boldsymbol{c}_1^T A = [\,0.5\ 0.25\ 0\,]$$

$$\boldsymbol{c}_2^T A = [\,0.5\ 0.25\ 0.25\,]$$

であり**可観測指数**は $\nu = 2$ であるから，可観測性行列 $\mathcal{O}$ は

$$\mathcal{O} = \begin{bmatrix} \boldsymbol{c}_1^T \\ \boldsymbol{c}_2^T \\ \boldsymbol{c}_1^T A \\ \boldsymbol{c}_2^T A \end{bmatrix} = \begin{bmatrix} 1 & 1 & 0 \\ 1 & 1 & 1 \\ 0.5 & 0.25 & 0 \\ 0.5 & 0.25 & 0.25 \end{bmatrix} \qquad (2.152)$$

である．この例の場合，$\mathcal{O}$ の行の中から一次独立な行を 3 本選ぶ選び方は 4 通りある．この 4 通りの選択を，$\boldsymbol{i}, \boldsymbol{j}, \boldsymbol{k}, \boldsymbol{l}$ で表すことにする．すなわち $\boldsymbol{i} = \{1, 2, 3\}$, $\boldsymbol{j} = \{1, 2, 4\}$, $\boldsymbol{k} = \{2, 3, 4\}$, $\boldsymbol{l} = \{1, 3, 4\}$ である．

四つの選択 $\boldsymbol{i}, \boldsymbol{j}, \boldsymbol{k}, \boldsymbol{l}$ に基づいて，SSR からモニックな VDE を導くとそれぞれの選択に対応した VDE が求まる[113]．これらのモニックな VDE の係数行列を**表 2.1** に示す（表において，**0** は本質的に 0 の要素を示す）．

表 2.1　行の選択と係数行列

選択	ヤング図形		VDE 係数行列						
	I	A	F_1		F_2		G_1	G_2	
1,2,3	×	×	−0.75	**0**	0.125	0	0 1	1	−0.5
	×		−0.75	**0**	0.1875	−0.0625	0 0	1	0.75
1,2,4	×		**0**	−0.75	−0.065	0.1875	0 1	1	0.25
	×	×	**0**	−0.75	0	0.125	0 0	1	0
2,3,4		×	−0.25	−0.5	**0**	0.125	0 1	1	0
	×	×	0	−0.75	**0**	0.125	0 0	1	0
1,3,4	×	×	−0.75	0	0.125	**0**	0 1	1	−0.5
		×	−0.5	−0.25	0.125	**0**	0 0	1	−0.5

なお選択 $\boldsymbol{k}$ は，一次独立な行を $\mathcal{O}$ の下から選ぶという Rowe[114] によって推奨された選択に対応し，選択 $\boldsymbol{l}$ は，Valis[113] によって提案された選択に対応している．

つぎに可観測指数の族に基づく方法で正準形 VDE を導出する[115]．$\mathcal{O}$ の一

次独立な行を上から選び（これは選択 i に対応する），T を

$$T = \begin{bmatrix} \bm{c}_1^T \\ \bm{c}_1^T A \\ \hline \bm{c}_2^T \end{bmatrix} = \begin{bmatrix} 1 & 1 & 0 \\ 0.5 & 0.25 & 0 \\ \hline 1 & 1 & 1 \end{bmatrix} \tag{2.153}$$

と構成する。可観測指数の族は $\nu_1 = 2$, $\nu_2 = 1$ である。したがって，正準形 SSR の $\bar{A} = TAT^{-1}$, $\bar{B} = TB$, $\bar{C} = CT^{-1}$ は

$$\bar{A} = \begin{bmatrix} 0 & 1 & 0 \\ -0.125 & 0.75 & 0 \\ \hline -0.25 & 1 & 0.25 \end{bmatrix}, \quad \bar{B} = \begin{bmatrix} 0 & 1 \\ 1 & 0.25 \\ \hline 0 & 0 \end{bmatrix},$$

$$\bar{C} = \begin{bmatrix} 1 & 0 & 0 \\ 0 & 0 & 1 \end{bmatrix}$$

であり，正準形 MFD は

$$\bar{P}(q) = \begin{bmatrix} q^2 - 0.75q + 0.125 & 0 \\ -q + 0.25 & q - 0.25 \end{bmatrix}$$

$$\bar{Q}(q) = \begin{bmatrix} 1 & q - 0.5 \\ 0 & -1 \end{bmatrix}$$

である。したがって

$$\begin{bmatrix} \bar{F}(q^{-1}) : \bar{G}(q^{-1}) \end{bmatrix} = \begin{bmatrix} q^{-2} & 0 \\ 0 & q^{-1} \end{bmatrix} \begin{bmatrix} \bar{P}(q) : \bar{Q}(q) \end{bmatrix}$$

より，正準形 VDE は

$$\begin{bmatrix} 1 & 0 \\ -1 & 1 \end{bmatrix} \bm{y}(k) + \begin{bmatrix} -0.75 & 0 \\ 0.25 & -0.25 \end{bmatrix} \bm{y}(k-1) + \begin{bmatrix} 0.125 & 0 \\ 0 & 0 \end{bmatrix} \bm{y}(k-2)$$

$$= \begin{bmatrix} 0 & 1 \\ 0 & -1 \end{bmatrix} \bm{u}(k-1) + \begin{bmatrix} 1 & -0.5 \\ 0 & 0 \end{bmatrix} \bm{u}(k-2) \tag{2.154}$$

となる。このように，正準形 VDE は一般にモニックな VDE とはならない[112]。

2.4.3 パラメータ推定

本項では，前項で導かれた VDE のパラメータ推定について述べる。一変数系からの類推から，同定のための表現形式として式 (2.154) の正準形 VDE を採用することが最も妥当であるように思われるので，まずこの VDE のパラメータ推定を考える。すなわち次数 n が 2，可観測指数の族が $\nu_1 = 2$，$\nu_2 = 1$ という情報のもとで

$$\begin{bmatrix} 1 & 0 \\ -\alpha_{211} & 1 \end{bmatrix} \boldsymbol{y}(k) + \begin{bmatrix} -\alpha_{111} & 0 \\ -\alpha_{210} & -\alpha_{220} \end{bmatrix} \boldsymbol{y}(k-1)$$

$$+ \begin{bmatrix} -\alpha_{110} & -\alpha_{120} \\ 0 & 0 \end{bmatrix} \boldsymbol{y}(k-2)$$

$$= \begin{bmatrix} \widetilde{b}_{21} & \widetilde{b}_{22} \\ \widetilde{b}_{31} & \widetilde{b}_{32} \end{bmatrix} \boldsymbol{u}(k-1) + \begin{bmatrix} \widetilde{b}_{11} & \widetilde{b}_{12} \\ 0 & 0 \end{bmatrix} \boldsymbol{u}(k-2) \qquad (2.155)$$

の未知パラメータ $\{\alpha_{ij}, \widetilde{b}_{ij}\}$ の推定問題を考える。ベクトル $\boldsymbol{y}(t)$，$\boldsymbol{u}(t)$ の成分を $y_i(t)$，$u_i(t)$ と表すことにし，係数行列の本質的に 0 または 1 である要素を取り除いて回帰式を

$$y_1(k) = \bar{\boldsymbol{z}}_1^T(k) \boldsymbol{\theta}_1$$
$$y_2(k) = \bar{\boldsymbol{z}}_2^T(k) \boldsymbol{\theta}_2$$

とする。ここで

$$\bar{\boldsymbol{z}}_1(k) = [\,-y_1(k-1), -y_1(k-2), -y_2(k-2),$$
$$\qquad\qquad u_1(k-1), u_2(k-1), u_1(k-2), u_2(k-2)\,]^T$$
$$\boldsymbol{\theta}_1 = [\,-\alpha_{111}, -\alpha_{110}, -\alpha_{120}, \widetilde{b}_{21}, \widetilde{b}_{22}, \widetilde{b}_{11}, \widetilde{b}_{12}\,]^T$$
$$\bar{\boldsymbol{z}}_2(k) = [\,-y_1(k), -y_1(k-1), -y_2(k-1), u_1(k-1), u_2(k-1)\,]^T$$
$$\boldsymbol{\theta}_2 = [\,-\alpha_{211}, -\alpha_{210}, -\alpha_{220}, \widetilde{b}_{31}, \widetilde{b}_{32}\,]^T$$

である。まとめて表せば

2.4 多変数系同定の問題点

$$\boldsymbol{y}(k) = \begin{bmatrix} \bar{\boldsymbol{z}}_1^T(k) & \mathbf{0}^T \\ \mathbf{0}^T & \bar{\boldsymbol{z}}_2^T(k) \end{bmatrix} \boldsymbol{\theta}$$

である。ただし

$$\boldsymbol{\theta}^T = [\,\boldsymbol{\theta}_1^T,\ \boldsymbol{\theta}_2^T\,]$$

である。回帰式を，**2.4.1** 項のようにクロネッカー積を用いて表せないことに注意されたい。したがって $\boldsymbol{\theta}$ の最小2乗推定値は

$$\widehat{\boldsymbol{\theta}}_N = \left\{ \sum_{k=1}^{N} \begin{bmatrix} \bar{\boldsymbol{z}}_1(k) & \mathbf{0} \\ \mathbf{0} & \bar{\boldsymbol{z}}_2(k) \end{bmatrix} \begin{bmatrix} \bar{\boldsymbol{z}}_1^T(k) & \mathbf{0}^T \\ \mathbf{0}^T & \bar{\boldsymbol{z}}_2^T(k) \end{bmatrix} \right\}^{-1}$$
$$\times \sum_{k=1}^{N} \begin{bmatrix} \bar{\boldsymbol{z}}_1(k) & \mathbf{0} \\ \mathbf{0} & \bar{\boldsymbol{z}}_2(k) \end{bmatrix} \boldsymbol{y}(k)$$

で与えられる。

　係数行列の本質的に 0 または 1 の要素を除くことは，仮定した VDE の構造を保存することに相当し，入出力データからパラメータ $\boldsymbol{\theta}$ の「真値」が求められるために必要である。なぜなら

$$[0\ \ 1] \begin{bmatrix} -\alpha_{110} & -\alpha_{120} & \widetilde{b}_{11} & \widetilde{b}_{12} \\ 0 & 0 & 0 & 0 \end{bmatrix} = [0\ \ 0]$$

であるから，式 (2.155) の両辺に

$$I + \begin{bmatrix} 1 \\ 0 \end{bmatrix} [0\ \ 1] q^{-1}$$

を前からかけると

$$\begin{bmatrix} 1 & 0 \\ -\alpha_{211} & 1 \end{bmatrix} \boldsymbol{y}(k) + \begin{bmatrix} -(\alpha_{111} + \lambda\alpha_{111}) & \lambda \\ -\alpha_{210} & -\alpha_{220} \end{bmatrix} \boldsymbol{y}(k-1)$$
$$+ \begin{bmatrix} -(\alpha_{110} + \lambda\alpha_{210}) & -(\alpha_{120} + \lambda\alpha_{220}) \\ 0 & 0 \end{bmatrix} \boldsymbol{y}(k-2)$$
$$= \begin{bmatrix} \widetilde{b}_{21} & \widetilde{b}_{22} \\ \widetilde{b}_{31} & \widetilde{b}_{32} \end{bmatrix} \boldsymbol{u}(k-1) + \begin{bmatrix} \widetilde{b}_{11} + \lambda\widetilde{b}_{31} & \widetilde{b}_{12} + \lambda\widetilde{b}_{32} \\ 0 & 0 \end{bmatrix} \boldsymbol{u}(k-2)$$

となるが，この VDE と式 (2.155) の VDE とは，入出力データから見る限り区別できないからである．

つぎに，モニックな VDE のパラメータ推定を考える．まず選択 l に対応する VDE に前から

$$I + \begin{bmatrix} \lambda \\ \rho \end{bmatrix} [-1 \; 1] q^{-1}$$

をかけると，選択 i, j, k, l に対応する VDE が，(λ, ρ) の値をそれぞれ $(0, -0.25)$, $(0.75, 0.5)$, $(0.5, 0.5)$ と選べば得られることに注意しよう．この場合にも，係数行列の構造についての先験的な情報が必要となるが，**表 2.1** からわかるように，各選択に対応して係数行列 F_i の **0** の列の位置が定まっている．そこでこれを考慮して，すなわち 0 の要素を取り除いてパラメータ推定を行えばよいことがわかる．0 の要素を取り除かずに，すべてのパラメータを推定した場合のパラメータの推定値を以下に示す．

$$F_1 = \begin{bmatrix} -0.321\,424\,992 & -0.428\,575\,054 \\ -0.266\,003\,116 & -0.483\,996\,941 \end{bmatrix}$$

$$F_2 = \begin{bmatrix} 0.017\,245\,949 & 0.107\,754\,082 \\ 0.066\,500\,753 & 0.058\,499\,274 \end{bmatrix}$$

$$G_1 = \begin{bmatrix} -0.000\,000\,028 & 1.000\,000\,019 \\ -0.000\,000\,016 & 0.000\,000\,010 \end{bmatrix}$$

$$G_2 = \begin{bmatrix} 1.000\,000\,010 & -0.068\,983\,890 \\ 1.000\,000\,083 & -0.266\,003\,111 \end{bmatrix}$$

これらの値は，$(\lambda, \rho) = (0.428\,575, 0.233\,997)$ の場合の VDE の係数行列が求まっていることを示している．

ところで，式 (2.151) の系の伝達関数は

$$H(z) = \frac{1}{z^2 - 0.75z + 0.125} \begin{bmatrix} 1 & z - 0.5 \\ 1 & 0 \end{bmatrix}$$

であることから

$$F(q^{-1}) = \left(I - 0.75q^{-1} + 0.125q^{-2}\right)I$$

$$G(q^{-1}) = \begin{bmatrix} 0 & 1 \\ 0 & 0 \end{bmatrix} q^{-1} + \begin{bmatrix} 1 & -0.5 \\ 1 & 0 \end{bmatrix} q^{-2}$$

なる VDE を用いることが考えられる．この形の VDE は多くの論文で用いられている[116]が，$F(q^{-1})$, $G(q^{-1})$ は正準形 VDE の $\bar{F}(q^{-1})$, $\bar{G}(q^{-1})$ と

$$F(q^{-1}) = \begin{bmatrix} 1 & 0 \\ 1 & 1-0.5q^{-1} \end{bmatrix} \bar{F}(q^{-1})$$

$$G(q^{-1}) = \begin{bmatrix} 1 & 0 \\ 1 & 1-0.5q^{-1} \end{bmatrix} \bar{G}(q^{-1})$$

なる関係にあることに留意されたい．なお，この例では，$F(q^{-1})$ のラグ次数は 2 であったが，行列 A の最小多項式の次数 $\bar{n}$ と可観測指数 ν との間には，$\nu \leqq \bar{n}$ なる関係があるから[117]，$F(q^{-1})$ のラグ次数は一般に $\bar{F}(q^{-1})$ のそれより大きい．

本項では，可観測性行列の nl 本の行から n 本の行を選ぶ選び方に対応して VDE の係数行列の構造が定まり，VDE のパラメータ推定ではこれらの情報を用いないと雑音がない場合でもパラメータの真値が得られないことを式 (2.151) の SSR を通じて示した．

以上のように VDE のパラメータ推定には難しい問題があり，さらに可観測正準形以外では VDE の推定パラメータから (A, B, C, D) を求める実現の手続きが必要となる．そのため，VDE のような外部表現を経由せずに直接入出力データから (A, B, C, D) を求める手法に注目が集まるようになった．このような手法が **3** 章で述べる部分空間同定法である．

問　題

(1) 式 (2.1) の線形回帰式に最小 2 乗法を適用したとき，a, b の最小 2 乗推定量 $\widehat{a}$, $\widehat{b}$ が

$$\begin{bmatrix}\widehat{b}\\\widehat{a}\end{bmatrix}=\left\{\sum_{i=1}^{N}\begin{bmatrix}1 & x_i\\x_i & x_i^2\end{bmatrix}\right\}^{-1}\sum_{i=1}^{N}\begin{bmatrix}y_i\\x_iy_i\end{bmatrix}$$

であることを示しなさい.

（2） 式 (2.1) で $x_i = 0,\ i = 1, 2, \cdots, N$ のとき, b の最小 2 乗推定量は前問より

$$\widehat{b}=\frac{1}{N}\sum_{i=1}^{N}y_i$$

である. この $\widehat{b}$ は y_i の平均にほかならないが, $\widehat{b}_N$ と表すとき

(a) $\widehat{b}_{N+1}=\widehat{b}_N+\dfrac{1}{N+1}(y_{N+1}-\widehat{b}_N)$ であることを示しなさい.

(b) 上式が式 (2.22) の繰返しアルゴリズムから導かれることを示しなさい.

（3） 式 (2.9) の残差平方和 $J_{\min}$ を R_N と表すとき, R_N の繰返しアルゴリズムを求めなさい.

（4） C を正則な対称行列とするとき

$$\begin{bmatrix}a & \boldsymbol{b}^T\\\boldsymbol{b} & C\end{bmatrix}=\begin{bmatrix}1 & -\boldsymbol{d}^T\\\mathbf{0} & I\end{bmatrix}\begin{bmatrix}e & \mathbf{0}^T\\\mathbf{0} & C\end{bmatrix}\begin{bmatrix}1 & \mathbf{0}^T\\-\boldsymbol{d} & I\end{bmatrix}$$

が成り立つことを確かめなさい. ここで $\boldsymbol{d}, e$ は以下である.

$$\boldsymbol{d}=-C^{-1}\boldsymbol{b},\quad e=a-\boldsymbol{b}^TC^{-1}\boldsymbol{b}=a+\boldsymbol{d}^TC\boldsymbol{d}$$

（5） つぎの J_{BE} を最小にする $\widehat{\boldsymbol{\beta}}_{\mathrm{BE}}$ を求めなさい.

$$J_{\mathrm{BE}}=\|\widetilde{\boldsymbol{\beta}}-\boldsymbol{\beta}_e\|_{P_e^{-1}}^2+\|\boldsymbol{y}-X\widetilde{\boldsymbol{\beta}}\|^2$$

また, この $\widehat{\boldsymbol{\beta}}_{\mathrm{BE}}$ は $\widehat{\boldsymbol{\beta}}_0 = \boldsymbol{\beta}_e,\ P_0 = P_e$ として式 (2.22) の繰返しアルゴリズムによって求められることを確かめなさい.

（6） パルス伝達関数が

(a) $H(z)=\dfrac{z+0.5}{z^2-1.5z+0.7}$ Åström[51]

(b) $H(z)=\dfrac{0.079z+0.047}{z^2-0.975z+0.223}$ Sinha[119]

(c) $H(z)=\dfrac{-0.102z+0.173}{z^2-1.425z+0.496}$ Ahmed[118]

(d) $H(z)=\dfrac{0.169\,901z+0.143\,831}{z^2-1.575\,157z+0.606\,531}$ Sagara and Wada[91]

(e) $H(z) = \dfrac{0.96z^2 - 0.48z + 0.3}{z^3 - 1.2z^2 + 0.7z + 0.1}$　Sinha[119]

(f) $H(z) = \dfrac{0.115z^3 + 0.115z}{z^4 - z^3 + 0.18z^2 - 0.784z + 0.656}$　Woodside[120]

(g) $H(z) = \dfrac{1.08z^4 - 0.75z^3 + 0.45z^2 - 0.25z + 0.12}{z^5 - 1.19z^4 + 0.81z^3 - 0.52z^2 + 0.35z - 0.12}$　Åström[55]

であるシステムの単位パルス応答列 $\{h_i\}$, $i = 1 \sim 30$ を求めなさい。

(7) パルス伝達関数が

$$H(z) = \dfrac{b_1 z^{n-1} + \cdots + b_n}{z^n + a_1 z^{n-1} + \cdots + a_n}$$

であるシステムの入力列 $\{u(k)\}$ が，平均値 0，分散 1 の白色雑音であるときの出力列 $\{y(k)\}$ の分散は，$\boldsymbol{b}$ を $\boldsymbol{b} = [b_1, b_2, \cdots, b_n]$ とするとき

$$\sigma_y^2 = \boldsymbol{b}^T Q_a^{-1} \boldsymbol{b}$$

によって計算される[121]。ここで，Q_a は多項式 $a(z)$, $a_*(z)$ を

$$a(z) = 1 + a_1 z^n + \cdots + a_n z^n$$
$$a_*(z) = z^n + a_1 z^{n-1} + \cdots + a_n$$

とするとき

$$Q_a = a(H)a(H^T) - a_*(H)a_*(H^T)$$

である。前問のシステム (a)〜(g) に対して分散 σ_y^2 を求めなさい。

(8) 式 (2.123) の繰返しアルゴリズムを導出しなさい。【ヒント】式 (2.51) と同様の次式が $\tilde{\boldsymbol{\theta}}(N)$, $S(N)$ に対して成り立つ。

$$\left\{ \sum_{k=n+2}^{N} \begin{bmatrix} -y(k-1) \\ \boldsymbol{p}(k-1) \end{bmatrix} \begin{bmatrix} -y(k) & \boldsymbol{p}^T(k-1) \end{bmatrix} \right\} \begin{bmatrix} 1 \\ \tilde{\boldsymbol{\theta}}(N) \end{bmatrix} = \begin{bmatrix} S(N) \\ \boldsymbol{0} \end{bmatrix}$$

(9) 伝達関数

$$G(s) = \dfrac{K\omega_n^2}{s^2 + 2\zeta\omega_n s + \omega_n^2}$$

のステップ不変な変換

$$H(z) = \dfrac{b_1 z + b_2}{z^2 + a_1 z + a_2}$$

を求めなさい。ここで，$K = 10$，$\omega_n = 0.2$，$\zeta = 1.25$ であり，サンプリング周期は $\Delta = 1$ [s] である。

(10) つぎの状態空間モデル

$$\boldsymbol{x}(k+1) = A\boldsymbol{x}(k) + B\boldsymbol{u}(k)$$
$$\boldsymbol{y}(k) = C\boldsymbol{x}(k) + D\boldsymbol{u}(k)$$

に対して

$$A = \begin{bmatrix} 0 & 1 \\ 0 & 0.6 \end{bmatrix},\ B = \begin{bmatrix} 1 & 0 \\ 0.6 & -1 \end{bmatrix},\ C = \begin{bmatrix} 1 & 0 \\ 0.8 & 1 \end{bmatrix},\ D = \begin{bmatrix} 0 & 0 \\ 1 & 1 \end{bmatrix}$$

とした場合の
(a) パルス伝達関数 $H(z)$ を求めなさい。
(b) 正準形 SSR,正準形 VDE を求めなさい。

3 部分空間同定法

部分空間同定法とは，動的システムより観測される入出力からデータ行列を構成し，行列計算を駆使して状態空間モデルを求める同定法である[122]。同定対象が単一出力系の場合には，正準系に変換することができるため最尤法の適用が可能であるのに対して，多入出力系の場合にはそのようなパラメトリゼーションが存在しない。このため多入出力系の同定において最尤法をそのまま当てはめることは困難であるのに対し，部分空間同定法はこの問題を回避する有効な方法であるとして研究されてきた。

現在では，部分空間同定法は線形時不変系の多入出力系に対する一般的な同定法となって普及しており，状態空間モデルの同定が容易に行われるようになっている。また，多入出力系を容易に扱えるという特徴をいかして，フィードバック下にある対象も同定できるようになるなど，幅広い拡張性をもっている。本章では，離散時間線形時不変系を対象に部分空間同定法について説明する。

3.1 歴　　　史

部分空間同定法は実現理論を基礎としているが，実現理論から含めると比較的長い歴史をもつ。部分空間同定法はさまざまな状況に対して適用できるよう拡張され，現在では何種類かの部分空間同定法が存在する。その概要を把握するため，その歴史について知っておくことは有用であろう。本節では，準備として部分空間同定法の歴史について述べ，本章で扱う内容について示す。

1960 年代，多入出力系の同定問題に対し重要な役割を果たしたものが，Ho

とKalmanによる確定系の実現理論である[123]。確定系の実現問題は，インパルス応答を実現するような状態空間表現を求める問題である。この実現問題は，"インパルス入力に対する正確な出力が与えられたもとで状態空間実現を求める"という同定問題としてはきわめて理想的な状況での問題ではあるが，その理論は多入出力系の同定のための重要な基礎を与えている。なお，当時は確定系の実現に必要な行列の計算法が整っていなかったが，1970年代になって特異値分解による方法がZeigerとMcEwen[124]により提案された。

1970年代，確定系の実現に続いて確率実現が研究された。確率実現問題とは"共分散行列が与えられたときに出力の共分散がそれに一致するような線形確率システム（マルコフモデル）を求める"問題である。この問題はFaurreによって確定系の実現問題と線形行列不等式を解く問題に帰着され，リッカチ方程式による解が与えられた[125]。確率実現問題おける状態推定において，Akaikeは重要な役割を果たしている。Akaike[126]は確率系の時系列データによって生成される空間を構成し未来から過去への直交射影した空間を考え，この空間が確率システムの状態を与えることを示した。このことが，その後の部分空間同定法の研究に大きな影響を与えた。1970年代までの実現理論を**表 3.1**にまとめる。

表 *3.1* 実現理論

理論	与えられるデータ
確定系の実現理論[123]	インパルス応答
確率系の実現理論[125],[126]	共分散行列

実現理論は与えられたデータを理論的にどのように実現するかということに主眼があったのに対し，1980年代以降はその理論をいかにシステム同定に利用するかに関心が移っていった[127],[128]。1980年代後半からMoonenらにより，入出力データを直接利用する同定法が開発され部分空間同定法が始まった[129]。

1990年代初頭，VerhaegenとDewildeはQR分解を導入し現在の標準的な部分空間同定法となるMOESP法（Multivariable Output-Error State-sPace method）を提案した[130]。さらに彼らは雑音に対して考慮するため，MOESP法

に補助変数法を導入した PI-MOESP (Past-Input MOESP) 法や PO-MOESP (Past-Output MOESP) 法を開発した[131),132)]。Van Overschee と De Moor は確率系の同定問題に対し，確率実現を用いて確率部分空間同定法を導出した[133)]。また，この考え方を確定系と確率系の混在した部分空間同定法へと拡張し N4SID (Numerical algorithms for Subspace State Space System IDentification) を開発した[134)]。彼らは確定系のみの同定法も扱っている[135)]。

1990 年代にいくつかの部分空間同定法が提案されていく中で Katayama と Picci はアルゴリズムの相互関係や背景にある理論的意味を明確にするため，外生入力を受ける確率システムの実現理論の構築を行っている[136),137)]。実現理論に基づく部分空間同定法からシステム同定へのアプローチについては，文献[138),139)]に詳しく述べられている。

2000 年以降の部分空間同定法における重要な進展として，閉ループ同定が挙げられる。開ループ同定の分類としては予測誤差の文脈での分類（直接法，間接法，結合入出力法）が有名である[138),140)~143)]が，本書では閉ループ部分空間同定法として励振信号を用いるもの[144),145)]と用いないもの[146),147)]に分類しておく。本章で扱う 1990 年代以降の部分空間同定法について**表 3.2** にまとめる。

本章では，部分空間同定法を学ぶための準備として**表 3.1** の実現理論につい

表 3.2 離散時間線形時不変系の部分空間同定法

同定法	与えられるデータ
確定系の部分空間同定法[130),135)]	確定系の入出力データ （雑音を含まない，開ループ）
確率系の部分空間同定法[133),135)]	確率系の時系列データ
雑音を考慮した 　（開ループ）部分空間同定法[131),132)]	同定対象の入出力データ （雑音を含む，開ループ）
励振信号を用いる 　閉ループ部分空間同定法[144),145)]	同定対象（安定）の入出力データ と励振信号（雑音を含む，閉ループ）
励振信号を用いない 　閉ループ部分空間同定法[146),147)]	同定対象の入出力データ （雑音を含む，閉ループ）

て扱った後，同定法として**表 3.2**の部分空間同定法について述べる。

3.2 実現理論

実現理論はすべての部分空間同定法の基礎となっている。ここでは，確定系と確率系の実現理論を紹介する。

3.2.1 確定系の実現理論

確定系のモデルとして n 次元 m 入力 l 出力のシステムを扱う。

定義 3.1 （確定系）

つぎの離散時間線形時不変状態空間システムを考える。

$$x(k+1) = Ax(k) + Bu(k) \tag{3.1a}$$

$$y(k) = Cx(k) + Du(k) \tag{3.1b}$$

ただし，$x(k) \in \mathbb{R}^n$, $u(k) \in \mathbb{R}^m$, $y(k) \in \mathbb{R}^l$ はそれぞれ，状態ベクトル，入力ベクトル，出力ベクトル，$A \in \mathbb{R}^{n \times n}, B \in \mathbb{R}^{n \times m}, C \in \mathbb{R}^{l \times n}, D \in \mathbb{R}^{l \times m}$ は定数行列とし，対 (A, B) は可到達，対 (A, C) は可観測とする。

確定系 (3.1) の初期状態を $x(0) = 0$ とし，インパルス応答列を求める。状態方程式 (3.1a) を繰り返し用いると，以下の式を得る。

$$x(1) = Bu(0)$$
$$x(2) = Ax(1) + Bu(1) = ABu(0) + Bu(1)$$
$$x(3) = Ax(2) + Bu(2) = A^2 Bu(0) + ABu(1) + Bu(2)$$
$$x(4) = Ax(3) + Bu(3) = A^3 Bu(0) + A^2 Bu(1) + ABu(2) + Bu(3)$$
$$\vdots$$

$$x(k) = A^{k-1}Bu(0) + A^{k-2}Bu(1) + \cdots + ABu(k-2) + Bu(k-1) \tag{3.2}$$

さらに，式 (3.2) を式 (3.1b) に代入すると

$$y(k) = CA^{k-1}Bu(0) + CA^{k-2}Bu(1) + \cdots + CBu(k-1) + Du(k)$$
$$= P_k u(0) + P_{k-1} u(1) + \cdots + P_1 u(k-1) + P_0 u(k) \tag{3.3}$$

を得る。ただし，P_k は以下のとおりとする。

$$P_k = \begin{cases} D & (k=0) \\ CA^{k-1}B & (k>0) \end{cases} \tag{3.4}$$

式 (3.3) の係数 P_k ($k = 0, 1, \cdots$) を確定系 (3.1) の**インパルス応答列**または**マルコフ (Markov) パラメータ**と呼ぶ。式 (3.3) より，1入力系の場合，P_k は初期状態が $x(0) = 0$ の確定系 (3.1) に対し，インパルス ($u(0) = 1, u(i) = 0$ ($i = 1, 2, \cdots$)) を入力した場合の応答であることがわかる。つぎの問題を考える。

定義 3.2 （確定系の実現問題）

s は自然数で $s > n$ とする。与えられた有限長のマルコフパラメータ列 $\{P_0, P_1, \cdots, P_{2s-1}\}$ に基づいて，線形時不変系の次元 n と最小実現の係数行列 (A, B, C, D) を求めよ。ただし，相似変換の自由度は許容する。

行列 D は $P_0 = D$ より直ちに求められる。(A, B, C) を $\{P_1, P_2, \cdots, P_{2s-1}\}$ から求めるための Ho-Kalman の実現アルゴリズムについて説明する。マルコフパラメータからなるつぎのブロックハンケル行列 $\mathcal{H}_s$ を定義する。

$$\mathcal{H}_s = \begin{bmatrix} P_1 & P_2 & \cdots & P_s \\ P_2 & P_3 & \cdots & P_{s+1} \\ \vdots & \vdots & & \vdots \\ P_s & P_{s+1} & \cdots & P_{2s-1} \end{bmatrix} \in \mathbb{R}^{ls \times ms}$$

このとき，$\mathcal{H}_s$ は以下のように分解できる．

$$\mathcal{H}_s = \begin{bmatrix} CB & CAB & \cdots & CA^{s-1}B \\ CAB & CA^2B & \cdots & CA^sB \\ \vdots & \vdots & & \vdots \\ CA^{s-1}B & CA^sB & \cdots & CA^{2s-2}B \end{bmatrix} = \mathcal{O}_s \mathcal{C}_s \quad (3.5)$$

ただし，$\mathcal{O}_s$ と $\mathcal{C}_s$ は以下のように定義される．

$$\mathcal{O}_s = \begin{bmatrix} C \\ CA \\ \vdots \\ CA^{s-1} \end{bmatrix}, \quad \mathcal{C}_s = \begin{bmatrix} B & AB & \cdots & A^{s-1}B \end{bmatrix}$$

ここで，行列 $\mathcal{O}_s \in \mathbb{R}^{ls \times n}$, $\mathcal{C}_s \in \mathbb{R}^{n \times ms}$ はそれぞれ**拡大可観測性行列**，**拡大可到達性行列**と呼ばれる．(A, B, C) が最小実現であることに注意すると，$\mathcal{O}_s$ の列フルランク性および $\mathcal{C}_s$ の行フルランク性より，$\text{rank}(\mathcal{H}_s) = n$ を得る．したがって，行列 $\mathcal{H}_s$ を特異値分解し，つぎのように表されるとする．

$$\mathcal{H}_s = \begin{bmatrix} U_n & U_n^\perp \end{bmatrix} \begin{bmatrix} \Sigma_n & 0 \\ 0 & 0 \end{bmatrix} \begin{bmatrix} V_n^T \\ (V_n^\perp)^T \end{bmatrix} = U_n \Sigma_n V_n^T \quad (3.6)$$

ここで，$\text{rank}(\mathcal{H}_s) = n$ より $\Sigma_n \in \mathbb{R}^{n \times n}$ である．また，適当な相似変換 $T \in \mathbb{R}^{n \times n}$ が存在して，以下のように表すことができる．

$$U_n = \mathcal{O}_s T, \quad \Sigma_n V_n^T = T^{-1} \mathcal{C}_s$$

さらに，$A_T = T^{-1}AT$, $B_T = T^{-1}B$, $C_T = CT$ とおくと

$$\mathcal{O}_s T = \begin{bmatrix} CT \\ CT(T^{-1}AT) \\ \vdots \\ CT(T^{-1}AT)^{s-1} \end{bmatrix} = \begin{bmatrix} C_T \\ C_T A_T \\ \vdots \\ C_T A_T^{s-1} \end{bmatrix} \quad (3.7)$$

$$T^{-1}\mathcal{C}_s = \begin{bmatrix} B_T & A_T B_T & \cdots & A_T^{s-1} B_T \end{bmatrix} \tag{3.8}$$

が成り立つ．状態空間表現の座標変換の自由度は許容しているので，以下 $T = I_n$ とおいて $\mathcal{O}_s = U_n, \mathcal{C}_s = \Sigma_n V_n^T$ として (A, B, C) を求めてよい．

つぎに (A, B, C) を求めよう．B は $\mathcal{C}_s$ の $1 \sim m$ 列目，C は $\mathcal{O}_s$ の $1 \sim l$ 行目より求められる．A については，拡大可観測性行列について

$$\mathcal{O}_s = \begin{bmatrix} C \\ CA \\ \vdots \\ CA^{s-2} \\ CA^{s-1} \end{bmatrix} = \begin{bmatrix} C \\ C \\ CA \\ \vdots \\ CA^{s-2} \end{bmatrix} A$$

となることに注目して求める．$\mathcal{O}_s = U_n$ より，U_n の上から $s-1$ ブロックを $\underline{U_n}$ とし下から $s-1$ ブロックを $\overline{U_n}$ とする．MATLAB® の表記法ではこれらを

$$\underline{U_n} = U_n(1:(s-1)l,:), \qquad \overline{U_n} = U_n(l+1:sl,:) \tag{3.9}$$

のように記述する[†1]．このとき，$\overline{U_n} = \underline{U_n} A$ が成立するので（シフト不変性），A は次式のようにして求められる．

$$A = \underline{U_n}^\dagger \overline{U_n} \tag{3.10}$$

式中の $\dagger$ は擬似逆行列を表す．**確定実現アルゴリズム**をまとめておく．インパルス応答列に対する実現は以下の流れで得られる．ただし，相似変換の自由度を許容するものとする．

確定実現アルゴリズム：

1) 式 (3.6) の特異値分解を求める．
2) 式 (3.10) から A を求める（$T = I_n$）．
3) 式 (3.8) より，$\Sigma_n V_n^T$ の $1 \sim m$ 列目より B を求める（$T = I_n$）．

[†1] 行列 $X \in \mathbb{R}^{n \times m}$ に対し，$X(i:j, k:l) \in \mathbb{R}^{(j-i+1) \times (l-k+1)}$ は X の $i \sim j$ 行目，$k \sim l$ 列目まで切り取った行列を表す．$X(i:j,:) \in \mathbb{R}^{(j-i+1) \times m}$ は $i \sim j$ 行目を，$X(:,k:l) \in \mathbb{R}^{n \times (l-k+1)}$ は $k \sim l$ 列目を切り取った行列を表す．

4) 式 (3.7) より，U_n の $1 \sim l$ 行目より C を求める（$T = I_n$）。

5) 式 (3.4) より，$D = P_0$ とする。

以上により，(A, B, C, D) が求められた。なお，$\mathcal{H}_s$ から $\mathcal{O}_s$ と $\mathcal{C}_s$ に分解する際に特異値分解を用いる方法は Zeiger と McEwen[124] により提案された。

3.2.2 確率系の実現理論

確率系の表現形式の一つであるイノベーション形式について述べる。

定義 3.3 (マルコフモデル)

以下の l 出力の確率系を考える。

$$x(k+1) = Ax(k) + w(k) \qquad (3.11a)$$

$$y(k) = Cx(k) + v(k) \qquad (3.11b)$$

ただし，$x(k) \in \mathbb{R}^n$ は状態ベクトル，$y(k) \in \mathbb{R}^l$ は出力ベクトルである。$w(k) \in \mathbb{R}^n, v(k) \in \mathbb{R}^l$ は平均 0 の定常白色雑音であり，次式を満たす。

$$\mathrm{E}\left[\begin{bmatrix} w(i) \\ v(i) \end{bmatrix} \begin{bmatrix} w^T(j) & v^T(j) \end{bmatrix}\right] = \begin{bmatrix} Q & S \\ S^T & R \end{bmatrix} \delta_{ij} \quad (R > 0) \quad (3.12)$$

δ_{ij} はクロネッカーのデルタを表し，$i < j$ について $\mathrm{E}\left[x(i)w^T(j)\right] = 0$ と $\mathrm{E}\left[x(i)v^T(j)\right] = 0$ を満たすとする。行列 A は安定とし

$$G = \mathrm{E}\left[x(k+1)y^T(k)\right]$$

とおくとき，(A, G, C) は最小実現とする。

系 (3.11), (3.12) を $y(k)$ の**マルコフモデル**と呼ぶ[125]。式 (3.12) より

$$\begin{bmatrix} Q & S \\ S^T & R \end{bmatrix} \geqq 0 \qquad (3.13)$$

および $R > 0$ が Q, S, R が満たすべき条件である。また，$w(k)$ と $v(k)$ の平

均は 0 であるため E $[y(k)] = 0$ である。$y(k)$ の共分散行列を次式で定義する。

$$\Lambda_j = \mathrm{E}\left[y(k+j)y^T(k)\right] \tag{3.14}$$

この定義より $\Lambda_{-j} = \Lambda_j^T$ が成立する。さらに，信号のエルゴード性より $y(k)$ の観測データから共分散行列は次式で求められる。

$$\Lambda_j = \lim_{N \to \infty} \frac{1}{N} \sum_{k=1}^{N} y(k+j)y^T(k)$$

つぎの確率系の実現問題（確率実現問題）を考える。

定義 3.4 (確率系の実現問題[125])

無限長の共分散行列 $\{\Lambda_0, \Lambda_{\pm 1}, \Lambda_{\pm 2}, \cdots\}$ が与えられるとする。このとき，出力の共分散行列が与えられた共分散行列に一致するようなマルコフモデル (3.11), (3.12) を求めよ。すなわち，次数 n と相似変換による自由度のもとで (A, C, Q, S, R) を求めよ。

出力 $y(k)$ から状態空間モデルを推定する確率システムの同定の流れを図 **3.1** に示す。

図 **3.1** 確率システムの同定

現在時刻を s とし $(s > n)$，s より過去のデータ $\{y(0), y(1), \cdots, y(s-1)\}$ と未来のデータ $\{y(s), y(s+1), \cdots, y(2s-1)\}$ の相関を考える。すなわち

$$\mathbb{H}_s = \mathrm{E}\left[\begin{bmatrix} y(s) \\ y(s+1) \\ \vdots \\ y(2s-1) \end{bmatrix} \begin{bmatrix} y^T(0) & y^T(1) & \cdots & y^T(s-1) \end{bmatrix}\right] \tag{3.15}$$

を考える。式 (3.14) を用いると $\mathbb{H}_s$ はつぎのように表される。

$$\mathbb{H}_s = \begin{bmatrix} \Lambda_s & \Lambda_{s-1} & \cdots & \Lambda_1 \\ \Lambda_{s+1} & \Lambda_s & \cdots & \Lambda_2 \\ \vdots & \vdots & \ddots & \vdots \\ \Lambda_{2s-1} & \Lambda_{2s-2} & \cdots & \Lambda_s \end{bmatrix} \tag{3.16}$$

$s = 1, 2, \cdots$ について, 過去のデータの自己相関を考える。

$$\varUpsilon_s = \mathrm{E}\left[\begin{bmatrix} y(0) \\ y(1) \\ \vdots \\ y(s-1) \end{bmatrix} \begin{bmatrix} y^T(0) & y^T(1) & \cdots & y^T(s-1) \end{bmatrix} \right] \tag{3.17}$$

式 (3.14) を用いると, 式 (3.17) の $\varUpsilon_s$ について

$$\varUpsilon_s = \begin{bmatrix} \Lambda_0 & \Lambda_1^T & \cdots & \Lambda_{s-1}^T \\ \Lambda_1 & \Lambda_0 & \cdots & \Lambda_{s-2}^T \\ \vdots & \vdots & \ddots & \vdots \\ \Lambda_{s-1} & \Lambda_{s-2} & \cdots & \Lambda_0 \end{bmatrix} \tag{3.18}$$

が成立する。$y(k)$ の**スペクトル密度関数**はつぎのように定義される。

$$\Phi(z) = \sum_{j=-\infty}^{\infty} \Lambda_j z^{-j}$$

確率系について, 以下の仮定をおく[†1]。

確率系の仮定:

仮定 1: すべての $k \geqq 1$ について, 次式を満たす $\rho > 0$ が存在する。

$$\varUpsilon_k > \rho I \tag{3.19}$$

仮定 2: 複素平面の単位円 $|z| = 1$ 上で, 次式を満たす。

$$\Phi(z) > 0 \tag{3.20}$$

[†1] 仮定 2 は仮定 1 と関連するが, 簡単のため両方とも仮定する。

共分散行列 (3.14) について，以下のことが成立する．

補題 3.1 (共分散行列 Λ_j の分解[125])

Λ_j と $\mathbb{H}_s$ は以下の式を満たす．

$$\Lambda_j = CA^{j-1}G \tag{3.21}$$

$$\mathbb{H}_s = \begin{bmatrix} C \\ CA \\ \vdots \\ CA^{s-1} \end{bmatrix} \begin{bmatrix} A^{s-1}G & A^{s-2}G & \cdots & G \end{bmatrix} \tag{3.22}$$

$$\mathrm{rank}\,(\mathbb{H}_s) = n \tag{3.23}$$

証明は章末の問題（1）にしておこう．式 (3.21) は

$$\mathrm{E}\left[\begin{bmatrix} w(k+j) \\ v(k+j) \end{bmatrix} x^T(k)\right] = 0 \qquad (j \geqq 0) \tag{3.24}$$

から求められる．この補題より，$\mathbb{H}_s$ が与えられたならば **3.2.1** 項の確定系の実現と同様の手順で (A, G, C) が得られる．確率系 (3.11) の状態の共分散を

$$X = \mathrm{E}\left[x(k)x^T(k)\right] \tag{3.25}$$

とおくと，Q, R, S について以下の補題が成立する（章末の問題（2）参照）．

補題 3.2 ((Q, S, R) の性質[125])

式 (3.25) の X に対して，以下の式が成立する．

$$X = AXA^T + Q \tag{3.26a}$$
$$\Lambda_0 = CXC^T + R \tag{3.26b}$$
$$G = AXC^T + S \tag{3.26c}$$

式 (3.13) と (3.26) より，つぎの線形行列不等式が得られる．

$$\begin{bmatrix} X - AXA^T & G - AXC^T \\ (G - AXC^T)^T & \Lambda_0 - CXC^T \end{bmatrix} \geqq 0, \ \Lambda_0 - CXC^T > 0 \quad (3.27)$$

この式を満たす X を使い式 (3.26) から Q, S, R を定めモデルとすればよい．

線形行列不等式 (3.27) を満たす X は複数存在する．そのような X を一つ使って式 (3.26) から Q, S, R を定めモデルとしてもよいが，モデルが一つに定まると便利なのでマルコフ表現の中から一つ便利なモデルを求めよう．行列不等式 (3.27) はつぎのリッカチ不等式と等価であることを用いる（**補題 A.2**）．

$$X \geqq AXA^T + (G - AXC^T)(\Lambda_0 - CXC^T)^{-1}(G - AXC^T)^T \quad (3.28)$$

このような X を求める方法として，リッカチ方程式

$$P = APA^T + (G - APC^T)(\Lambda_0 - CPC^T)^{-1}(G - APC^T)^T \quad (3.29)$$

の安定化解 P を用いる[†1]．ここで，安定化解とは P を用いて

$$K = (G - APC^T)(\Lambda_0 - CPC^T)^{-1} \quad (3.30)$$

としたとき，$A - KC$ を安定にする解である．この P を用い

$$\Omega = \Lambda_0 - CPC^T \quad (3.31)$$

を定義する．また，安定化解 P を用いて以下の $\widehat{Q}, \widehat{S}, \widehat{R}$ も定義しよう．

$$\widehat{Q} = P - APA^T \quad (3.32a)$$

$$\widehat{S} = G - APC^T \quad (3.32b)$$

$$\widehat{R} = \Lambda_0 - CPC^T \quad (3.32c)$$

[†1] MATLAB®を用いて解くことができる．なおここでは深入りしないが，リッカチ方程式 (3.29) の解が存在するための必要十分条件は式 (3.19), (3.20) と密接に関連し，(A, G, C, Λ_0) に対し線形行列不等式 (3.27) の解 X が存在することである．確率部分空間同定法の導出の観点からは $A - KC$ が安定であるという点が重要であるが，式 (3.19), (3.20), (3.27), (3.29) の関連に興味のある読者は文献[138] を参照されたい．離散時間系のリッカチ方程式について文献[148] も参考になる．

$\widehat{Q}, \widehat{S}, \widehat{R}$ について,次式が成立している.

$$\begin{bmatrix} \widehat{Q} & \widehat{S} \\ \widehat{S}^T & \widehat{R} \end{bmatrix} = \begin{bmatrix} K \\ I_l \end{bmatrix} \Omega \begin{bmatrix} K^T & I_l \end{bmatrix} \geqq 0 \qquad (3.33)$$

(Q, S, R) は式 (3.12) と (3.26) を満たすものであればよいのだが,式 (3.33) の $(\widehat{Q}, \widehat{S}, \widehat{R})$ はその一つである.したがって,$y(k)$ は以下の表現をもつ.

定義 3.5 (確率系のイノベーション形式)

確率系の出力 $y(k)$ は以下のように表される.

$$\xi(k+1) = A\xi(k) + Ke(k) \qquad (3.34a)$$

$$y(k) = C\xi(k) + e(k) \qquad (3.34b)$$

$$\Omega \delta_{ij} = \mathrm{E}\left[e(i)e^T(j)\right] \qquad (3.34c)$$

ここで,白色雑音 $e(k)$ は $\xi(k), \xi(k-1), \cdots$ と $y(k-1), y(k-2), \cdots$ に無相関である.すなわち,以下の式を満たしている.

$$\mathrm{E}\left[\xi(i)e^T(j)\right] = 0 \quad (i \leqq j) \qquad (3.35a)$$

$$\mathrm{E}\left[y(i)e^T(j)\right] = 0 \quad (i < j) \qquad (3.35b)$$

$e(k)$ をイノベーションといい,式 (3.34) をイノベーション形式 (**innovation form**) という[125].

以上により,確率系 (3.11) は式 (3.34) のようなイノベーション形式をもつことがわかった.この表現の利点として,$y(k), y(k-1), y(k-2), \cdots$ の線形和で $\xi(k)$ と $e(k)$ を表現できることが挙げられる.実際に $F = A - KC$ とおいて,$\xi(s)$ を記述してみよう.式 (3.34) を以下のように書き換える.

$$\xi(k+1) = F\xi(k) + Ky(k) \qquad (3.36a)$$

$$e(k) = -C\xi(k) + y(k) \qquad (3.36b)$$

式 (3.36a) を繰り返し用いると，次式を得る（章末の問題（３）参照）．

$$\xi(s) = F^s \xi(0) + \mathcal{F}_s \begin{bmatrix} y(0) \\ y(1) \\ \vdots \\ y(s-1) \end{bmatrix} \quad (3.37)$$

ただし，$\mathcal{F}_s$ はつぎのように定義される．

$$\mathcal{F}_s = \begin{bmatrix} F^{s-1}K & F^{s-2}K & \cdots & K \end{bmatrix} \quad (3.38)$$

イノベーション形式により F が安定であるので，十分大きな s によって $F^s \approx 0$ となるため，式 (3.37) より $\xi(s)$ はつぎの近似で与えられる．

$$\xi(s) \approx \mathcal{F}_s \begin{bmatrix} y(0) \\ y(1) \\ \vdots \\ y(s-1) \end{bmatrix} \quad (3.39)$$

すなわち，$\xi(s)$ は $y(0), y(1), \cdots, y(s-1)$ の線形和によってその近似が得られる．同様に，式 (3.36b) から $e(s)$ も $y(0), y(1), \cdots, y(s)$ の線形和でその近似が得られる．この事実は確率部分空間同定法における状態推定において重要な役割を果たす．

確率実現問題に対し**確率実現アルゴリズム**をまとめておく．(A, C, Q, S, R) は以下のように求められる．ただし，相似変換の自由度は許容する．

確率実現アルゴリズム：

1) 式 (3.21) を満たす実現 (A, G, C) を確定実現アルゴリズム (**3.2.1** 項) のように求める．

2) リッカチ方程式 (3.29) の安定化解 P を用いて式 (3.30), (3.31) より，(K, Ω) を求める．

確率実現問題に対しイノベーション形式 (3.34) を求めたが，マルコフモデル

(3.11) の Q, S, R を求めたければ，式 (3.33) の $\widehat{Q}, \widehat{S}, \widehat{R}$ を用いればよい．確率系の理解を深めるため，スペクトル密度関数に関する例題を与える．

例題 3.1 つぎの確率システムのスペクトル密度関数について考える．

$$x(k+1) = Ax(k) + Q^{1/2}e(k) \tag{3.40a}$$

$$y(k) = Cx(k) + R^{1/2}e(k) \tag{3.40b}$$

ただし，$(A, Q^{1/2}, C)$ は最小実現であり，$e(k)$ は平均 0，分散 1 の白色雑音であるとする．このとき，$S = Q^{1/2}(R^{1/2})^T$ とおくと

$$\begin{bmatrix} Q & S \\ S^T & R \end{bmatrix} = \begin{bmatrix} Q^{1/2} \\ R^{1/2} \end{bmatrix} \begin{bmatrix} (Q^{1/2})^T & (R^{1/2})^T \end{bmatrix}$$

となる．$w(k) = Q^{1/2}e(k), v(k) = R^{1/2}e(k)$ とすれば，$y(k)$ は式 (3.11) の確率システムで表される．ここで (A, Q, C, R) を用いて

$$H(z) = C(zI - A)^{-1}Q^{1/2} + R^{1/2} \tag{3.41}$$

を定義する．このとき，$y(k)$ のスペクトル密度関数は

$$\Phi(z) = H(z)H^T(z^{-1}) \tag{3.42}$$

で与えられる[149]．ただし，$|z| = 1$ である．式 (3.20) の仮定はこのことと関連している．なお，式 (3.42) の証明は付録 **A.2.1** 項を参照のこと．また，

$$\widehat{H}(z) = (C(zI - A)^{-1}K + I)\Omega^{1/2}$$

を定義すると，次式も同様に証明される（$|z| = 1$）．

$$\Phi(z) = \widehat{H}(z)\widehat{H}^T(z^{-1})$$

式 (3.41) より $H(z) = (C(zI - A)^{-1}Q^{1/2}R^{-1/2} + I)R^{1/2}$ と書くことができる．$A - Q^{1/2}R^{-1/2}C$ は必ずしも安定ではないので，$H(z)^{-1}$ は安定とは限らない．一方，リッカチ方程式 (3.29) の安定化解から K を求めるため $A - KC$ が安定であり，$\widehat{H}(z)^{-1}$ は安定となっている．

3.3 確定系の部分空間同定法

本節では，確定系の部分空間同定法について代表的な方法である MOESP 法と N4SID 法について扱う。行列入出力方程式を導出し，MOESP 法と N4SID 法の仮定について述べた後，各同定法について説明する。

3.3.1 確定系の部分空間同定問題

本項ではつぎのような確定系の部分空間同定問題を考える。

定義 3.6 (確定系の部分空間同定問題)

式 (3.1) の最小実現をもつ未知の離散時間線形時不変系により，有限個の入出力データ $\{(u(k), y(k))\}_{k=0}^{M} = \{(u(0), y(0)), (u(1), y(1)), \cdots, (u(M), y(M))\}$ が得られたとする。ここで，M は十分大きな自然数とする。このとき，得られた入出力データより確定系 (3.1) の次数 n と係数行列 (A, B, C, D) を決定せよ。ただし，相似変換による自由度は許容する。

3.2.1 項と同様に状態方程式 (3.1a) を繰り返し用いることにより，状態 $x(k)$ から j ステップ先の状態 $x(k+j)$ は以下のように表せる（章末の問題（4）参照）。

$$x(k+j) = A^j x(k) + \sum_{i=0}^{j-1} A^{j-i-1} B u(k+i) \tag{3.43}$$

さらに，出力方程式 (3.1b) を用いることにより次式を得る。

$$y(k+j) = CA^j x(k) + \sum_{i=0}^{j-1} CA^{j-i-1} B u(k+i) + D u(k+j) \tag{3.44}$$

自然数 s は $s > n$ を満たすとする。いま，式 (3.44) に $j = 0, \cdots, s-1$ をそれぞれ代入し，それらを順に縦に並べてまとめるとつぎのように記述できる。

$$\begin{bmatrix} y(k) \\ y(k+1) \\ \vdots \\ y(k+s-1) \end{bmatrix} = \begin{bmatrix} C \\ CA \\ \vdots \\ CA^{s-1} \end{bmatrix} x(k)$$

$$+ \begin{bmatrix} D & & & 0 \\ CB & D & & \\ \vdots & & \ddots & \\ CA^{s-2}B & CA^{s-3}B & \cdots & D \end{bmatrix} \begin{bmatrix} u(k) \\ u(k+1) \\ \vdots \\ u(k+s-1) \end{bmatrix}$$

すなわち，次式となる．

$$\begin{bmatrix} y(k) \\ y(k+1) \\ \vdots \\ y(k+s-1) \end{bmatrix} = \mathcal{O}_s x(k) + \mathcal{T}_s \begin{bmatrix} u(k) \\ u(k+1) \\ \vdots \\ u(k+s-1) \end{bmatrix} \quad (3.45)$$

ここで，行列 $\mathcal{O}_s$ と $\mathcal{T}_s$ を以下のように定義する．

$$\mathcal{O}_s = \begin{bmatrix} C \\ CA \\ \vdots \\ CA^{s-2} \\ CA^{s-1} \end{bmatrix}, \mathcal{T}_s = \begin{bmatrix} D & & & & 0 \\ CB & D & & & \\ \vdots & & \ddots & & \\ CA^{s-3}B & CA^{s-4}B & \cdots & D & \\ CA^{s-2}B & CA^{s-3}B & \cdots & CB & D \end{bmatrix}$$
(3.46)

$\mathcal{O}_s \in \mathbb{R}^{ls \times n}$ は**拡大可観測性行列**と呼ばれ，部分空間同定法において中心的な役割を演じる．また，$\mathcal{T}_s$ はブロック Toeplitz 行列構造をもち，各ブロック要素は確定系 (3.1) のマルコフパラメータ P_k からなることに注意する（式 (3.4) 参照）．

$\{y(k)\}_{k=0}^{M}$ を用いてつぎのブロックハンケル行列を導入する．

$$\mathcal{Y}_{i,j,N} = \begin{bmatrix} y(i) & y(i+1) & \cdots & y(i+N-1) \\ y(i+1) & y(i+2) & \cdots & y(i+N) \\ \vdots & \vdots & & \vdots \\ y(i+j-1) & y(i+j) & \cdots & y(i+j+N-2) \end{bmatrix} \quad (3.47)$$

ここで，$\mathcal{Y}_{i,j,N} \in \mathbb{R}^{lj \times N}$ の最初の添字 i は $y(i)$ が左上にあるという意味である。つぎに $\mathcal{Y}_{i,j,N}$ の1列目に注目すると，$y(i)$ から $y(i+j-1)$ まで j 個の出力ベクトルを積み上げて構成されている。他の列も同様である。これが $\mathcal{Y}_{i,j,N}$ の2番目の添字 j の意味である。3番目の添字 N は行列の列数に由来する。したがって，N は与えられた特定の下付き添字 i,j のすべてに対して $M \geqq i+j+N-2$ を満足する十分大きな自然数とする[†1]。同様に $\{u(k)\}_{k=0}^{M}$ を用いて，$\mathcal{U}_{i,j,N} \in \mathbb{R}^{mj \times N}$ を定義する。$\mathcal{U}_{i,j,N}$ を**入力データブロックハンケル行列**，$\mathcal{Y}_{i,j,N}$ を**出力データブロックハンケル行列**と呼び，両者を合わせて**入出力データブロックハンケル行列**と呼ぶ。

式 (3.43) の左辺に $k = i, \cdots, i+N-1$ をそれぞれ代入し，左から順番に並べた行列を次式で定義する。

$$\mathcal{X}_i = \begin{bmatrix} x(i) & x(i+1) & \cdots & x(i+N-1) \end{bmatrix} \in \mathbb{R}^{n \times N} \quad (3.48)$$

また，式 (3.45) 両辺に $k = i, \cdots, i+N-1$ をそれぞれ代入し左から順番に並べたものと，式 (3.47) で $j = s$ とした $\mathcal{Y}_{i,s,N}$ および $\mathcal{U}_{i,s,N}$ と，式 (3.48) を用いると次式を得る。

$$\mathcal{Y}_{i,s,N} = \mathcal{O}_s \mathcal{X}_i + \mathcal{T}_s \mathcal{U}_{i,s,N} \quad (3.49)$$

[†1] 正確には，式 (3.47) 左辺の下付き添字 i,j には，部分空間同定法におけるユーザ指定値に依存して決まる値のみ登場する。例えば，本節の確定系の MOESP 法では，未来ホライズンと呼ばれる式 (3.45) のブロック行数 s がユーザ指定値であり，そのとき $(i,j) = (0,s)$ のみ登場する。したがって，ブロックハンケル行列の列数 N はサンプル数 M に対して $M \geqq N+s-2$ を満たせばよい。N4SID 法や PI-, PO-MOESP 法，閉ループ部分空間同定法では，未来ホライズンと過去ホライズン（本章ではともに s）がユーザ指定値であり，$(i,j) = (0,s),(s,s),(0,2s)$ が登場する。このとき $M \geqq N+2s-2$ を満たす必要がある。

式 (3.49) を**行列入出力方程式**と呼ぶ．

確定系の部分空間同定法の導出のために，以下の仮定をおく．

確定系の部分空間同定法に対する仮定：

仮定 1：MOESP 法では次式を仮定する．

$$\mathrm{rank}\left(\begin{bmatrix} \mathcal{X}_0 \\ \mathcal{U}_{0,s,N} \end{bmatrix}\right) = n + ms \tag{3.50}$$

仮定 2：N4SID 法では次式を仮定する．

$$\mathrm{rank}\left(\begin{bmatrix} \mathcal{X}_0 \\ \mathcal{U}_{0,2s,N} \end{bmatrix}\right) = n + 2ms \tag{3.51}$$

仮定 1 は以下の式と等価であることに注意する[129]．

$$\mathrm{rank}\,(\mathcal{X}_0) = n \tag{3.52a}$$

$$\mathrm{rank}\,(\mathcal{U}_{0,s,N}) = ms \tag{3.52b}$$

$$\mathrm{span}\,(\mathcal{X}_0) \cap \mathrm{span}\,(\mathcal{U}_{0,s,N}) = \{0\} \tag{3.52c}$$

式 (3.52) の解釈について示す．式 (3.52a) は入力信号により状態が十分励起していることを意味している．式 (3.52b) は入力 $u(k)$ の**持続的励振**（**persistently exciting, PE**）**性**に関する仮定である．実際，$\displaystyle\lim_{N\to\infty}\frac{1}{N}\sum_{k=0}^{N-1}u(k+j)u^T(k)$ が存在すると仮定してこれを $\Lambda_u(j)$ と記述すると，1 入出力系であれば

$$\begin{bmatrix} \Lambda_u(0) & \cdots & \Lambda_u(-s+1) \\ \vdots & \ddots & \vdots \\ \Lambda_u(s-1) & \cdots & \Lambda_u(0) \end{bmatrix} = \lim_{N\to\infty}\frac{1}{N}\mathcal{U}_{0,s,N}\mathcal{U}_{0,s,N}^T$$

が正則であることは $u(k)$ が次数 s の PE 信号であることを意味する[142]．式 (3.52c) は $\mathcal{U}_{0,s,N}$ のいかなる行ベクトルも $\mathcal{X}_0$ の行ベクトルの線形和で表せないことを意味している．このことは未来の入力 $u(k)$ が状態 $x(0)$ から決められないこと，すなわちフィードバックがないとする仮定だと理解できる．

仮定 2 では $\mathrm{rank}(\mathcal{U}_{0,2s,N}) = 2ms$ を要求しており，仮定 1 よりも高い次数の PE 性を要求している．

3.3.2 MOESP 法

MOESP 法はまず拡大可観測性行列 $\mathcal{O}_s$ を推定し，(A, C) を推定した後，続いて (B, D) を推定する．式 (3.49) に $i=0$ を代入すると次式を得る．

$$\mathcal{Y}_{0,s,N} = \mathcal{O}_s \mathcal{X}_0 + \mathcal{T}_s \mathcal{U}_{0,s,N}$$

この式から $\mathcal{O}_s$ を推定するため，入出力データより $\mathcal{O}_s \mathcal{X}_0$ を抽出することに特徴がある．

〔1〕拡大可観測性行列の列空間の推定 $\mathcal{U}_{0,s,N}$ の行空間の直交補空間へ直交射影する $\Pi^{\perp}_{\mathcal{U}_{0,s,N}}$ を用いる．すなわち，$\mathcal{U}_{0,s,N} \Pi^{\perp}_{\mathcal{U}_{0,s,N}} = 0$ より

$$\begin{aligned}\mathcal{Y}_{0,s,N} \Pi^{\perp}_{\mathcal{U}_{0,s,N}} &= \mathcal{O}_s \mathcal{X}_0 \Pi^{\perp}_{\mathcal{U}_{0,s,N}} + \mathcal{T}_s \mathcal{U}_{0,s,N} \Pi^{\perp}_{\mathcal{U}_{0,s,N}} \\ &= \mathcal{O}_s \mathcal{X}_0 \Pi^{\perp}_{\mathcal{U}_{0,s,N}} \end{aligned} \quad (3.53)$$

を得る．このとき，つぎの補題を得る．

補題 3.3 (拡大可観測性行列の列空間の推定[130])

システムの最小実現 (3.1) が与えられているとする．$\{u(k)\}$ が式 (3.50) を満足するならば，以下の式が成り立つ．

$$\mathrm{rank}\left(\mathcal{Y}_{0,s,N} \Pi^{\perp}_{\mathcal{U}_{0,s,N}}\right) = n \quad (3.54)$$

$$\mathrm{range}\left(\mathcal{Y}_{0,s,N} \Pi^{\perp}_{\mathcal{U}_{0,s,N}}\right) = \mathrm{range}(\mathcal{O}_s) \quad (3.55)$$

証明 式 (3.50) より，つぎのブロック行列が正定かつ正則となる．

$$\begin{bmatrix} \mathcal{X}_0 \\ \mathcal{U}_{0,s,N} \end{bmatrix} \begin{bmatrix} \mathcal{X}_0^T & \mathcal{U}_{0,s,N}^T \end{bmatrix} = \begin{bmatrix} \mathcal{X}_0 \mathcal{X}_0^T & \mathcal{X}_0 \mathcal{U}_{0,s,N}^T \\ \mathcal{U}_{0,s,N} \mathcal{X}_0^T & \mathcal{U}_{0,s,N} \mathcal{U}_{0,s,N}^T \end{bmatrix} > 0$$

したがって，付録の**補題 A.2** より

$$\mathcal{X}_0 \mathcal{X}_0^T - \mathcal{X}_0 \mathcal{U}_{0,s,N}^T \left(\mathcal{U}_{0,s,N} \mathcal{U}_{0,s,N}^T\right)^{-1} \mathcal{U}_{0,s,N} \mathcal{X}_0^T > 0$$

が成り立つ。$\Pi_{\mathcal{U}_{0,s,N}}^{\perp} = I - \mathcal{U}_{0,s,N}^T (\mathcal{U}_{0,s,N} \mathcal{U}_{0,s,N}^T)^{-1} \mathcal{U}_{0,s,N}$ を用いると，この式の左辺は

$$\mathcal{X}_0 \mathcal{X}_0^T - \mathcal{X}_0 \mathcal{U}_{0,s,N}^T \left(\mathcal{U}_{0,s,N} \mathcal{U}_{0,s,N}^T \right)^{-1} \mathcal{U}_{0,s,N} \mathcal{X}_0^T = \mathcal{X}_0 \Pi_{\mathcal{U}_{0,s,N}}^{\perp} \mathcal{X}_0^T > 0$$

となって，$\mathcal{X}_0 \Pi_{\mathcal{U}_{0,s,N}}^{\perp} \mathcal{X}_0^T$ は正則であり，そのランクは n であることがわかる。したがって $\text{rank}(\mathcal{O}_s) = n$ より，$\mathcal{O}_s$ と $\mathcal{O}_s^T$ をその左右からかけた行列について

$$\text{rank}\left(\mathcal{O}_s \mathcal{X}_0 \Pi_{\mathcal{U}_{0,s,N}}^{\perp} \mathcal{X}_0^T \mathcal{O}_s^T \right) = n \tag{3.56}$$

を得る。一方，直交射影行列 $\Pi_{\mathcal{U}_{0,s,N}}^{\perp}$ の対称性，すなわち，$(\Pi_{\mathcal{U}_{0,s,N}}^{\perp})^T = \Pi_{\mathcal{U}_{0,s,N}}^{\perp}$ と，べき等性，すなわち，$(\Pi_{\mathcal{U}_{0,s,N}}^{\perp})^2 = \Pi_{\mathcal{U}_{0,s,N}}^{\perp}$ に注意すると，式 (3.53) より

$$\begin{aligned} \mathcal{Y}_{0,s,N} \Pi_{\mathcal{U}_{0,s,N}}^{\perp} \left(\mathcal{Y}_{0,s,N} \Pi_{\mathcal{U}_{0,s,N}}^{\perp} \right)^T &= \mathcal{Y}_{0,s,N} \Pi_{\mathcal{U}_{0,s,N}}^{\perp} \mathcal{Y}_{0,s,N}^T \\ &= \mathcal{O}_s \mathcal{X}_0 \Pi_{\mathcal{U}_{0,s,N}}^{\perp} \mathcal{X}_0^T \mathcal{O}_s^T \end{aligned} \tag{3.57}$$

が成り立つ。したがって，式 (3.56) および式 (3.57) より式 (3.54) が成立し，さらに式 (3.53) より式 (3.55) が成立する。　♠

〔**2**〕**システム行列 (A, C) の推定**　　行列 (A, C) の推定について説明する。式 (3.55) より

$$\mathcal{Y}_{0,s,N} \Pi_{\mathcal{U}_{0,s,N}}^{\perp} = \mathcal{O}_s \Gamma_a, \quad \text{rank}(\Gamma_a) = n$$

を満たす $\Gamma_a \in \mathbb{R}^{n \times N}$ が存在する。したがって，$\mathcal{Y}_{0,s,N} \Pi_{\mathcal{U}_{0,s,N}}^{\perp}$ の特異値分解

$$\begin{aligned} \mathcal{Y}_{0,s,N} \Pi_{\mathcal{U}_{0,s,N}}^{\perp} &= \begin{bmatrix} U_n & U_n^{\perp} \end{bmatrix} \begin{bmatrix} \Sigma_n & 0 \\ 0 & 0 \end{bmatrix} \begin{bmatrix} V_n^T \\ (V_n^{\perp})^T \end{bmatrix} \\ &= U_n \Sigma_n V_n^T \end{aligned} \tag{3.58}$$

を行うと，相似変換行列 T により $\mathcal{O}_s$ と U_n はつぎのように関係付けられる。

$$\mathcal{O}_s T = U_n \tag{3.59}$$

したがって，$A_T = T^{-1}AT$，$B_T = T^{-1}B$，$C_T = CT$ とおくと，式 (3.7) より (A_T, C_T) が得られる。

〔**3**〕**システム行列 (B, D) の推定**　　つぎに，行列 (B, D) の推定について説明する。特異値分解 (3.58) より $(U_n^{\perp})^T U_n = 0$，さらに $(U_n^{\perp})^T \mathcal{O}_s = 0$ が

成り立つことに注意する。行列入出力方程式 (3.49) の両辺左より $(U_n^\perp)^T$ を，右より $\mathcal{U}_{0,s,N}^T$ をそれぞれかけると，次式を得る。

$$(U_n^\perp)^T \mathcal{Y}_{0,s,N} \mathcal{U}_{0,s,N}^T = (U_n^\perp)^T \mathcal{T}_s \mathcal{U}_{0,s,N} \mathcal{U}_{0,s,N}^T \tag{3.60}$$

$\mathcal{U}_{0,s,N} \mathcal{U}_{0,s,N}^T > 0$ より，式 (3.60) の両辺右から $\mathcal{U}_{0,s,N} \mathcal{U}_{0,s,N}^T$ の逆行列をかけて

$$(U_n^\perp)^T \mathcal{Y}_{0,s,N} \mathcal{U}_{0,s,N}^T \left(\mathcal{U}_{0,s,N} \mathcal{U}_{0,s,N}^T \right)^{-1} = (U_n^\perp)^T \mathcal{T}_s \tag{3.61}$$

が得られる。いま，式 (3.46) より $\mathcal{T}_s$ はマルコフパラメータ P_k をブロック要素としてもつブロック Toeplitz 行列である。また，式 (3.4) より

$$P_k = \begin{cases} D & (k = 0) \\ C_T A_T^{k-1} B_T & (k > 0) \end{cases}$$

となり，P_k は相似変換 T により不変である。したがって，(A_T, C_T) 行列が与えられたら，P_k は (B_T, D) に線形となっているので，$\mathcal{T}_s$ も (B_T, D) にアファインな行列である。具体的な計算法は後述するが，結果として式 (3.61) に基づく最小 2 乗推定により (B_T, D) が求まる。

なお，状態空間表現の座標変換の自由度は許容しているので，以下に示す具体的な方法については表記の簡略のため式 (3.59) の相似変換を $T = I_n$ として話を進める。

〔4〕 **LQ 分解による具体的計算法**　つぎの LQ 分解を求める。

$$\begin{bmatrix} \mathcal{U}_{0,s,N} \\ \mathcal{Y}_{0,s,N} \end{bmatrix} = \begin{bmatrix} L_{11} & 0 \\ L_{21} & L_{22} \end{bmatrix} \begin{bmatrix} Q_1^T \\ Q_2^T \end{bmatrix} \tag{3.62}$$

このとき，以下の定理より LQ 分解から $\mathcal{Y}_{0,s,N} \Pi_{\mathcal{U}_{0,s,N}}^\perp$ が得られる。

定理 3.1

　最小実現をもつ確定系 (3.1) を考える。式 (3.50) の条件を満たすとき，式 (3.62) の LQ 分解に対して以下が成立する。

$$\mathcal{Y}_{0,s,N}\,\Pi^{\perp}_{\mathcal{U}_{0,s,N}} = L_{22}Q_2^T \tag{3.63}$$

$$\mathrm{range}\,(\mathcal{O}_s) = \mathrm{range}\,(L_{22}) \tag{3.64}$$

証明 補題 **A.1** より式 (3.63) が成り立つ. また, 式 (3.55) と式 (3.63) より

$$\mathrm{range}\,\left(\mathcal{Y}_{0,s,N}\,\Pi^{\perp}_{\mathcal{U}_{0,s,N}}\right) = \mathrm{range}\,(\mathcal{O}_s) = \mathrm{range}\,(L_{22}Q_2^T) \tag{3.65}$$

を得る. つまり, $L_{22}Q_2^T$ の列ベクトルが張る列空間が拡大可観測性行列 $\mathcal{O}_s$ の列ベクトルが張る列空間と等しい. さらに, $\mathrm{rank}(\mathcal{O}_s) = n$ に注意すると, 式 (3.65) と補題 **3.3** より $\mathrm{rank}(L_{22}Q_2^T) = n$ を得る. したがって, $L_{22} \in \mathbb{R}^{ls \times ls}$, $Q_2^T \in \mathbb{R}^{ls \times N}$ に対し Sylvester の不等式 (A.4) を用いると, 以下の不等式を得る.

$$\mathrm{rank}(L_{22}) + \mathrm{rank}(Q_2^T) - ls \leqq n \leqq \min\left\{\mathrm{rank}(L_{22}), \mathrm{rank}(Q_2^T)\right\}$$

式 (3.62) の実直交行列 Q の部分行列 Q_2 が列フルランク (Q_2^T が行フルランク) であることから $\mathrm{rank}(Q_2^T) = ls$ となるので, 以下の不等式が得られる.

$$\mathrm{rank}(L_{22}) \leqq n \leqq \min\left\{\mathrm{rank}(L_{22}), ls\right\}$$

$n \leqq ls$ に注意してこの不等式を解くと, $\mathrm{rank}(L_{22}) = n$ が得られる. 式 (3.65) と合わせて考慮すると, このことは拡大可観測性行列 $\mathcal{O}_s$ と L_{22} が同じ列空間をもつことを意味する. ♠

式 (3.64) より, 行列 $\varGamma_b \in \mathbb{R}^{n \times ls}$ が存在して, $\mathcal{O}_s \varGamma_b = L_{22}$ が成立する. すなわち, LQ 分解から得られる行列 L_{22} の特異値分解より, 拡大可観測性行列 $\mathcal{O}_s T$ が推定できる (T は相似変換行列). なお, $ls \ll N$ を考慮すると, 行列 $\mathcal{Y}_{0,s,N}\,\Pi^{\perp}_{\mathcal{U}_{0,s,N}} \in \mathbb{R}^{ls \times N}$ の特異値分解と比較して, 行列 $L_{22} \in \mathbb{R}^{ls \times ls}$ の特異値分解にかかる計算量とメモリ容量は大幅に少ない.

[5] **最小 2 乗推定による (B, D) の具体的計算法**   式 (3.58) 中の $U_n^{\perp}$ と入出力データブロックハンケル行列より求められる二つの行列を

$$(U_n^{\perp})^T = \begin{bmatrix} \alpha_1 & \alpha_2 & \cdots & \alpha_s \end{bmatrix} \tag{3.66}$$

$$(U_n^{\perp})^T \mathcal{Y}_{0,s,N}\,\mathcal{U}_{0,s,N}^T \left(\mathcal{U}_{0,s,N}\,\mathcal{U}_{0,s,N}^T\right)^{-1} = \begin{bmatrix} \beta_1 & \beta_2 & \cdots & \beta_s \end{bmatrix} \tag{3.67}$$

のように s 個のブロック行列に分割する。ただし，各 $i = 1, \cdots, s$ に対して，それぞれ，$\alpha_i \in \mathbb{R}^{(ls-n) \times l}$, $\beta_i \in \mathbb{R}^{(ls-n) \times m}$ である。

補題 3.4 ((B, D) の推定[135])

β_i と (B, D) に対して，次式が成立する。

$$\begin{bmatrix} \beta_1 \\ \vdots \\ \beta_s \end{bmatrix} = \mathcal{A}_s \begin{bmatrix} I & 0 \\ 0 & \underline{U_n} \end{bmatrix} \begin{bmatrix} D \\ B \end{bmatrix} \tag{3.68}$$

ただし，$\mathcal{A}_s$ は以下のとおりである。

$$\mathcal{A}_s = \begin{bmatrix} \alpha_1 & \alpha_2 & \cdots & \alpha_s \\ \alpha_2 & \cdots & \alpha_s & \\ \vdots & \ddots & & \\ \alpha_s & & & 0 \end{bmatrix}$$

また，$\underline{U_n}$ は式 (3.9) のとおりである。

証明 式 (3.66), (3.67) を式 (3.61) に代入すると

$$\begin{bmatrix} \beta_1 & \beta_2 & \cdots & \beta_s \end{bmatrix} = \begin{bmatrix} \alpha_1 & \alpha_2 & \cdots & \alpha_s \end{bmatrix} \mathcal{T}_s$$

を得る。これをブロック要素ごとに書き下すと

$$\beta_1 = \alpha_1 D + \alpha_2 CB + \cdots + \alpha_s CA^{s-2}B$$
$$\beta_2 = \alpha_2 D + \cdots + \alpha_s CA^{s-3}B$$
$$\vdots$$
$$\beta_s = \alpha_s D$$

となり，これを整理し直すと以下の式を得る。

$$\begin{bmatrix} \beta_1 \\ \beta_2 \\ \vdots \\ \beta_s \end{bmatrix} = \mathcal{A}_s \begin{bmatrix} D \\ CB \\ \vdots \\ CA^{s-2}B \end{bmatrix} = \mathcal{A}_s \begin{bmatrix} D \\ C \\ \vdots \\ CA^{s-2} \end{bmatrix} B$$

$$= \mathcal{A}_s \begin{bmatrix} I & 0 \\ 0 & \underline{U_n} \end{bmatrix} \begin{bmatrix} D \\ B \end{bmatrix}$$

したがって,式 (3.68) を得る. ♠

式 (3.68) より,システム行列 (B, D) はつぎの最小 2 乗問題

$$\min_{B, D} \left\| \begin{bmatrix} \beta_1 \\ \vdots \\ \beta_s \end{bmatrix} - \mathcal{A}_s \begin{bmatrix} I & 0 \\ 0 & \underline{U_n} \end{bmatrix} \begin{bmatrix} D \\ B \end{bmatrix} \right\|_F^2 \tag{3.69}$$

を解くことにより,次式のように求まる.

$$\begin{bmatrix} D \\ B \end{bmatrix} = \begin{bmatrix} I & 0 \\ 0 & \underline{U_n} \end{bmatrix}^\dagger \mathcal{A}_s^\dagger \begin{bmatrix} \beta_1 \\ \vdots \\ \beta_s \end{bmatrix} \tag{3.70}$$

なお,式 (3.62) より

$$\mathcal{Y}_{0,s,N} \mathcal{U}_{0,s,N}^T \left(\mathcal{U}_{0,s,N} \mathcal{U}_{0,s,N}^T \right)^{-1} = L_{21} L_{11}^{-1} \tag{3.71}$$

が成立するので,β_i をつぎのようにして求めることができる.

$$\begin{bmatrix} \beta_1 & \beta_2 & \cdots & \beta_s \end{bmatrix} = (U_n^\perp)^T L_{21} L_{11}^{-1} \tag{3.72}$$

確定系の MOESP 法 の同定手順を以下にまとめる.MOESP 法の仮定を満たすとする.このとき,式 (3.1) の最小実現をもつ確定系について,係数行列 (A, B, C, D) は以下の手順によって同定できる.ただし,相似変換による自由度を許容する.

確定系の MOESP 法:

1) 入出力データ $\{(u(k), y(k))\}$ を用いて,それぞれ式 (3.47) で定義された入力データブロックハンケル行列 $\mathcal{U}_{0,s,N}$ と出力データブロックハンケル行列 $\mathcal{Y}_{0,s,N}$ を準備し,LQ 分解 (3.62) を実行する。

2) 式 (3.62) 中の行列 L_{22} を特異値分解する。

$$L_{22} = \begin{bmatrix} U_n & U_n^\perp \end{bmatrix} \begin{bmatrix} \Sigma_n & 0 \\ 0 & 0 \end{bmatrix} \begin{bmatrix} V_n^T \\ (V_n^\perp)^T \end{bmatrix}$$
$$= U_n \Sigma_n V_n^T \tag{3.73}$$

行列 U_n を,拡大可観測性行列 $\mathcal{O}_s$ の推定値とする。

3) 確定実現 (**3.2.1** 項) と同様,U_n から (A, C) を求める。

4) **補題 3.4** に従って,係数行列 (B, D) を求める。

3.3.3 N4SID 法

本項では N4SID 法[135]について説明する。N4SID 法では,まず $\mathcal{X}_0$ を推定し,後述の式 (3.77) に基づいて係数行列 (A, B, C, D) を求める。

〔1〕記法の導入 　部分空間同定法ではブロックハンケル行列を大きな塊に分けて考えると便利なので,これを定義する。$\mathcal{Y}_{0,2s,N} \in \mathbb{R}^{2sl \times N}$ について,つぎのように分割する。

$$\mathcal{Y}_{0,2s,N} = \begin{bmatrix} \mathcal{Y}_{0,s,N} \\ \mathcal{Y}_{s,s,N} \end{bmatrix} = \begin{bmatrix} y(0) & \cdots & y(N-1) \\ \vdots & \vdots & \vdots \\ y(s-1) & \cdots & y(N+s-2) \\ \hline y(s) & \cdots & y(N+s-1) \\ \vdots & \vdots & \vdots \\ y(2s-1) & \cdots & y(N+2s-2) \end{bmatrix}$$

ただし,$\mathcal{Y}_{0,s,N} \in \mathbb{R}^{sl \times N}$, $\mathcal{Y}_{s,s,N} \in \mathbb{R}^{sl \times N}$ である。これに対し

$$\mathcal{Y}_\mathrm{p} = \mathcal{Y}_{0,s,N}, \quad \mathcal{Y}_\mathrm{f} = \mathcal{Y}_{s,s,N} \tag{3.74}$$

のように記述する。ここで，ブロックハンケル行列の添字にある"p"と"f"はそれぞれ「過去（past）」と「未来（future）」を意味する。例えば，$\mathcal{Y}_\mathrm{p}$ と $\mathcal{Y}_\mathrm{f}$ の1列目に注目すると，$\{y(0), y(1), \cdots, y(s-1)\}$ と $\{y(s), y(s+1), \cdots, y(2s-1)\}$ を要素として含んでおり，時刻 s をはさんで過去と未来のデータを含んでいる（s は未来のデータに含む）。同様に入力に関して，以下のように定義を行う。

$$\mathcal{U}_\mathrm{p} = \mathcal{U}_{0,s,N}, \quad \mathcal{U}_\mathrm{f} = \mathcal{U}_{s,s,N} \tag{3.75}$$

式 (3.49) に $t=0$ を代入すると，左辺は $\mathcal{Y}_\mathrm{p}$ となる。同様に $t=s$ を代入すると，左辺は $\mathcal{Y}_\mathrm{f}$ となる。したがって，式 (3.49) より，以下の式を得る。

$$\mathcal{Y}_\mathrm{p} = \mathcal{O}_s \mathcal{X}_0 + \mathcal{T}_s \mathcal{U}_\mathrm{p} \tag{3.76a}$$

$$\mathcal{Y}_\mathrm{f} = \mathcal{O}_s \mathcal{X}_s + \mathcal{T}_s \mathcal{U}_\mathrm{f} \tag{3.76b}$$

〔**2**〕 **状態の推定**　状態 $\mathcal{X}_s$ を求めるための式を導出する。このためブロックハンケル行列の性質として，次式が成立することに留意しておこう。

$$\mathcal{Y}_{i,j,N} = \begin{bmatrix} \mathcal{Y}_{i,1,N} \\ \vdots \\ \mathcal{Y}_{i+j-1,1,N} \end{bmatrix} = \begin{bmatrix} y(i) & \cdots & y(i+N-1) \\ \vdots & & \vdots \\ y(i+j-1) & \cdots & y(i+j+N-2) \end{bmatrix}$$

式 (3.1) より以下の式を得る（章末の問題(5)参照）。

$$\mathcal{X}_{s+1} = A\mathcal{X}_s + B\mathcal{U}_{s,1,N} \tag{3.77a}$$

$$\mathcal{Y}_{s,1,N} = C\mathcal{X}_s + D\mathcal{U}_{s,1,N} \tag{3.77b}$$

式 (3.77) を用いると，次式を得る（章末の問題(6)参照）。

$$\mathcal{X}_s = A^s \mathcal{X}_0 + \mathcal{K}_s \mathcal{U}_\mathrm{p} \tag{3.78}$$

ただし，$\mathcal{K}_s$ は (A, B) の拡大可到達性行列でつぎのように定義される。

$$\mathcal{K}_s = \begin{bmatrix} A^{s-1}B & A^{s-2}B & \cdots & B \end{bmatrix} \in \mathbb{R}^{n \times ms} \tag{3.79}$$

行列入出力方程式 (3.49) と式 (3.78) を用いると，つぎの補題が得られる．

補題 3.5 (確定系の状態[135])

状態 $\mathcal{X}_s$ と出力 $\mathcal{Y}_\mathrm{f}$ は以下を満たす．

$$\mathcal{X}_s = L_\mathrm{p} \mathcal{W}_\mathrm{p} \tag{3.80}$$

$$\mathcal{Y}_\mathrm{f} = \mathcal{O}_s L_\mathrm{p} \mathcal{W}_\mathrm{p} + \mathcal{T}_s \mathcal{U}_\mathrm{f} \tag{3.81}$$

ただし，$L_\mathrm{p}, \mathcal{W}_\mathrm{p}$ は以下のとおりである．

$$L_\mathrm{p} = \begin{bmatrix} (\mathcal{K}_s - A^s \mathcal{O}_s^\dagger \mathcal{T}_s) & A^s \mathcal{O}_s^\dagger \end{bmatrix}, \quad \mathcal{W}_\mathrm{p} = \begin{bmatrix} \mathcal{U}_\mathrm{p} \\ \mathcal{Y}_\mathrm{p} \end{bmatrix} \in \mathbb{R}^{(l+m)s \times N}$$

証明 式 (3.80), (3.81) を求める．式 (3.76a) より $\mathcal{X}_0 = \mathcal{O}_s^\dagger (\mathcal{Y}_\mathrm{p} - \mathcal{T}_s \mathcal{U}_\mathrm{p})$ となるのでこれを式 (3.78) に代入すると，以下の式を得る．

$$\begin{aligned} \mathcal{X}_s &= A^s \mathcal{O}_s^\dagger (\mathcal{Y}_\mathrm{p} - \mathcal{T}_s \mathcal{U}_\mathrm{p}) + \mathcal{K}_s \mathcal{U}_\mathrm{p} \\ &= A^s \mathcal{O}_s^\dagger \mathcal{Y}_\mathrm{p} + (-A^s \mathcal{O}_s^\dagger \mathcal{T}_s + \mathcal{K}_s) \mathcal{U}_\mathrm{p} \end{aligned}$$

これより式 (3.80) を得る．式 (3.80) を式 (3.76b) に代入して式 (3.81) を得る． ♠

式 (3.51) より次式が得られる（付録 **A.2.2** 項参照）．

$$\mathrm{span}\,(\mathcal{W}_\mathrm{p}) \cap \mathrm{span}\,(\mathcal{U}_\mathrm{f}) = \{0\} \tag{3.82}$$

この式は未来の入力が過去の入出力の線形和で書けないこと，すなわち過去のデータからのフィードバックがないことを意味している．

式 (3.81) と式 (3.82) の行ベクトルの関係を図 **3.2** に示す．span$(\cdot)$ は行列の行ベクトルによって張られる空間を表す．$\mathcal{Y}_\mathrm{f}$ は $\mathcal{O}_s \mathcal{X}_s$ と $\mathcal{T}_s \mathcal{U}_\mathrm{f}$ の線形直和で記述されるので，最小 2 乗問題を解くことによって $\mathcal{O}_s \mathcal{X}_s$ が求められる[134]．

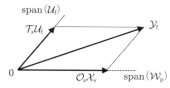

図 **3.2** 確定系の状態推定

定理 3.2 (確定系の状態推定[134])

つぎの最小 2 乗問題を考える。

$$\min_{[\Phi_U \ \Phi_X]} \left\| \mathcal{Y}_{\mathrm{f}} - \begin{bmatrix} \Phi_U & \Phi_X \end{bmatrix} \begin{bmatrix} \mathcal{U}_{\mathrm{f}} \\ \mathcal{W}_{\mathrm{p}} \end{bmatrix} \right\|_F^2 \tag{3.83}$$

式 (3.83) の最小 2 乗問題に対し，Φ_X, Φ_U の解をそれぞれ $\widehat{\Phi}_X, \widehat{\Phi}_U$ とおく。このとき，可観測性行列と状態の積 $O_X = \mathcal{O}_s \mathcal{X}_s$ は次式で与えられる。

$$O_X = \widehat{\Phi}_X \mathcal{W}_{\mathrm{p}} \tag{3.84}$$

証明 式 (3.81) より，$\mathcal{Y}_{\mathrm{f}}$ は $\mathcal{U}_{\mathrm{f}}$ の行ベクトルと $\mathcal{W}_{\mathrm{p}}$ の行ベクトルの線形和で記述できる。したがって，$\widehat{\Phi}_U \in \mathbb{R}^{ls \times ms}, \widehat{\Phi}_X \in \mathbb{R}^{ls \times (l+m)s}$ が存在して

$$\mathcal{Y}_{\mathrm{f}} = \widehat{\Phi}_X \mathcal{W}_{\mathrm{p}} + \widehat{\Phi}_U \mathcal{U}_{\mathrm{f}} \tag{3.85}$$

と記述することができる。この式を満たす $\widehat{\Phi}_U, \widehat{\Phi}_X$ は最小 2 乗問題 (3.83) の解となっている。ここで式 (3.82) を用い式 (3.85) と式 (3.81) を比較すると

$$\widehat{\Phi}_X \mathcal{W}_{\mathrm{p}} = \mathcal{O}_s L_{\mathrm{p}} \mathcal{W}_{\mathrm{p}}$$

を得る。したがって，式 (3.80) を用いると式 (3.84) を得る。　♠

最小 2 乗問題 (3.83) は $\begin{bmatrix} \mathcal{U}_{\mathrm{f}}^T & \mathcal{W}_{\mathrm{p}}^T \end{bmatrix}^T$ が行フルランクではないので，必ずしも解 $\widehat{\Phi}_U, \widehat{\Phi}_X$ は一意には決まらないが，$\widehat{\Phi}_X \mathcal{W}_{\mathrm{p}}$ は一意に定まる。

状態を求めるもう一つの方法として，つぎのような LQ 分解を考える。

$$\begin{bmatrix} \mathcal{U}_{\mathrm{f}} \\ \mathcal{W}_{\mathrm{p}} \\ \mathcal{Y}_{\mathrm{f}} \end{bmatrix} = \begin{bmatrix} L_{11} & 0 & 0 \\ L_{21} & L_{22} & 0 \\ L_{31} & L_{32} & L_{33} \end{bmatrix} \begin{bmatrix} Q_1^T \\ Q_2^T \\ Q_3^T \end{bmatrix} \tag{3.86}$$

確定系 (3.1) によって生成された入出力データに対し，式 (3.86) の LQ 分解は L_{22}, L_{32}, L_{33} について，以下の関係が成り立つ[139]。

$$\ker(L_{22}) \subset \ker(L_{32}) \tag{3.87a}$$

$$L_{33} = 0 \tag{3.87b}$$

式 (3.87a) は $L_{22}x = 0$ であれば，$L_{32}x = 0$ を意味する（付録 **A.2.3** 項参照）。

定理 3.3 （LQ 分解による確定系の状態推定[135]）

可観測性行列と状態の積 $O_X = \mathcal{O}_s \mathcal{X}_s$ は次式により得られる。

$$O_X = L_{32} L_{22}^\dagger \mathcal{W}_\mathrm{p} \tag{3.88}$$

証明 式 (3.86) より，$Q_1^T = L_{11}^{-1} \mathcal{U}_\mathrm{f}$ と $L_{22} Q_2^T = \mathcal{W}_\mathrm{p} - L_{21} Q_1^T$ が得られるので，$L_{22} Q_2^T = \mathcal{W}_\mathrm{p} - L_{21} L_{11}^{-1} \mathcal{U}_\mathrm{f}$ から，次式を得る。

$$Q_2^T = L_{22}^\dagger (\mathcal{W}_\mathrm{p} - L_{21} L_{11}^{-1} \mathcal{U}_\mathrm{f}) + (I - L_{22}^\dagger L_{22}) \Theta$$

$\Theta \in \mathbb{R}^{(l+m)s \times N}$ は $L_{22}(I - L_{22}^\dagger L_{22})\Theta = 0$ を満たす行列である。式 (3.87a) を用いると $L_{22}(I - L_{22}^\dagger L_{22})\Theta = 0$ より $L_{32}(I - L_{22}^\dagger L_{22})\Theta = 0$ となるため

$$L_{32} Q_2^T = L_{32} L_{22}^\dagger (\mathcal{W}_\mathrm{p} - L_{21} L_{11}^{-1} \mathcal{U}_\mathrm{f})$$

を得る。この式と式 (3.87b) を式 (3.86) に代入すると，次式を得る。

$$\mathcal{Y}_\mathrm{f} = L_{32} L_{22}^\dagger \mathcal{W}_\mathrm{p} + (L_{31} - L_{32} L_{22}^\dagger L_{21}) L_{11}^{-1} \mathcal{U}_\mathrm{f} \tag{3.89}$$

式 (3.82) より，式 (3.81) と式 (3.89) を比較して，式 (3.88) の O_X を得る。♠

〔**3**〕 **係数の推定** $O_X = \mathcal{O}_s \mathcal{X}_s$ から相似変換の範囲内で行列 $\mathcal{X}_s$ を求める。O_X の特異値分解が以下のように与えられるとする。

$$O_X = U \Sigma V^T \approx \begin{bmatrix} U_n & U_n^\perp \end{bmatrix} \begin{bmatrix} \Sigma_n & 0 \\ 0 & 0 \end{bmatrix} \begin{bmatrix} V_n^T \\ (V_n^\perp)^T \end{bmatrix}$$

$$= U_n \Sigma_n V_n^T \tag{3.90}$$

このとき，ある正則行列 T を用いると $\mathcal{O}_s T = U_n$ および

$$T^{-1}\mathcal{X}_s = \Sigma_n V_n^T \tag{3.91}$$

を満たし，$O_X = (\mathcal{O}_s T)T^{-1}\mathcal{X}_s$ が成り立つ．正則行列 T は未知であるが，状態の座標変換の行列である．実際，状態 $T^{-1}\mathcal{X}_s \in \mathbb{R}^{n \times N}$ は

$$T^{-1}\mathcal{X}_s = T^{-1}\begin{bmatrix} x(s) & x(s+1) & \cdots & x(s+N-1) \end{bmatrix}$$

となっている．状態空間表現の座標変換の自由度は許容するので，以下 $T = I_n$ とし $\mathcal{O}_s = U_n$, $\mathcal{X}_s = \Sigma_n V_n^T$ とする．

以下の行列を定義しておく（$\mathbb{T}_1 \in \mathbb{R}^{N \times (N-1)}$, $\mathbb{T}_2 \in \mathbb{R}^{N \times (N-1)}$）．

$$\mathbb{T}_1 = \begin{bmatrix} I_{N-1} \\ 0_{1 \times N-1} \end{bmatrix} \in \mathbb{R}^{N \times (N-1)}, \quad \mathbb{T}_2 = \begin{bmatrix} 0_{1 \times N-1} \\ I_{N-1} \end{bmatrix} \tag{3.92}$$

式 (3.48) に注意すると，以下の式が成立することがわかる．

$$\mathcal{X}_{s+1}\mathbb{T}_1 = \mathcal{X}_s\mathbb{T}_2, \quad \mathcal{U}_{s,1,N-1} = \mathcal{U}_{s,1,N}\mathbb{T}_1, \quad \mathcal{Y}_{s,1,N-1} = \mathcal{Y}_{s,1,N}\mathbb{T}_1$$

このことから，式 (3.77) の右から $\mathbb{T}_1$ をかけると，次式を得る．

$$\begin{bmatrix} \mathcal{X}_s\mathbb{T}_2 \\ \mathcal{Y}_{s,1,N-1} \end{bmatrix} = \begin{bmatrix} A & B \\ C & D \end{bmatrix}\begin{bmatrix} \mathcal{X}_s\mathbb{T}_1 \\ \mathcal{U}_{s,1,N-1} \end{bmatrix}$$

確定系の N4SID 法のアルゴリズムをまとめる．係数行列 (A, B, C, D) は以下の手順によって同定できる．ただし，相似変換の自由度を許容する．

確定系の N4SID 法：

1) LQ 分解 (3.86) を求め，式 (3.88) から O_X を求める．
2) 式 (3.90) の特異値分解を行う[†1]．

[†1] サイズの大きな行列 O_X の特異値分解の計算ではなく，$O_X O_X^T$ の特異値分解を計算してもよい．実際，$O_X O_X^T = U\Sigma^2 U^T$ より，$U^T O_X = \Sigma V^T$ を得る．したがって，$\Sigma_n V_n^T = \begin{bmatrix} I_n & 0 \end{bmatrix} U^T O_X$ から次式が成立する．

$$T^{-1}\mathcal{X}_s = \begin{bmatrix} I_n & 0 \end{bmatrix} U^T O_X$$

3) 状態 $\mathcal{X}_s$ を式 (3.91) より求める $(T = I_n)$。

4) 式 (3.92) の $\mathbb{T}_1, \mathbb{T}_2$ を用い，つぎのように $(\widehat{A}, \widehat{B}, \widehat{C}, \widehat{D})$ を求める。

$$\begin{bmatrix} \widehat{A} & \widehat{B} \\ \widehat{C} & \widehat{D} \end{bmatrix} = \underset{(A,B,C,D)}{\arg\min} \left\| \begin{bmatrix} \mathcal{X}_s \mathbb{T}_2 \\ \mathcal{Y}_{s,1,N-1} \end{bmatrix} - \begin{bmatrix} A & B \\ C & D \end{bmatrix} \begin{bmatrix} \mathcal{X}_s \mathbb{T}_1 \\ \mathcal{U}_{s,1,N-1} \end{bmatrix} \right\|_F^2$$

$(\widehat{A}, \widehat{B}, \widehat{C}, \widehat{D})$ が求める係数行列である。

3.4 確率系の部分空間同定法

確率系 (3.11) はイノベーション形式 (3.34) で表されるため，本節ではイノベーション形式に基づいて確率部分空間同定法[133),135)] を導出する。つぎのような確率系の部分空間同定問題を考える。

定義 3.7 (確率系の部分空間同定問題[135)])

確率系 (3.11) は式 (3.19), (3.20) を満たすとする。十分大きな自然数 M に対し，M 個の出力データ $\{y(0), y(1), \cdots, y(M)\}$ が得られたとする。イノベーション形式 (3.34) の次数 n と係数行列 (A, K, C, Ω) を与えられた出力データより決定せよ。ただし，相似変換による自由度は許容する。

確率部分空間同定法[133)] は N4SID 法のように状態を推定してから係数行列を求める方法である。N は，$M \geq N + s - 2$ を満足する十分大きな自然数であるとし，式 (3.47) のように $y(k)$ に基づいて $\mathcal{Y}_{i,j,N}$ を記述し，式 (3.74) から $\mathcal{Y}_p, \mathcal{Y}_f$ を定義する。同様に $e(k)$ から $\mathcal{E}_{i,j,N}$ と $\mathcal{E}_f = \mathcal{E}_{s,s,N}$ を定義する。また，状態 $\xi(k)$ に関連してつぎのような行列も定義しておこう。

$$\Xi_i = \begin{bmatrix} \xi(i) & \xi(i+1) & \cdots & \xi(i+N-1) \end{bmatrix} \in \mathbb{R}^{n \times N} \quad (3.93)$$

さらに，つぎのブロック Toeplitz 行列も定義する。

$$\mathcal{M}_s = \begin{bmatrix} I_l & & & 0 \\ CK & I_l & & \\ \vdots & & \ddots & \ddots \\ CA^{s-2}K & \cdots & CK & I_l \end{bmatrix} \in \mathbb{R}^{sl \times sl} \tag{3.94}$$

式 (3.46) の $\mathcal{O}_s$ と式 (3.38) の $\mathcal{F}_s$ を用いると，確定系の式と同様の計算をすることによって，つぎの補題が成立することがわかる．

補題 3.6 (確率系の状態)

状態 Ξ_s と未来の出力 $\mathcal{Y}_f$ は以下を満たす．

$$\Xi_s \approx \mathcal{F}_s \mathcal{Y}_p \tag{3.95}$$

$$\mathcal{Y}_f = \mathcal{O}_s \Xi_s + \mathcal{M}_s \mathcal{E}_f \tag{3.96}$$

過去の出力 $\mathcal{Y}_p$ と $\mathcal{E}_f$ について，つぎの関係が成立する．

$$\frac{1}{N} \mathcal{Y}_p \mathcal{E}_f^T \approx 0 \tag{3.97}$$

証明 式 (3.39) より (3.95) を得る．式 (3.34a), (3.34b) より式 (3.96) を得る．式 (3.35b) より式 (3.97) が成立する． ♠

式 (3.95), (3.96), (3.97) を図 **3.3** に示す．$\mathrm{span}\,(\mathcal{Y}_p)$ と $\mathrm{span}\,(\mathcal{E}_f)$ はそれぞれ $\mathcal{Y}_p$ と $\mathcal{E}_f$ の行ベクトルによって張られる空間を表している．$\mathcal{Y}_p$ と $\mathcal{E}_f$ は近似的に直交しており，$\mathcal{Y}_p$ は $\mathcal{O}_s \Xi_s$ と $\mathcal{M}_s \mathcal{E}_f$ の和になっている．この図より，$\mathcal{O}_s \Xi_s$ を得るために $\mathcal{Y}_f$ から $\mathcal{Y}_p$ へ直交射影をすればよいことを示唆している．

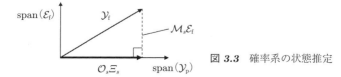

図 **3.3** 確率系の状態推定

以上の結果に基づいて確率系の状態推定を行うため，つぎの LQ 分解を行う．

$$\begin{bmatrix} \mathcal{Y}_\mathrm{p} \\ \mathcal{Y}_\mathrm{f} \end{bmatrix} = \begin{bmatrix} L_{11} & 0 \\ L_{21} & L_{22} \end{bmatrix} \begin{bmatrix} Q_1^T \\ Q_2^T \end{bmatrix} \tag{3.98}$$

このとき，確率系の状態は未来から過去への直交射影から得られる．

定理 3.4 (確率系の状態推定[135])

可観測性行列と状態の積 $O_\Xi = \mathcal{O}_s \Xi_s$ の近似 $\widetilde{O}_\Xi$ は次式で得られる．

$$O_\Xi \approx \mathcal{Y}_\mathrm{f} \Pi_{\mathcal{Y}_\mathrm{p}} \tag{3.99}$$

ただし，$\Pi_{\mathcal{Y}_\mathrm{p}}$ は $\mathcal{Y}_\mathrm{p}$ への直交射影を表す．$\widetilde{O}_\Xi = \mathcal{Y}_\mathrm{f} \Pi_{\mathcal{Y}_\mathrm{p}}$ とすると

$$\widetilde{O}_\Xi = L_{21} Q_1^T \tag{3.100}$$

が成り立つ．

証明　式 (3.95), (3.96) を用いると，つぎの関係が成立する．

$$\mathcal{Y}_\mathrm{f} \approx \mathcal{O}_s \mathcal{F}_s \mathcal{Y}_\mathrm{p} + \mathcal{M}_s \mathcal{E}_\mathrm{f}$$

式 (3.97) より $\dfrac{1}{N} \mathcal{Y}_\mathrm{f} \mathcal{Y}_\mathrm{p}^T \approx \dfrac{1}{N} \mathcal{O}_s \mathcal{F}_s (\mathcal{Y}_\mathrm{p} \mathcal{Y}_\mathrm{p}^T)$ となるので，これを用いると

$$\mathcal{Y}_\mathrm{f} \Pi_{\mathcal{Y}_\mathrm{p}} = \mathcal{Y}_\mathrm{f} \mathcal{Y}_\mathrm{p}^T \left(\mathcal{Y}_\mathrm{p} \mathcal{Y}_\mathrm{p}^T \right)^{-1} \mathcal{Y}_\mathrm{p} \approx \mathcal{O}_s \mathcal{F}_s \mathcal{Y}_\mathrm{p}$$

を得る．これに式 (3.95) を用いると，$\mathcal{Y}_\mathrm{f} \Pi_{\mathcal{Y}_\mathrm{p}} \approx \mathcal{O}_s \Xi_s$ より式 (3.99) を得る．式 (3.100) は付録の**補題 A.1** より得られる．　♠

状態 Ξ_s を得るため，$O_\Xi = \mathcal{O}_s \Xi_s$ の推定値 $\widetilde{O}_\Xi$ の特異値分解を考える．

$$\widetilde{O}_\Xi = U \Sigma V^T \approx \begin{bmatrix} U_n & U_n^\perp \end{bmatrix} \begin{bmatrix} \Sigma_n & 0 \\ 0 & 0 \end{bmatrix} \begin{bmatrix} V_n^T \\ (V_n^\perp)^T \end{bmatrix}$$

$$= U_n \Sigma_n V_n^T \tag{3.101}$$

このとき，ある相似変換行列 T を用いると，Ξ_s の近似 $\widetilde{\Xi}_s$ を

$$T^{-1} \widetilde{\Xi}_s = \Sigma_n V_n^T \tag{3.102}$$

のように記述できる．また，拡大可観測行列 $\mathcal{O}_s$ の近似 $\widetilde{\mathcal{O}}_s$ について $\widetilde{\mathcal{O}}_s T = U_n$ とでき，$\widetilde{O}_\Xi = \widetilde{\mathcal{O}}_s \widetilde{\Xi}_s$ となる．なお，座標変換の自由度は許容するので，以下 $T = I_n$ とし，$\widetilde{\mathcal{O}}_s = U_n$, $\widetilde{\Xi}_s = \Sigma_n V_n^T$ とする．

(A, K, C, Ω) の推定を行うため，いくつかの式を導出する．式 (3.34) より

$$\begin{bmatrix} \Xi_{s+1} \\ \mathcal{Y}_{s,1,N} \end{bmatrix} = \begin{bmatrix} A \\ C \end{bmatrix} \Xi_s + \begin{bmatrix} K \\ I_l \end{bmatrix} \mathcal{E}_{s,1,N} \qquad (3.103)$$

が得られる．また，式 $(3.35a)$, $(3.34c)$ より以下の式が成立する．

$$\frac{1}{N} \Xi_s \mathcal{E}_{s,1,N}^T = \frac{1}{N} \sum_{k=s}^{s+N-1} \xi(k) e^T(k) \approx 0 \qquad (3.104a)$$

$$\frac{1}{N} (\mathcal{E}_{s,1,N})(\mathcal{E}_{s,1,N})^T = \frac{1}{N} \sum_{k=s}^{s+N-1} e(k) e^T(k) \approx \Omega \qquad (3.104b)$$

したがって，式 (3.103) より以下の式を得る．

$$\begin{bmatrix} K \\ I_l \end{bmatrix} \Omega \begin{bmatrix} K \\ I_l \end{bmatrix}^T \approx \frac{1}{N} \left(\begin{bmatrix} K \\ I_l \end{bmatrix} \mathcal{E}_{s,1,N} \right) \begin{pmatrix} \cdot \end{pmatrix}^T$$

$$= \frac{1}{N} \left(\begin{bmatrix} \Xi_s \\ \mathcal{Y}_{s,1,N} \end{bmatrix} - \begin{bmatrix} A \\ C \end{bmatrix} \Xi_s \right) \begin{pmatrix} \cdot \end{pmatrix}^T \qquad (3.105)$$

ただし，$(\cdot)^T$ は対称性より明らかなため記述を省略した．

式 (3.103) と式 $(3.104a)$ の行空間の関係を図 **3.4** に示しておく．行列の行によって張られる空間を $\mathrm{span}(\cdot)$ によって表す．

確率系の係数 (A, K, C, Ω) は式 (3.103), (3.104) の関係から求める．式

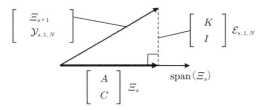

図 **3.4** 式 (3.103) と式 $(3.104a)$ の行空間の関係

(3.92) の $\mathbb{T}_1, \mathbb{T}_2$ を用いると,以下の式が成立する.

$$\Xi_s \mathbb{T}_2 = \Xi_{s+1} \mathbb{T}_1, \quad \mathcal{Y}_{s,1,N-1} = \mathcal{Y}_{s,1,N} \mathbb{T}_1$$

したがって,式 (3.103) 両辺右から $\mathbb{T}_1$ をかけると,次式が得られる.

$$\begin{bmatrix} \Xi_s \mathbb{T}_2 \\ \mathcal{Y}_{s,1,N-1} \end{bmatrix} = \begin{bmatrix} A \\ C \end{bmatrix} \Xi_s \mathbb{T}_1 + \begin{bmatrix} K \\ I_l \end{bmatrix} \mathcal{E}_{s,1,N} \mathbb{T}_1 \quad (3.106)$$

また,N が十分大きければ式 (3.104) と同様に以下の式が成立する.

$$\frac{1}{N-1} (\Xi_s \mathbb{T}_1)(\mathcal{E}_{s,1,N} \mathbb{T}_1)^T \approx 0 \quad (3.107\text{a})$$

$$\frac{1}{N-1} (\mathcal{E}_{s,1,N} \mathbb{T}_1)(\mathcal{E}_{s,1,N} \mathbb{T}_1)^T \approx \Omega \quad (3.107\text{b})$$

$\widetilde{\Xi}_s$ から係数行列を求める.式 (3.107a) より $\Xi_s \mathbb{T}_1$ と $\mathcal{E}_{s,1,N} \mathbb{T}_1$ の行空間はほぼ直交するので,式 (3.106), (3.107a) に基づいて,つぎの計算をする.

$$\begin{bmatrix} \widetilde{A} \\ \widetilde{C} \end{bmatrix} = \arg\min_{(A,C)} \left\| \begin{bmatrix} \widetilde{\Xi}_s \mathbb{T}_2 \\ \mathcal{Y}_{s,1,N-1} \end{bmatrix} - \begin{bmatrix} A \\ C \end{bmatrix} \widetilde{\Xi}_s \mathbb{T}_1 \right\|_F^2 \quad (3.108)$$

ここで,$\widetilde{A}, \widetilde{C}$ がそれぞれ A, C の推定値である.つぎに K と Ω を推定する.イノベーション形式では推定した行列の $A - KC$ が安定でなくてはならないが,式 (3.105) の左辺を Choleskey 分解しただけではそのようになるとは限らない.そこで,リッカチ方程式を解いて安定となるようにする.式 (3.32), (3.33) に基づいて $\widehat{Q}, \widehat{S}, \widehat{R}$ を推定する.すなわち

$$\begin{bmatrix} \widetilde{Q} & \widetilde{S} \\ \widetilde{S}^T & \widetilde{R} \end{bmatrix} = \frac{1}{N-1} \left(\begin{bmatrix} \widetilde{\Xi}_s \mathbb{T}_2 \\ \mathcal{Y}_{s,1,N-1} \end{bmatrix} - \begin{bmatrix} \widetilde{A} \\ \widetilde{C} \end{bmatrix} \widetilde{\Xi}_s \mathbb{T}_1 \right) (\cdot)^T \quad (3.109)$$

を $\widehat{Q}, \widehat{S}, \widehat{R}$ の近似とする.ただし,ここでも $(\cdot)^T$ は対称性より明らかなため記述を省略した.式 (3.32), (3.33) に基づき,リアプノフ方程式

$$\widetilde{X} = \widetilde{A} \widetilde{X} \widetilde{A}^T + \widetilde{Q} \quad (3.110)$$

を解いて $\widetilde{X}$ を求める.また,G, Λ_0 の近似 $\widetilde{G}$ と $\widetilde{\Lambda}_0$ を以下のように求める.

3.4 確率系の部分空間同定法

$$\widetilde{G} = \widetilde{A}\widetilde{X}\widetilde{C}^T + \widetilde{S} \tag{3.111a}$$
$$\widetilde{\Lambda}_0 = \widetilde{C}\widetilde{X}\widetilde{C}^T + \widetilde{R} \tag{3.111b}$$

さらに式 (3.29) に基づいて，つぎのリッカチ方程式の安定化解 $\widetilde{P}$ を求める．

$$\widetilde{P} = \widetilde{A}\widetilde{P}\widetilde{A}^T + (\widetilde{G} - \widetilde{A}\widetilde{P}\widetilde{C}^T)(\widetilde{\Lambda}_0 - \widetilde{C}\widetilde{P}\widetilde{C}^T)^{-1}(\widetilde{G} - \widetilde{A}\widetilde{P}\widetilde{C}^T)^T \tag{3.112}$$

式 (3.109) の非負定性と式 (3.111) より，リッカチ方程式 (3.112) の安定化解が存在する．安定化解 $\widetilde{P}$ を用いて，K と Ω の推定値を以下のように求める．

$$\widetilde{K} = (\widetilde{G} - \widetilde{A}\widetilde{P}\widetilde{C}^T)(\widetilde{\Lambda}_0 - \widetilde{C}\widetilde{P}\widetilde{C}^T)^{-1} \tag{3.113a}$$
$$\widetilde{\Omega} = \widetilde{\Lambda}_0 - \widetilde{C}\widetilde{P}\widetilde{C}^T \tag{3.113b}$$

$\widetilde{P}$ は安定化解であるため，$\widetilde{A} - \widetilde{K}\widetilde{C}$ は安定である．

確率部分空間同定法をまとめておく．確率系のイノベーション形式の係数 (A, K, C, Ω) の推定値は以下のように与えられる．ただし，相似変換の自由度は許容する．

確率部分空間同定法：

1) 式 (3.98) の LQ 分解を計算し，$O_\Xi = \mathcal{O}_s \Xi_s$ の近似 $\widetilde{O}_\Xi = \mathcal{Y}_\mathrm{f} \Pi_{\mathcal{Y}_\mathrm{p}}$ を式 (3.100) のように決める．
2) 式 (3.101) の特異値分解を計算する[†1]．
3) 式 (3.102) より，状態 Ξ_s の推定として $\widetilde{\Xi}_s$ を求める ($T = I_n$)．
4) 式 (3.108) から $\widetilde{A}$, $\widetilde{C}$ を求め，式 (3.111) より $\widetilde{G}$, $\widetilde{\Lambda}_0$ を求める．
5) リッカチ方程式 (3.112) を解いて安定化解 $\widetilde{P}$ を求め，式 (3.113) より K, Ω の推定値を求める．

[†1] 式 (3.101) の特異値分解において，大きなサイズの行列 $\widetilde{O}_\Xi$ を使用せずに，$\widetilde{O}_\Xi \widetilde{O}_\Xi^T$ の特異値分解 $\widetilde{O}_\Xi \widetilde{O}_\Xi^T = U\Sigma^2 U^T$ を計算し，つぎのように求められる．

$$T^{-1}\widetilde{\Xi}_s = \begin{bmatrix} I_n & 0 \end{bmatrix} U^T \widetilde{O}_\Xi$$

なお，この式は $\Sigma_n V_n^T = \begin{bmatrix} I_n & 0 \end{bmatrix} U^T \widetilde{O}_\Xi$ より得られる．

係数行列 (A, K, C, Ω) の推定値は $(\widetilde{A}, \widetilde{K}, \widetilde{C}, \widetilde{\Omega})$ で与えられる。

例題 3.2 確率系 (3.40) を考え，式 (3.41) の $H(z)$ は
$$H(z) = \frac{(z-0.99e^{\pm 2j})(z-0.98e^{\pm 1.4j})}{(z-0.8e^{\pm 2.1j})(z-0.8e^{\pm j})}$$
$$\times \frac{(z-0.99e^{\pm 0.6j})(z-0.9)(z+0.9)}{(z-0.8e^{\pm 1.7j})(z-0.8e^{\pm 0.98j})}$$

であるとする。ただし，$(z-0.99e^{\pm 2j})$ などは $(z-0.99e^{2j})(z-0.99e^{-2j})$ を表すとする。出力 $y(0), y(1), \cdots, y(M)$ から $y(k)$ のイノベーション形式 (3.34) を推定する。異なる白色雑音 e_t に対して 30 組の $\{y(0), y(1), \cdots, y(M)\}$ の観測を得た。$M = 3\,000$ とし，$s = 40$ として，それぞれの観測に対して確率部分空間同定法を適用した結果を図 **3.5** に示す。実線は真の $H(z)$ を表しており，点線は各データに対する推定値を表す。特異値分解において，次数の推定値をすべて $n = 8$ とした。

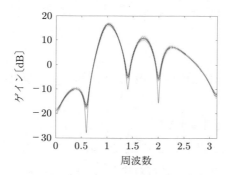

図 **3.5** $H(z)$ の推定値のゲイン線図

確率部分空間同定法では式 (3.39) の近似を行っている。$F = A - KC$ の固有値の絶対値が 1 に近いものが存在する場合，この例題のように $\Phi(z)$ の零点が複素単位円に近いものが存在する。この影響に関して，周波数が 0.6, 1.4, 2.0 の付近で推定値と真のゲイン線図がやや離れていることが図 **3.5** から読み取れる。

3.5 雑音を考慮した部分空間同定法

本節では雑音を考慮した部分空間同定法について，Ordinary MOESP 法と補助変数法を用いる MOESP 法を紹介する．

3.5.1 Ordinary MOESP 法

同定対象からの出力信号が白色雑音によって乱されて観測される場合について考える．つまり，状態空間表現 (3.1) の代わりに，出力方程式に白色雑音 $v(k)$ が付加された**出力誤差モデル**と呼ばれるつぎの状態空間表現について考える．

定義 3.8 (出力誤差モデル)

同定対象の状態空間表現が次式で記述されるとする．

$$x(k+1) = Ax(k) + Bu(k) \tag{3.114a}$$
$$y(k) = Cx(k) + Du(k) + v(k) \tag{3.114b}$$

ただし，$x(k) \in \mathbb{R}^n$, $u(k) \in \mathbb{R}^m$, $y(k) \in \mathbb{R}^l$, $A \in \mathbb{R}^{n \times n}$, $B \in \mathbb{R}^{n \times m}$, $C \in \mathbb{R}^{l \times n}$, $D \in \mathbb{R}^{l \times m}$ とし，対 (A, B) は可到達，対 (A, C) は可観測とする．$v(k) \in \mathbb{R}^l$ は平均 0，分散 $\sigma^2 I_l$ の白色雑音とする．

---

q をシフトオペレータとする（$q^{-1}x(k) = x(k-1)$ を意味する）．このとき，$G(q) = C(qI_n - A)^{-1}B + D$ とおくと式 (3.114) のシステムは

$$y(k) = G(q)u(k) + v(k) \tag{3.115}$$

のように表される．システム (3.115) を図 **3.6** に示す．

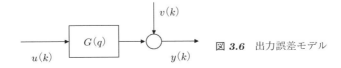

図 **3.6** 出力誤差モデル

132   3. 部分空間同定法

出力誤差モデルに対する部分空間同定問題は以下のように定式化される。

定義 3.9　(白色の観測雑音をもつ系の部分空間同定問題)

定義 3.8 で述べた条件を満たし式 (3.114) のようなモデル構造をもつ未知の離散時間線形時不変系より，有限個の入出力データ $\{(u(k),\ y(k))\}_{k=0}^{M}$ が得られたとする。ここで，M は十分大きな自然数とする。このとき，系の次数 n と係数行列 (A, B, C, D) を得られた入出力データより決定せよ。ただし，相似変換による自由度は許容する。

3.3.1 項における式 (3.49) の導出と同様の議論をたどると，出力誤差モデル (3.114) に対応する行列入出力方程式はつぎのようになる。

$$\mathcal{Y}_{0,s,N} = \mathcal{O}_s \mathcal{X}_0 + \mathcal{T}_s \mathcal{U}_{0,s,N} + \mathcal{V}_{0,s,N} \tag{3.116}$$

ここで，行列 $\mathcal{V}_{0,s,N}$ は雑音 $v(k)$ より構成されるブロックハンケル行列であり，式 (3.47) と同様に定義する。直交射影行列

$$\Pi_{\mathcal{U}_{0,s,N}}^{\perp} = I - \mathcal{U}_{0,s,N}^T \left(\mathcal{U}_{0,s,N} \mathcal{U}_{0,s,N}^T\right)^{-1} \mathcal{U}_{0,s,N}$$

を式 (3.116) の両辺右からかけると，$\mathcal{U}_{0,s,N} \Pi_{\mathcal{U}_{0,s,N}}^{\perp} = 0$ より次式を得る。

$$\mathcal{Y}_{0,s,N} \Pi_{\mathcal{U}_{0,s,N}}^{\perp} = \mathcal{O}_s \mathcal{X}_0 \Pi_{\mathcal{U}_{0,s,N}}^{\perp} + \mathcal{V}_{0,s,N} \Pi_{\mathcal{U}_{0,s,N}}^{\perp} \tag{3.117}$$

式 (3.117) の右辺を見ると，式 (3.53) の右辺と同じ項が第 1 項に現れるが，それに加えて第 2 項として雑音に由来する $\mathcal{V}_{0,s,N} \Pi_{\mathcal{U}_{0,s,N}}^{\perp}$ が残る。

白色雑音が加わるシステム (3.114) に対し，**3.3.2** 項の雑音のない場合と同じ手順を行った場合（Ordinary MOESP 法）について解析する。以下を仮定する。

Ordinary MOESP 法の仮定：

仮定 1：$u(k),\ x(k),\ v(k)$ はエルゴード性をもつ平均 0 の確率過程である。

仮定 2：入力 $u(k)$ について，つぎの極限が存在しかつ正則であると仮定する。

$$\lim_{N\to\infty} \frac{1}{N} \mathcal{U}_{0,s,N} \mathcal{U}_{0,s,N}^T \quad (3.118)$$

さらに，つぎのランク条件を仮定する．

$$\mathrm{rank}\left(\lim_{N\to\infty}\frac{1}{N}\begin{bmatrix} \mathcal{X}_0 \\ \mathcal{U}_{0,s,N} \end{bmatrix}\begin{bmatrix} \mathcal{X}_0 \\ \mathcal{U}_{0,s,N} \end{bmatrix}^T\right) = n+ms \quad (3.119)$$

仮定 3：白色雑音 $v(k)$ は，入力 $u(k)$ および初期状態 $x(0)$ とそれぞれ無相関とし，さらに以下の式を満たす．ただし，$j \geqq 0$ は任意の整数とする．

$$\lim_{N\to\infty} \frac{1}{N} \mathcal{V}_{0,s,N} \mathcal{V}_{0,s,N}^T = \sigma^2 I_{ls} \quad (3.120)$$

$$\lim_{N\to\infty} \frac{1}{N} \sum_{i=0}^{N-1} x(s+i) v^T(s+i+j) = 0 \quad (3.121)$$

仮定 3 の式 (3.121) は $v(k)$ が白色雑音であることを意味しており，式 (3.121) は状態 $x(s)$ と $v(s+j)$ が無相関であることを意味している．$\mathcal{Y}_{0,s,N} \Pi^{\perp}_{\mathcal{U}_{0,s,N}} \mathcal{Y}_{0,s,N}^T$ の特異値分解を考えるため，式 (3.57) 中の $\mathcal{X}_0 \Pi^{\perp}_{\mathcal{U}_{0,s,N}} \mathcal{X}_0^T$ に関連し

$$M_{\mathcal{X}} = \lim_{N\to\infty} \frac{1}{N} \mathcal{X}_0 \Pi^{\perp}_{\mathcal{U}_{0,s,N}} \mathcal{X}_0^T \quad (3.122)$$

を定義すると，つぎの補題が成立する．

補題 3.7

Ordinary MOESP 法の仮定のもとで，以下の式が成立する．

$$\lim_{N\to\infty} \frac{1}{N} \mathcal{V}_{0,s,N} \Pi^{\perp}_{\mathcal{U}_{0,s,N}} \mathcal{V}_{0,s,N}^T = \sigma^2 I_{ls} \quad (3.123)$$

$$\lim_{N\to\infty} \frac{1}{N} \mathcal{Y}_{0,s,N} \Pi^{\perp}_{\mathcal{U}_{0,s,N}} \mathcal{Y}_{0,s,N}^T = \mathcal{O}_s M_{\mathcal{X}} \mathcal{O}_s^T + \sigma^2 I_{ls} \quad (3.124)$$

証明 　式 (3.117) より，$\Pi^{\perp}_{\mathcal{U}_{0,s,N}}$ の対称性とべき等性に注意すると，次式を得る．

$$\begin{aligned}\mathcal{Y}_{0,s,N} \Pi^{\perp}_{\mathcal{U}_{0,s,N}} \mathcal{Y}_{0,s,N}^T &= \mathcal{O}_s \mathcal{X}_0 \Pi^{\perp}_{\mathcal{U}_{0,s,N}} \mathcal{X}_0^T \mathcal{O}_s^T + \mathcal{V}_{0,s,N} \Pi^{\perp}_{\mathcal{U}_{0,s,N}} \mathcal{X}_0^T \mathcal{O}_s^T \\ &\quad + \mathcal{O}_s \mathcal{X}_0 \Pi^{\perp}_{\mathcal{U}_{0,s,N}} \mathcal{V}_{0,s,N}^T + \mathcal{V}_{0,s,N} \Pi^{\perp}_{\mathcal{U}_{0,s,N}} \mathcal{V}_{0,s,N}^T\end{aligned}$$

入力 $u(k)$ と白色雑音 $v(k)$ との無相関性の仮定および式 (3.121) を用いると

$$\lim_{N \to \infty} \frac{1}{N} \mathcal{U}_{0,s,N} \mathcal{V}_{0,s,N}^T = 0, \quad \lim_{N \to \infty} \frac{1}{N} \mathcal{X}_0 \mathcal{V}_{0,s,N}^T = 0$$

を得るので，直交射影行列の関係 ($\Pi_{\mathcal{U}_{0,s,N}}^{\perp} = I - \mathcal{U}_{0,s,N}^T (\mathcal{U}_{0,s,N} \mathcal{U}_{0,s,N}^T)^{-1} \mathcal{U}_{0,s,N}$) に注意すると

$$\lim_{N \to \infty} \frac{1}{N} \mathcal{X}_0 \Pi_{\mathcal{U}_{0,s,N}}^{\perp} \mathcal{V}_{0,s,N}^T = \lim_{N \to \infty} \frac{1}{N} \mathcal{X}_0 \mathcal{V}_{0,s,N}^T$$
$$- \lim_{N \to \infty} \left(\frac{1}{N} \mathcal{X}_0 \mathcal{U}_{0,s,N}^T \right) \left(\frac{1}{N} \mathcal{U}_{0,s,N} \mathcal{U}_{0,s,N}^T \right)^{-1} \left(\frac{1}{N} \mathcal{U}_{0,s,N} \mathcal{V}_{0,s,N}^T \right) = 0$$

が成り立つ．同様に，以下の式より式 (3.123) が成立する．

$$\lim_{N \to \infty} \frac{1}{N} \mathcal{V}_{0,s,N} \Pi_{\mathcal{U}_{0,s,N}}^{\perp} \mathcal{V}_{0,s,N}^T = \lim_{N \to \infty} \frac{1}{N} \mathcal{V}_{0,s,N} \mathcal{V}_{0,s,N}^T$$
$$- \lim_{N \to \infty} \left(\frac{1}{N} \mathcal{V}_{0,s,N} \mathcal{U}_{0,s,N}^T \right) \left(\frac{1}{N} \mathcal{U}_{0,s,N} \mathcal{U}_{0,s,N}^T \right)^{-1} \left(\frac{1}{N} \mathcal{U}_{0,s,N} \mathcal{V}_{0,s,N}^T \right) = \sigma^2 I_{ls}$$

したがって，これらを用いると

$$\lim_{N \to \infty} \frac{1}{N} \mathcal{Y}_{0,s,N} \Pi_{\mathcal{U}_{0,s,N}}^{\perp} \mathcal{Y}_{0,s,N}^T$$
$$= \lim_{N \to \infty} \frac{1}{N} \mathcal{O}_s \mathcal{X}_0 \Pi_{\mathcal{U}_{0,s,N}}^{\perp} \mathcal{X}_0^T \mathcal{O}_s^T + \lim_{N \to \infty} \frac{1}{N} \mathcal{V}_{0,s,N} \Pi_{\mathcal{U}_{0,s,N}}^{\perp} \mathcal{V}_{0,s,N}^T$$
$$= \mathcal{O}_s M_{\mathcal{X}} \mathcal{O}_s^T + \sigma^2 I_{ls}$$

より，式 (3.124) が成立する． ♠

さらに，つぎの補題が成立する．

補題 3.8

Ordinary MOESP 法の仮定のもとで，次式が成立する．

$$\lim_{N \to \infty} \frac{1}{N} \mathcal{Y}_{0,s,N} \Pi_{\mathcal{U}_{0,s,N}}^{\perp} \mathcal{Y}_{0,s,N}^T$$
$$= \begin{bmatrix} U_n & U_n^{\perp} \end{bmatrix} \begin{bmatrix} \Sigma_n^2 + \sigma^2 I_n & 0 \\ 0 & \sigma^2 I_{ls-n} \end{bmatrix} \begin{bmatrix} U_n^T \\ \left(U_n^{\perp} \right)^T \end{bmatrix} \quad (3.125)$$

ここで，$\mathrm{rank} M_{\mathcal{X}} = n$ で，対角行列 $\Sigma_n^2 \in \mathbb{R}^{n \times n}$ は行列 $\mathcal{O}_s M_{\mathcal{X}} \mathcal{O}_s^T$ の非 0 の特異値を対角要素にもつ．さらに，U_n は次式を満たす．

3.5 雑音を考慮した部分空間同定法

$$\text{range}(U_n) = \text{range}(\mathcal{O}_s) \tag{3.126}$$

証明 式 (3.119) より**補題 A.2** を使用すると

$$\text{rank}(M_\mathcal{X}) = \text{rank}\left(\lim_{N\to\infty}\left(\frac{1}{N}\mathcal{X}_0\mathcal{X}_0^T\right.\right.$$
$$\left.\left. - \frac{1}{N}\mathcal{X}_0^T\mathcal{U}_{0,s,N}\left(\frac{1}{N}\mathcal{U}_{0,s,N}\mathcal{U}_{0,s,N}^T\right)^{-1}\frac{1}{N}\mathcal{U}_{0,s,N}\mathcal{X}_0^T\right)\right) = n$$

を得る。また，$\text{rank}(\mathcal{O}_s) = n$ より，Sylvester の不等式 (A.4) から行列 $\mathcal{O}_s M_\mathcal{X} \mathcal{O}_s^T$ のランクは n であり，$\mathcal{O}_s M_\mathcal{X} \mathcal{O}_s^T$ の特異値分解はつぎのように書ける。

$$\mathcal{O}_s M_\mathcal{X} \mathcal{O}_s^T = \begin{bmatrix} U_n & U_n^\perp \end{bmatrix} \begin{bmatrix} \Sigma_n^2 & 0 \\ 0 & 0 \end{bmatrix} \begin{bmatrix} U_n^T \\ (U_n^\perp)^T \end{bmatrix}$$

この式より明らかに式 (3.126) が成り立つことがわかる。また，この式の右辺を式 (3.124) の右辺第 1 項に代入し，式 (3.124) の右辺第 2 項について

$$\sigma^2 I_{ls} = \sigma^2 \begin{bmatrix} U_n & U_n^\perp \end{bmatrix} \begin{bmatrix} I_n & 0 \\ 0 & I_{ls-n} \end{bmatrix} \begin{bmatrix} U_n^T \\ (U_n^\perp)^T \end{bmatrix}$$

に注意すると，式 (3.125) が導出される。 ♠

この補題により，**3.3.2 項**と同じ手順，つまり，式 (3.117) 左辺の $\mathcal{Y}_{0,s,N}\Pi_{\mathcal{U}_{0,s,N}}^\perp$ の特異値分解を経て出力誤差モデル (3.114) の拡大可観測性行列を推定できる。すなわち，$\displaystyle\lim_{N\to\infty}\frac{1}{\sqrt{N}}\mathcal{Y}_{0,s,N}\Pi_{\mathcal{U}_{0,s,N}}^\perp$ の特異値分解を経て，確定系の場合とまったく同様の手順で式 (3.126) を満たすような拡大可観測性行列の推定値 U_n が求められることが保証される。データブロックハンケル行列の LQ 分解との関係について，確定系における**定理 3.1** の式 (3.63) に対応する結果を以下に示す。

補題 3.9

可到達かつ可観測なシステム (3.114) が与えられるとする。Ordinary MOESP 法の仮定のもとで，入出力データより LQ 分解 (3.62) が得られたとき，次式が成り立つ。

$$\lim_{N\to\infty} \frac{1}{N} L_{22} L_{22}^T = \mathcal{O}_s M_{\mathcal{X}} \mathcal{O}_s^T + \sigma^2 I_{ls} \tag{3.127}$$

ただし，行列 $M_{\mathcal{X}}$ は式 (3.122) により定義する．

証明 式 (3.62) を式 (3.124) 左辺に代入して計算すると直ちに証明される．♠

式 (3.124)，(3.125) および式 (3.127) より，次式が導かれる．

$$\lim_{N\to\infty} \frac{1}{\sqrt{N}} L_{22} = \begin{bmatrix} U_n & U_n^\perp \end{bmatrix} \begin{bmatrix} \sqrt{\Sigma_n^2 + \sigma^2 I_n} & 0 \\ 0 & \sigma I_{ls-n} \end{bmatrix} \begin{bmatrix} V_n^T \\ (V_n^\perp)^T \end{bmatrix}$$
$$= U_n(\sqrt{\Sigma_n^2 + \sigma^2 I_n}) V_n^T + \sigma U_n^\perp (V_n^\perp)^T \tag{3.128}$$

この式より，対角行列 Σ_n の対角要素の最小値が雑音の標準偏差 σ よりも十分大きい（信号対雑音比が十分大きい）とき，優勢な特異値に対応する左特異ベクトルからなる行列 U_n によって拡大可観測性行列が相似変換の自由度の範囲内で推定できる．つまり，特異値分解より同定対象の次数 n が正しく決定できれば，白色の出力誤差は拡大可観測性行列の推定結果に（理論上は）影響しない．以上をまとめたものが **Ordinary MOESP 法**である．

つぎの例題では，数値例を用いて出力誤差項の存在が部分空間同定に与える影響に対し，行列 L_{22} の特異値分解を用いた次数の決定について考察する．

例題 3.3 つぎの3次のSISO系を考える．サンプル間隔は0.01 s とする．

$$x(k+1) = Ax(k) + Bu(k), \quad y(k) = C_x(x) \tag{3.129a}$$

$$A = \begin{bmatrix} 0.98 & 2 & 0.74 \\ 0 & -0.49 & 1 \\ 0 & -0.72 & -0.49 \end{bmatrix}, \quad B = \begin{bmatrix} 0 \\ 0 \\ 0.85 \end{bmatrix}, \quad C = \begin{bmatrix} 0.57 \\ 0.72 \\ 0.27 \end{bmatrix}^T$$
$$\tag{3.129b}$$

システム (3.129) の入力 $u(k)$ に，図 **3.7** 上段に示す平均 0，分散 1 の白色信号を加えると，同図中段に示すような（雑音のない確定的な）出力 $y(k)$ が得られる．時刻 0 s から 10 s まで 1001 点の入出力データを用いて，

3.5 雑音を考慮した部分空間同定法

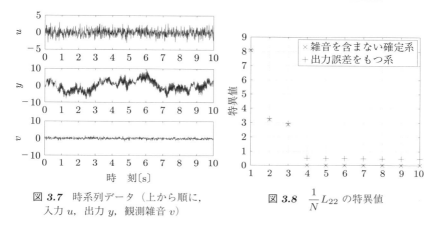

図 3.7 時系列データ（上から順に，入力 u，出力 y，観測雑音 v）

図 3.8 $\frac{1}{N}L_{22}$ の特異値

入出力データブロックハンケル行列 $\mathcal{U}_{0,s,N}$，$\mathcal{Y}_{0,s,N}$ を構成する．$s = 10$ としたとき，ブロックハンケル行列の列数はそれぞれ $N = 992$ となる．

QR 分解 (3.62) より行列 L_{22} を求める．$\frac{1}{N}L_{22}$ の特異値の計算結果を，図 3.8 中に「×」の記号を用いて図示する．システム (3.129) の次数に対応する 3 個の優勢な特異値を除いて，他の特異値はすべて 0 となっている．

つぎに，出力誤差モデルとして，出力 (3.129b) に図 3.7 下段に示すような平均 0，分散 0.25（標準偏差 0.5）の白色雑音 $v(k)$ が加わって観測される場合を考える．つまり，前出の雑音を含まない出力信号 $y(k)$ の代わりに $y(k) + v(k)$ を用いる[†1]．なお，この数値例において $y(k)$ と $v(k)$ の信号対雑音比は約 16dB である．先ほどと同様の手順により，1001 点の入出力データを用いて $s = 10$ として入出力データブロックハンケル行列をつくり，QR 分解より L_{22} を求める．$\frac{1}{N}L_{22}$ の特異値の計算結果を，図 3.8 中に「+」の記号を用いて図示する．式 (3.128) のとおり，システム (3.129) の次数に対応する 3 個の優勢な特異値は，$\sqrt{\Sigma_n^2 + \sigma^2 I_n}$ に従って，雑音のない場合よりわずかに大きくなっている．また，他の特異値については，白色雑音 $v(k)$ の標準偏差 0.5 とほぼ等しい大きさ分だけ，雑音のない場合よりも大きくなっている．このように出力に白色の観測雑

[†1] この $y(k) + v(k)$ は出力誤差モデル (3.114b) における「$y(k)$」に相当する．

音が加わる場合，式 (3.128) はフルランクとなり雑音部分に対応する 0 でない特異値が現れる．しかし，$y(k)$ と $v(k)$ について十分な信号対雑音比であれば，図 3.8 のような特異値の分布から同定モデルの次数を決定することができる．

例題 3.4 Ordinary MOESP 法の有効性を示すために，**例題 3.3** と同じ 3 次の SISO 系 (3.129) を用いた数値シミュレーションの結果を紹介する．初期状態を 0 として，入力 $u(k)$ として平均 0，分散 1 の白色信号を加えて時系列データ $y(k)$ を生成する．平均 0，分散 0.25（標準偏差 0.5）の白色雑音 $v(k)$ が出力誤差として出力に加わって観測されるとする．このとき，$y(k)$ と $v(k)$ の信号対雑音比は平均するとおおむね 15 dB 前後の値となる．

データ数を 1 001 点，$s = 10$ として，100 回のランダムシミュレーションを行う．図 3.9 に，Ordinary MOESP 法を用いて同定された行列 A の固有値の一つを示す．なお，大きな十字は真値，重ね打ちされた × は 100 回のシミュレーションによって同定された行列 A の固有値を表している．図より明らかに，行列 A の固有値が正しく同定されていることがわかる．

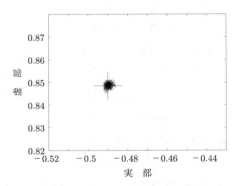

図 3.9 Ordinary MOESP 法による行列 A の一つの固有値の推定値

3.5.2 補助変数の導入

Ordinary MOESP 法では，**定義 3.8** における出力誤差モデルの観測雑音 $v(k)$ について「平均 0，分散 $\sigma^2 I_l$ の白色雑音」という強い仮定を課していた．なぜ

なら，Ordinary MOESP 法の理論的根拠である**補題 3.7** の式 (3.123), (3.124) に注目すると，この補題の成立にとって重要な前提条件である式 (3.121) が $v(k)$ の白色性より導出されるからである．ここでは Ordinary MOESP 法の限界について述べ，補助変数を導入する．

〔**1**〕 **Ordinary MOESP 法の限界について** 定義 **3.8** の仮定を満たさない場合について考えるために，有色な観測雑音をもつ出力誤差モデルで記述される同定対象に Ordinary MOESP 法を適用する．

定義 3.10 (有色な観測雑音をもつ出力誤差モデル)
 同定対象の状態空間表現が次式で記述されるとする．

$$x(k+1) = Ax(k) + Bu(k) \qquad (3.130\text{a})$$

$$y(k) = Cx(k) + Du(k) + v(k) \qquad (3.130\text{b})$$

ただし，$x(k) \in \mathbb{R}^n$, $u(k) \in \mathbb{R}^m$, $y(k) \in \mathbb{R}^l$, $A \in \mathbb{R}^{n \times n}$, $B \in \mathbb{R}^{n \times m}$, $C \in \mathbb{R}^{l \times n}$, $D \in \mathbb{R}^{l \times m}$ とし，対 (A, B) は可到達，対 (A, C) は可観測とする．$v(k) \in \mathbb{R}^l$ は平均 0 の有色雑音とし入力 $u(k)$ と無相関とし

$$\mathrm{E}\left[v(i)v^T(j)\right] = \lim_{N \to \infty} \frac{1}{N} \sum_{k=0}^{N-1} v(k+i)v^T(k+j) = R_{i-j}$$

を満たすとする．ただし，i, j は任意の整数とする．

このモデルに対する部分空間同定問題は以下のように定式化される．

定義 3.11 (有色な観測雑音をもつ系の部分空間同定問題)
 定義 3.10 で述べた条件を満たし式 (3.130) のようなモデル構造をもつ未知の離散時間線形時不変系より，有限個の入出力データ $\{(u(k), y(k))\}_{k=0}^{M}$ が得られたとする．ここで，M は十分大きな自然数とする．このとき，系の次数 n と係数行列 (A, B, C, D) を得られた入出力データより決定せよ．

ただし，相似変換による自由度は許容する。

有色な観測雑音をもつ出力誤差モデル (3.130) に対応する行列入出力方程式は，式 (3.116) と同様に次式のようになる。

$$\mathcal{Y}_{0,s,N} = \mathcal{O}_s \mathcal{X}_0 + \mathcal{T}_s \mathcal{U}_{0,s,N} + \mathcal{V}_{0,s,N} \tag{3.131}$$

しかし，観測雑音のデータブロックハンケル行列 $\mathcal{V}_{0,s,N}$ に関して，式 (3.121) の代わりに

$$\lim_{N \to \infty} \frac{1}{N} \mathcal{V}_{0,s,N} \mathcal{V}_{0,s,N}^T = \begin{bmatrix} R_0 & R_1^T & \cdots & R_{s-1}^T \\ R_1 & R_0 & & R_{s-2}^T \\ \vdots & & \ddots & \vdots \\ R_{s-1} & R_{s-2} & \cdots & R_0 \end{bmatrix}$$
$$= \mathcal{R} \tag{3.132}$$

を満たすことに注意する。式 (3.124) の導出と同様に次式を得る。

$$\lim_{N \to \infty} \frac{1}{N} \mathcal{Y}_{0,s,N} \Pi_{\mathcal{U}_{0,s,N}}^{\perp} \mathcal{Y}_{0,s,N}^T = \mathcal{O}_s M_{\mathcal{X}} \mathcal{O}_s^T + \mathcal{R} \tag{3.133}$$

ただし，右辺第2項の $\mathcal{R}$ は式 (3.132) で定義する。ここで，一般に行列 $\mathcal{R}$ は対角行列ではないことを強調しておく。便宜上，式 (3.133) の特異値分解を次式のように表記する。ただし，$\Sigma_1 \in \mathbb{R}^{n \times n}$ とする。

$$\mathcal{O}_s M_{\mathcal{X}} \mathcal{O}_s^T + \mathcal{R} = \begin{bmatrix} \widetilde{U}_n & \widetilde{U}_n^{\perp} \end{bmatrix} \begin{bmatrix} \Sigma_1 & 0 \\ 0 & \Sigma_2 \end{bmatrix} \begin{bmatrix} \widetilde{U}_n^T \\ \left(\widetilde{U}_n^{\perp}\right)^T \end{bmatrix}$$

いま，$\mathcal{R}$ が対角行列でないため，特殊な場合を除き，一般に range($\mathcal{O}_s$) $\neq$ range($\widetilde{U}_n$) となることは明らかである。なお，つぎの**例題 3.5** で示すとおり，$\widetilde{U}_n$ から推定される同定モデルの係数行列はバイアス誤差をもつことが知られている。

例題 3.5 例題 3.4 の結果と比較するため，例題 3.3 と同じ3次の SISO 系 (3.129) を用いた数値シミュレーションの結果を紹介する。初期状態を 0 として，入力 $u(k)$ として平均 0，分散 1 の白色信号を加えて時系列デー

タ $y(k)$ を生成する．有色の出力誤差 $v(k)$ を次式のように生成する．

$$v(k) = \frac{q^{-1} - 0.5q^{-2}}{1 + 0.5q^{-1} + 0.96q^{-2}} e(k) \tag{3.134}$$

また，$e(k)$ は平均 0，分散 0.01（標準偏差 0.1）の白色雑音とする．このとき，$y(k)$ と $v(k)$ の信号対雑音比は平均するとおおむね 15 dB 程度となる．

データ数を 1 001 点，$s = 10$ として，100 回のランダムシミュレーションを行う．図 **3.10** に，Ordinary MOESP 法を用いて同定された行列 A の固有値の一つを示す．なお，大きな十字は真値，重ね打ちされた × は 100 回のシミュレーションによって同定された行列 A の固有値を表している．図より，行列 A の固有値の推定値にバイアスが観測される．

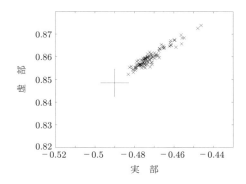

図 **3.10** Ordinary MOESP 法による行列 A の一つの固有値の推定値

以上により，同定対象が出力誤差モデルによって記述され，さらに，出力誤差が白色であるという条件が Ordinary MOESP 法にとってきわめて重要である．その仮定が満たされないとき，同定結果はバイアス誤差をもつ．

〔**2**〕 **補助変数行列**　同定対象が有色の観測雑音をもつ場合においても偏りのない推定を求める有効な手法の一つとして，補助変数の導入を行う．

同定対象を**定義 3.10** の有色な観測雑音をもつ出力誤差モデルで記述できる場合を考える．このとき，式 (3.116) と形式的にはまったく同様に

$$\mathcal{Y}_\mathrm{f} = \mathcal{O}_s \mathcal{X}_s + \mathcal{T}_s \mathcal{U}_\mathrm{f} + \mathcal{V}_\mathrm{f} \tag{3.135}$$

が得られる．ここで，記法 $\mathcal{Y}_\mathrm{f}$, $\mathcal{U}_\mathrm{f}$ の定義は式 (3.74) と式 (3.75) を参照のこと．
式 (3.135) の両辺左から直交射影行列 $\Pi_{\mathcal{U}_\mathrm{f}}^\perp$ をかけると

$$\mathcal{Y}_\mathrm{f}\Pi_{\mathcal{U}_\mathrm{f}}^\perp = \mathcal{O}_s\mathcal{X}_s\Pi_{\mathcal{U}_\mathrm{f}}^\perp + \mathcal{V}_\mathrm{f}\Pi_{\mathcal{U}_\mathrm{f}}^\perp \tag{3.136}$$

が式 (3.117) と同様に導かれる．前述の議論をふまえると，バイアスのない同定モデルを得るためには式 (3.136) の右辺第 2 項 $\mathcal{V}_\mathrm{f}\Pi_{\mathcal{U}_\mathrm{f}}^\perp$ をうまく取り除くことが望まれる．そこで，あるベクトル系列 $\{\zeta(k)\}_{k=0}^{N-1}$ が存在して

$$\lim_{N\to\infty}\frac{1}{N}\sum_{k=0}^{N-1}v(k+s+j)\zeta^T(k) = 0 \tag{3.137}$$

を満たすとする $(j=0,\cdots,s-1)$．ここで $Z = \begin{bmatrix} \zeta(0) & \cdots & \zeta(N-1) \end{bmatrix}$
と定義したとき，式 (3.137) は次式を意味する（付録 **A.2.4** 項参照）．

$$\lim_{N\to\infty}\frac{1}{N}\mathcal{V}_\mathrm{f}Z^T = 0 \tag{3.138}$$

さらに，Z は次式を満たすとする[†1]．

$$\mathrm{rank}\left(\lim_{N\to\infty}\frac{1}{N}\begin{bmatrix}\mathcal{X}_s\\\mathcal{U}_\mathrm{f}\end{bmatrix}\begin{bmatrix}Z^T & \mathcal{U}_\mathrm{f}^T\end{bmatrix}\right) = n+ms \tag{3.139}$$

このような性質をもつ $\zeta(k)$, Z をそれぞれ**補助変数** (instrumental variable),
補助変数行列 (instrumental-variable matrix) と呼ぶ．式 (3.138), (3.139) より，簡単な計算を経て以下の式が導かれる（付録 **A.2.4** 項参照）．

$$\lim_{N\to\infty}\frac{1}{N}\mathcal{V}_\mathrm{f}\Pi_{\mathcal{U}_\mathrm{f}}^\perp Z^T = 0 \tag{3.140}$$

$$\mathrm{rank}\left(\lim_{N\to\infty}\frac{1}{N}\mathcal{X}_s\Pi_{\mathcal{U}_\mathrm{f}}^\perp Z^T\right) = n \tag{3.141}$$

[†1] 式 (3.139) は，補助変数を用いる部分空間同定法の一致性に関する「決定的な関係式 (critical relation)」である[150]．厳密には，このランク条件を満たすには，入力信号の PE 性や入力と雑音間の無相関性の仮定だけでは不十分である．しかし，実用上，特に PI-MOESP 法において，入力に関する PE 性と雑音との無相関性の条件を満たしさえすれば，きわめて稀な場合を除くほとんどの場合で式 (3.139) を満足する．

3.5 雑音を考慮した部分空間同定法

式 (3.136) の両辺右から補助変数行列 Z^T をかけ，さらに両辺を N で割り N について極限をとると，式 (3.140) より次式を得る．

$$\lim_{N\to\infty} \frac{1}{N} \mathcal{Y}_\mathrm{f} \Pi_{\mathcal{U}_\mathrm{f}}^\perp Z^T = \lim_{N\to\infty} \frac{1}{N} \mathcal{O}_s \mathcal{X}_s \Pi_{\mathcal{U}_\mathrm{f}}^\perp Z^T \tag{3.142}$$

さらに，式 (3.141) より Sylvester の不等式を用いると

$$\mathrm{rank}\left(\lim_{N\to\infty} \frac{1}{N} \mathcal{Y}_\mathrm{f} \Pi_{\mathcal{U}_\mathrm{f}}^\perp Z^T\right) = \mathrm{rank}\left(\lim_{N\to\infty} \frac{1}{N} \mathcal{O}_s \mathcal{X}_s \Pi_{\mathcal{U}_\mathrm{f}}^\perp Z^T\right) = n$$

となるため，次式を得る．

$$\mathrm{range}\left(\lim_{N\to\infty} \frac{1}{N} \mathcal{Y}_\mathrm{f} \Pi_{\mathcal{U}_\mathrm{f}}^\perp Z^T\right) = \mathrm{range}(\mathcal{O}_s) \tag{3.143}$$

以上より，補助変数行列の導入により，行列 $\mathcal{Y}_\mathrm{f} \Pi_{\mathcal{U}_\mathrm{f}}^\perp Z^T$ の特異値分解を経て，拡大可観測性行列 $\mathcal{O}_s$ の漸近的にバイアスのない推定値が得られることがわかる．

補助変数行列を含む LQ 分解を考える．

$$\begin{bmatrix} \mathcal{U}_\mathrm{f} \\ Z \\ \mathcal{Y}_\mathrm{f} \end{bmatrix} = \begin{bmatrix} L_{11} & & \\ L_{21} & L_{22} & \\ L_{31} & L_{32} & L_{33} \end{bmatrix} \begin{bmatrix} Q_1^T \\ Q_2^T \\ Q_3^T \end{bmatrix} \tag{3.144}$$

このとき，つぎの補題を得る．

補題 3.10

LQ 分解 (3.144) が与えられたとき，次式が成立する．

$$\mathcal{Y}_\mathrm{f} \Pi_{\mathcal{U}_\mathrm{f}}^\perp Z^T = L_{32} L_{22}^T \tag{3.145}$$

<u>証明</u>　付録 **A.2.5** 項参照．　♠

式 (3.143) と式 (3.145) より，次式が導かれる．

$$\mathrm{range}\left(\lim_{N\to\infty} \frac{1}{N} L_{32} L_{22}^T\right) = \mathrm{range}(\mathcal{O}_s) \tag{3.146}$$

したがって，LQ 分解 (3.144) から得られる行列 $L_{32}L_{22}^T$ の特異値分解から，拡大可観測性行列 $\mathcal{O}_s$ の漸近的にバイアスのない推定値が得られる．

3.5.3 PI-MOESP 法

もし入力信号が十分な励起信号であり，入力 $u(k)$ と雑音 $v(k)$ の無相関性を考慮すると，実用的な補助変数行列としてつぎの Z が有力な候補となる．

$$Z = \mathcal{U}_\mathrm{p} \tag{3.147}$$

Verhaegen は，補助変数を用いる MOESP 法の一つとして，この補助変数に用いる **PI-MOESP**（Past-Input MOESP）**法**を提案した[131]．

具体的に，ここでは入力信号の持続的励振条件として次式を仮定する．

$$\mathrm{rank}\left(\lim_{N\to\infty} \frac{1}{N} \begin{bmatrix} \mathcal{U}_\mathrm{p}\mathcal{U}_\mathrm{p}^T & \mathcal{U}_\mathrm{p}\mathcal{U}_\mathrm{f}^T \\ \mathcal{U}_\mathrm{f}\mathcal{U}_\mathrm{p}^T & \mathcal{U}_\mathrm{f}\mathcal{U}_\mathrm{f}^T \end{bmatrix}\right) = 2ms \tag{3.148}$$

したがって，**補題 A.2** を使用すると

$$\mathrm{rank}\left(\lim_{N\to\infty} \frac{1}{N}\mathcal{U}_\mathrm{p}\Pi_{\mathcal{U}_\mathrm{f}}^\perp \mathcal{U}_\mathrm{p}^T\right) = ms \tag{3.149}$$

が導かれる．つまり，式 (3.149) の行列は可逆であることがわかる．このとき，拡大可観測性行列の推定に関してつぎの補題を得る．

補題 3.11

同定対象が式 (3.130) のように表されるとする．また，**定義 3.10** に述べられたとおり，入力信号について雑音との無相関性を仮定する．さらに，持続的励振条件 (3.148) を仮定する．補助変数行列として $Z = \mathcal{U}_\mathrm{p}$ と選ぶとき，式 (3.139) が成り立つと仮定する．つまり，次式が成立するとする．

$$\mathrm{rank}\left(\lim_{N\to\infty} \frac{1}{N} \begin{bmatrix} \mathcal{X}_s \\ \mathcal{U}_\mathrm{f} \end{bmatrix} \begin{bmatrix} \mathcal{U}_\mathrm{p}^T & \mathcal{U}_\mathrm{f}^T \end{bmatrix}\right) = n + ms \tag{3.150}$$

式 (3.144) に従って，LQ 分解が次式のとおりに得られたとする．

3.5 雑音を考慮した部分空間同定法

$$\begin{bmatrix} \mathcal{U}_\mathrm{f} \\ \mathcal{U}_\mathrm{p} \\ \mathcal{Y}_\mathrm{f} \end{bmatrix} = \begin{bmatrix} L_{11} & & \\ L_{21} & L_{22} & \\ L_{31} & L_{32} & L_{33} \end{bmatrix} \begin{bmatrix} Q_1^T \\ Q_2^T \\ Q_3^T \end{bmatrix} \qquad (3.151)$$

このとき，拡大可観測性行列について次式が成立する．

$$\mathrm{range}\left(\lim_{N\to\infty} \frac{1}{\sqrt{N}} L_{32}\right) = \mathrm{range}(\mathcal{O}_s) \qquad (3.152)$$

証明 付録 **A.2.6** 項参照． ♠

PI-MOESP 法の同定手順をまとめておく．そのため，LQ 分解 (3.151) より

$$\mathcal{Y}_\mathrm{f} \mathcal{U}_\mathrm{f}^T \left(\mathcal{U}_\mathrm{f} \mathcal{U}_\mathrm{f}^T\right)^{-1} = L_{31} L_{11}^{-1} \qquad (3.153)$$

が成立することを用いる（章末の問題（7）参照）．**補題 3.11** の条件をすべて満たすとき，有色雑音をもつ出力誤差モデル (3.130) で記述される同定対象について，相似変換による自由度のもとで (A, B, C, D) は以下の手順によって同定できる．

PI-MOESP 法：

1) 同定実験により得られた入出力データ $\{(u(k), y(k))\}$ を用いて，式 (3.74) に従って，出力データブロックハンケル行列 $\mathcal{Y}_\mathrm{f}$ を準備し，同様に入力データブロックハンケル行列 $\mathcal{U}_\mathrm{p}$ および $\mathcal{U}_\mathrm{f}$ を構成する．これらに基づいて，LQ 分解 (3.151) を実行する．

2) **補題 3.11** より，式 (3.151) 中の行列 L_{32} を特異値分解する．行列 L_{32} の特異値のうち優勢なものの個数を同定モデルの次数として決定する．いま，次数を n とすると，優勢な n 個の特異値に対応する左特異ベクトルからなる行列 U_n を，拡大可観測性行列 $\mathcal{O}_s$ の推定値とする．

3) 確定実現アルゴリズム（**3.2.1** 項）と同様，U_n から (A, C) の推定値を相似変換の自由度の範囲内で求める．

4) 式 (3.67) を次式に置き換える以外は確定系の MOESP 法（**3.3.2** 項）と同様，係数行列 (B, D) の推定値を相似変換の自由度の範囲内で求める．

$$(U_n^\perp)^T L_{31} L_{11}^{-1} = \begin{bmatrix} \beta_1 & \beta_2 & \cdots & \beta_s \end{bmatrix} \qquad (3.154)$$

PI-MOESP 法について例題を示しておく。

例題 3.6 **例題 3.5** とまったく同じ設定で，PI-MOESP 法を用いて有色な観測雑音をもつ出力誤差モデルを同定する。ブロックハンケル行列のブロック行数は $s = 10, 30$ とし，各 s の値に対して，それぞれデータ数を 1001 点として 100 回のランダムシミュレーションを実施する。

行列 A の一つの固有値について，$s = 10, 30$ に対する推定結果をそれぞれ図 **3.11** と図 **3.12** に図示する。どちらにおいても，**例題 3.5** のようなバイアス誤差を生じておらず，有色雑音をもつシステムの同定に PI-MOESP 法が有効であることを示している。

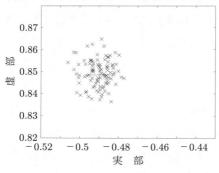 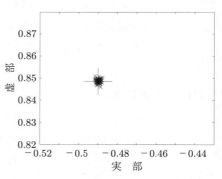

図 **3.11** PI-MOESP 法による行列 A の一つの固有値の推定値。$s = 10$ とした。

図 **3.12** PI-MOESP 法による行列 A の一つの固有値の推定値。$s = 30$ とした。

ブロック行数 s の選択に関して，$s = 10$ における推定値のばらつき具合を Ordinary MOESP 法（**例題 3.4**）と比較すると，図 **3.11** における推定値のばらつきが図 **3.9** のそれに比してかなり大きい。このことから，補助変数を使って有色雑音によるバイアス誤差に対処する代償として，推定精度を犠牲にしていると解釈できる。また，図 **3.12** より，s を 30 程度までに大きくすることで，本数値シミュレーションにおける推定精度を図 **3.9**

のばらつき程度までに向上できることがわかる。

3.5.4 PO-MOESP 法

補助変数を用いる MOESP 法のうち，補助変数行列として

$$Z = \begin{bmatrix} \mathcal{U}_{\mathrm{p}} \\ \mathcal{Y}_{\mathrm{p}} \end{bmatrix} \tag{3.155}$$

を利用する方法は，**PO-MOESP**（Past-Outputs MOESP）法と呼ばれる。PO-MOESP 法は，定義 **3.12** のように白色のプロセス雑音と白色の観測雑音をもつ状態空間モデルで同定対象が記述できる場合に有効である[132), 151)]。

定義 3.12 （プロセス雑音と観測雑音をもつ状態空間モデル）
同定対象の状態空間表現が次式で記述されるとする。

$$x(k+1) = Ax(k) + Bu(k) + w(k) \tag{3.156a}$$
$$y(k) = Cx(k) + Du(k) + v(k) \tag{3.156b}$$

ただし，$x(k) \in \mathbb{R}^n$, $u(k) \in \mathbb{R}^m$, $y(k) \in \mathbb{R}^l$, $A \in \mathbb{R}^{n \times n}$, $B \in \mathbb{R}^{n \times m}$, $C \in \mathbb{R}^{l \times n}$, $D \in \mathbb{R}^{l \times m}$ とする。$w(k) \in \mathbb{R}^n$, $v(k) \in \mathbb{R}^l$ はそれぞれ平均 0 の白色雑音で，次式を満たす。

$$\mathrm{E}\left[\begin{bmatrix} w(i) \\ v(i) \end{bmatrix} \begin{bmatrix} w^T(j) & v^T(j) \end{bmatrix}\right] = \begin{bmatrix} Q & S \\ S^T & R \end{bmatrix} \delta_{ij} \geqq 0 \tag{3.157}$$

ここで，δ_{ij} はクロネッカーのデルタを表す。さらに，$w(k)$, $v(k)$ はそれぞれ入力 $u(k)$ と無相関と仮定する。対 $(A, [B \ Q^{1/2}])$ は可到達，対 (A, C) は可観測とする。

このモデルに対する部分空間同定問題は以下のように定式化される。

定義 3.13 (プロセス雑音と観測雑音をもつ系の部分空間同定問題)

定義 3.12 で述べた条件を満たし式 (3.156) のようなモデル構造をもつ未知の離散時間線形時不変系より，有限個の入出力データ $\{(u(k), y(k))\}_{k=0}^{M}$ が得られたとする．ここで，M は十分大きな自然数とする．このとき，系の次数 n と係数行列 (A, B, C, D) を得られた入出力データより決定せよ．ただし，相似変換による自由度は許容する．

PO-MOESP 法に関する理論的詳細について，PI-MOESP 法のほぼ繰り返しになるうえに煩雑な説明を必要とすることから，本書では要点だけを述べる．詳細について興味のある読者は，例えば Verhaegen と Verdult による著書[151] を参照されたい．

プロセス雑音と観測雑音をもつ状態空間モデル (3.156) に対応する行列入出力方程式は，次式で与えられる．

$$\mathcal{Y}_\mathrm{f} = \mathcal{O}_s \mathcal{X}_s + \mathcal{T}_s \mathcal{U}_\mathrm{f} + \mathcal{S}_s \mathcal{W}_\mathrm{f} + \mathcal{V}_\mathrm{f} \tag{3.158}$$

ここで，$\mathcal{S}_s$ をつぎのように定義する．

$$\mathcal{S}_s = \begin{bmatrix} 0 & & & \\ C & 0 & & \\ \vdots & \ddots & \ddots & \\ CA^{s-2} & \cdots & C & 0 \end{bmatrix}$$

また，プロセス雑音 $w(k)$ より構成されるブロックハンケル行列 $\mathcal{W}_\mathrm{f}$ を式 (3.74) と同様に定義する．これまでの議論と同様，式 (3.158) の右辺第 1 項に含まれる拡大可観測性行列の列ベクトル空間を抽出するために，入力に関する適切な持続的励振条件，入力と雑音の無相関性と，補助変数行列 $Z = \begin{bmatrix} \mathcal{U}_\mathrm{p}^T & \mathcal{Y}_\mathrm{p}^T \end{bmatrix}^T$ を考慮した式 (3.139) に対応するつぎの関係式を仮定する．

$$\mathrm{rank}\left(\lim_{N \to \infty} \frac{1}{N} \begin{bmatrix} \mathcal{X}_s \\ \mathcal{U}_\mathrm{f} \end{bmatrix} \begin{bmatrix} \mathcal{Y}_\mathrm{p}^T & \mathcal{U}_\mathrm{p}^T & \mathcal{U}_\mathrm{f}^T \end{bmatrix} \right) = n + ms \tag{3.159}$$

3.5 雑音を考慮した部分空間同定法

PO-MOESP 法の同定手順を紹介する。同定対象には適切な持続的励振条件を満たす入力信号が印加されているとし，**定義 3.12** 中の雑音の白色性および入力と雑音との無相関性の仮定を満たすとする。さらに，式 (3.159) を満たすとする。このとき，LQ 分解 (3.160) より

$$\mathcal{Y}_\mathrm{f} \mathcal{U}_\mathrm{f}^T \left(\mathcal{U}_\mathrm{f} \mathcal{U}_\mathrm{f}^T \right)^{-1} = L_{31} L_{11}^{-1}$$

に注意すると，プロセス雑音と観測雑音をもつ状態空間モデル (3.156) で記述される同定対象について，係数行列 (A, B, C, D) は以下の手順で同定することができる。ただし，相似変換による自由度を許容する。

PO-MOESP 法：

1) 同定実験により得られた入出力データ $\{(u(k), y(k))\}$ を用いて，式 (3.74) の定義にしたがって，出力データブロックハンケル行列 $\mathcal{Y}_\mathrm{p}$ および $\mathcal{Y}_\mathrm{f}$ を準備し，同様に入力データブロックハンケル行列 $\mathcal{U}_\mathrm{p}, \mathcal{U}_\mathrm{f}$ を構成する。さらに，つぎの LQ 分解を実行する。

$$\begin{bmatrix} \mathcal{U}_\mathrm{f} \\ Z \\ \mathcal{Y}_\mathrm{f} \end{bmatrix} = \begin{bmatrix} \mathcal{U}_\mathrm{f} \\ \mathcal{U}_\mathrm{p} \\ \mathcal{Y}_\mathrm{p} \\ \mathcal{Y}_\mathrm{f} \end{bmatrix} = \begin{bmatrix} L_{11} & & \\ L_{21} & L_{22} & \\ L_{31} & L_{32} & L_{33} \end{bmatrix} \begin{bmatrix} Q_1^T \\ Q_2^T \\ Q_3^T \end{bmatrix} \quad (3.160)$$

2) 式 (3.160) 中の行列 L_{32} を特異値分解する。行列 L_{32} の特異値のうち優勢なものの個数を同定モデルの次数として決定する。いま，次数を n とすると，優勢な n 個の特異値に対応する左特異ベクトルからなる行列 U_n を，拡大可観測性行列 $\mathcal{O}_s$ の推定値とする。

3) 確定実現アルゴリズム (**3.2.1** 項) と同様，U_n から (A, C) の推定値を相似変換の自由度の範囲内で求める。

4) 式 (3.67) を次式に置き換える以外は確定系の MOESP 法 (**3.3.2** 項) と同様，係数行列 (B, D) の推定値を相似変換の自由度の範囲内で求める。

$$(U_n^\perp)^T L_{31} L_{11}^{-1} = \begin{bmatrix} \beta_1 & \beta_2 & \cdots & \beta_s \end{bmatrix} \quad (3.161)$$

3.5.5 雑音モデルの構造による同定法の選択

〔1〕 **モデル構造**　　PI-MOESP 法と PO-MOESP 法のどちらを選択すべきかはモデル構造の選択に関わる問題であるため，モデル構造について述べる。**定義 3.12** の状態空間モデル (*3.156*) を，確定的サブシステムと確率的サブシステムに分解しよう。このため，モデル (*3.156*) の状態 $x(k)$ を確定的な部分 $\bar{x}(k)$ と確率的な部分 $\xi(k)$ との重ね合わせで表す。つまり

$$x(k) = \bar{x}(k) + \xi(k) \tag{3.162}$$

のように表す。このとき，確定的サブシステムの状態空間モデル

$$\bar{x}(k+1) = A\bar{x}(k) + Bu(k) \tag{3.163a}$$
$$\bar{y}(k) = C\bar{x}(k) + Du(k) \tag{3.163b}$$

と，確率的サブシステムの状態空間モデル

$$\xi(k+1) = A\xi(k) + w(k) \tag{3.164a}$$
$$\eta(k) = C\xi(k) + v(k) \tag{3.164b}$$

がそれぞれ得られる。$y(k) = \bar{y}(k) + \eta(k)$ に注意すると，式 (*3.163a*), (*3.163b*), (*3.164b*) よりつぎの出力誤差モデルが導出される。

$$\bar{x}(k+1) = A\bar{x}(k) + Bu(k) \tag{3.165a}$$
$$y(k) = C\bar{x}(k) + Du(k) + \eta(k) \tag{3.165b}$$

すなわち，プロセス雑音と観測雑音をもつ状態空間モデル (*3.156*) は，式 (*3.164*) で生成される有色雑音 $\eta(k)$ をもつ出力誤差モデルの（特別な）一つと解釈することができる。一方，確率的サブシステムの状態空間モデル (*3.164*) について，さらに有色雑音 $\eta(k)$ をイノベーション形式で表現するとつぎのモデルで表される。

$$\bar{\xi}(k+1) = A\bar{\xi}(k) + Ke(k) \tag{3.166a}$$
$$\eta(k) = C\bar{\xi}(k) + e(k) \tag{3.166b}$$

式 (3.166) を式 (3.165) に代入し，状態 $x(k)$ を $x(k) = \bar{x}(k) + \bar{\xi}(k)$ と新たに定義し直すとつぎの**イノベーション形式**とよばれる状態空間モデルが得られる。

定義 3.14 (イノベーション形式)

$y(k)$ は以下のように表される。

$$x(k+1) = Ax(k) + Bu(k) + Ke(k) \quad (3.167a)$$
$$y(k) = Cx(k) + Du(k) + e(k) \quad (3.167b)$$

一般に，システム同定では，入出力間の伝達特性だけを考えることがよくある。つまり，係数行列 (A, B, C, D) の同定だけを考える場合，式 (3.156) の代わりに，イノベーション形式 (3.167) で定式化しても構わないことが以上の議論よりわかる。イノベーション形式 (3.167) の伝達関数表現を求めると

$$y(k) = \left[C(qI - A)^{-1}B + D\right]u(k) + \left[C(qI - A)^{-1}K + I\right]e(k) \quad (3.168)$$

となり，確定的な部分と確率的な部分に対応するそれぞれの伝達関数の分母多項式が共通の **ARMAX** モデル構造をもつ。つまり，**定義 3.12** のプロセス雑音と観測雑音をもつ状態空間モデル (3.156) は，ARMAX モデル構造に含まれる。なお，**定義 3.10** の有色な観測雑音をもつ出力誤差モデル (3.130) について，一般に"確定的な部分の伝達関数の分母多項式"と"白色信号から有色雑音を生成するフィルタの分母多項式"が共通であるとは限らない。言い換えると，式 (3.130) は ARMAX モデル構造より一般的な **Box-Jenkins** モデル構造をもつ。

〔2〕 **PO-MOESP 法が有利である場合の例**　　プロセス雑音と観測雑音をもつ状態空間モデルをもつシステムの同定には，PI-MOESP 法と PO-MOESP 法のどちらも利用できる。しかし，ARMAX モデル構造をもつ場合には PO-MOESP 法のほうが有利であることをつぎの例題により示す。

例題 3.7 例題 3.3 と同じ 3 次の SISO 系に白色のプロセス雑音と観測雑音が加わったつぎのシステムを PO-MOESP 法を用いて同定する。

$$x(k+1) = Ax(k) + Bu(k) + w(k), \quad y(k) = Cx(k) + v(k)$$

$$A = \begin{bmatrix} 0.98 & 2 & 0.74 \\ 0 & -0.49 & 1 \\ 0 & -0.72 & -0.49 \end{bmatrix}, \quad B = \begin{bmatrix} 0 \\ 0 \\ 0.85 \end{bmatrix}, \quad C = \begin{bmatrix} 0.57 \\ 0.72 \\ 0.27 \end{bmatrix}^T$$

ここで，入力 $u(k)$ は平均 0，分散 1 の白色信号とする．雑音 $w(k)$ と $v(k)$ はともに平均 0 とし，分散はそれぞれ $0.1I_3$，0.25 とする．ブロックハンケル行列のブロック行数として $s = 10$ を選ぶ．図 **3.13** に，推定された行列 A の一つの固有値について，データ数を 1 001 点として 100 回のランダムシミュレーションを実施した結果を示す．

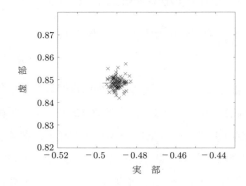

図 3.13 PO-MOESP 法による行列 A の一つの固有値の推定値。$s = 10$ とした。

比較のため，PI-MOESP 法による同定を行う．ただし，ブロックハンケル行列のブロック行数として，$s = 10, 30$ の 2 通りについてシミュレーションを行う．各 s の値に対してそれぞれ，データ数を 1 001 点として 100 回のランダムシミュレーションを実施する．推定された行列 A の一つの固有値について，$s = 10, 30$ に対するシミュレーション結果をそれぞれ図 **3.14** と図 **3.15** に図示する．どちらの方法もバイアス誤差なく固有値が推定されているが，PO-MOESP 法のほうが推定値のばらつきが小さいことがわ

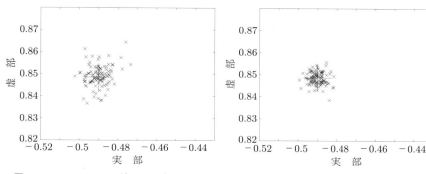

図 **3.14** PI-MOESP 法による行列 A の一つの固有値の推定値。$s = 10$ とした。

図 **3.15** PI-MOESP 法による行列 A の一つの固有値の推定値。$s = 30$ とした。

かる。さらに，$s = 10$ の PO-MOESP 法のほうが，$s = 30$ の PI-MOESP 法よりもばらつきが小さいことは注目に値する。

〔3〕 **PO-MOESP 法の次数** ARMAX モデル構造をもたない同定対象を PO-MOESP 法によって同定する。

例題 3.8 例題 3.6 とまったく同じ設定で，PO-MOESP 法を用いて有色な観測雑音をもつ出力誤差モデルを同定する。つまり，同定対象の次数は 3 次，有色雑音を生成するフィルタの次数は 2 次である。なお，この例題を通じて，ブロックハンケル行列のブロック行数 s は，$s = 10$ とする。

まず，同定モデルの次数を 3 次と決定のうえ，同定を行う。推定された行列 A の一つの固有値について，データ数を 1 001 点として 100 回のランダムシミュレーションを実施した結果を図 **3.16** に示す。明らかに，推定値にバイアス誤差が生じている様子がわかる。つぎに，同定モデルの次数を 5 次と決定のうえで同定を行う。5 次とした理由は，同定対象の次数である 3 次と雑音生成フィルタの次数である 2 次を足し合わせたことによる。推定された行列 A の一つの固有値について，データ数を 1 001 点として 100 回のランダムシミュレーションを実施した結果を図 **3.17** に示す。バイアスなく推定されている様子がわかる。

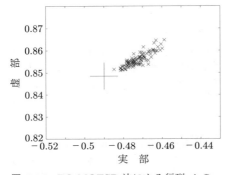 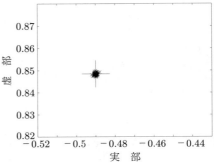

図 **3.16** PO-MOESP 法による行列 A の一つの固有値の推定値。次数を3次として同定した。　図 **3.17** PO-MOESP 法による行列 A の一つの固有値の推定値。次数を5次として同定した。

例題 3.6 の PI-MOESP 法と特異値の分布について比較を行う。100 回の試行中から最初の 10 回を図 **3.18** に結果を図示する。PI-MOESP 法の特異値を △，PO-MOESP 法の特異値を × で表す。図の特異値の分布より，PO-MOESP 法を用いた場合は同定モデルの次数は 5 次が妥当であり，PI-MOESP 法で同定した場合の次数は 3 次が妥当である。

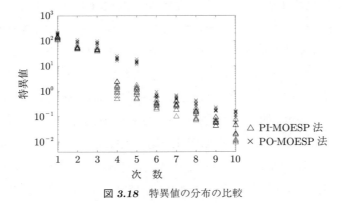

図 **3.18** 特異値の分布の比較

この例題からわかるように，PO-MOESP 法を用いる場合は同定モデルが雑音モデルも含む高次のモデルになりやすいことに注意すべきである。実用的には，雑音モデル部分を取り除くために，PO-MOESP 法で同定モデルを求めてからそのモデルの極と零点の位置を確認してモデルの低次元化を検討する必要

がある。なお，現実的な別の選択肢としてモデルの次数の大体の検討をつけるために，とりあえず PI-MOESP 法を使って同定を行ってみる方法もあり得る。

3.6 閉ループ部分空間同定法

実在のシステムにはフィードバックが存在するため，閉ループ系の入出力データからシステムを同定する"**閉ループ同定**"を行うことが必要とされる場合がある。閉ループ同定には予測誤差の文脈での以下の分類法がある[138),140)〜143)]。

① **直接法**：閉ループ系に対する同定では外部雑音と制御入力が相関をもつため，一般に開ループ系の同定法をそのまま閉ループ系に適用することはできないが，フィードバックループの存在を無視して同定対象の入出力データに基づいて制御対象の動特性を同定する。

② **間接法**：同定に利用可能な外部励振信号と閉ループ内部の信号より閉ループ伝達関数（例えば感度）を推定する。続いて，フィードバック制御器の情報を使って同定対象の開ループ特性を推定する。

③ **結合入出力法**：同定対象の入出力の両方を合わせて（結合入出力と呼ぶ）ある拡大系からの出力とみなし，閉ループ系に印加される外部励振信号をその拡大系への入力と想定して同定を行う。得られた拡大系の伝達特性より同定対象の開ループ特性を計算する。

1990 年代以降，閉ループデータを用いる部分空間同定法の研究が盛んとなった[†1]。結合入出力過程と確率実現による方法[140)]や MOESP 法[153)]，直交分解に基づく部分空間同定法に基づく方法[138),154)]などが提案された[†2]。

2000 年以降，閉ループ部分空間同定法において研究されたのは，フィードバック下にあるシステムをイノベーション形式に基づいて同定する方法である。その中でも，有力な手法として SSARX (State-Space ARX) 法[146)]や PBSID (Predictor-Based Subspace IDentification) 法[147),155)]が挙げられる。これ

---

†1 閉ループ部分空間同定法の和文解説として文献[152)]を紹介しておく。
†2 結合入出力アプローチによる部分空間同定法は文献[138)]が詳しい。

らは漸近的に等価であることが示されている[156]。これ以外にも，間接法や結合入出力法において同定対象の導出に伝達関数を用いた計算が必要なことを考慮したTwo-Stage法が提案されていたが，これを組み入れた部分空間同定法CL-MOESP（Closed-Loop MOESP）法も提案された。閉ループ同定の実応用例が少ない中において，倒立振子や小型ラジコンヘリコプタの閉ループ同定実験などでCL-MOESP法の有効性が確認されている[157]～[159]。

本節では，補償器の情報や伝達関数の割り算をもたない閉ループ部分空間同定法として，CL-MOESP法とPBSID法について紹介する。このため，以下の分類を行うことを考える。

① **励振信号を用いて閉ループ同定を行う方法**：励振信号および同定対象の入出力データから閉ループ同定を行う。

② **励振信号を用いずに閉ループ同定を行う方法**：励振信号を用いずに，同定対象の入出力データのみから閉ループ同定を行う。

励振信号を用いて閉ループ同定を行う方法としては，結合入出力法に基づく方法[138],[154]やTwo-Stage法に基づく方法CL-MOESP法[160],[161]がある。励振信号を用いないものとしては，SSARX法やPBSID法が挙げられる。

3.6.1 CL-MOESP法

本項では，外部励振信号を使用する場合の閉ループ同定問題について考える。まず間接法の一つであるTwo-stage法[162]について簡単に復習した後に，MOESP型閉ループ部分空間同定法（CL-MOESP法）を紹介する。

〔1〕**問題設定**　図**3.19**に示すような閉ループ系を考える。閉ループ系内のシステム$G(q)$を未知の同定対象とする。$C(q)$はフィードバック制御器である。r^1は外部励振信号とする。外部信号r^2は，例えば目標値や参照信号とし，必ずしも励振信号である必要はない。信号u, yはサンプル可能とする。eは未知の白色雑音とし，r^1, r^2と無相関と仮定する。$G(q)$は安定とする。$H(q)$は安定かつ逆も安定と仮定する。図**3.19**より，(u, e)からyへの入出力関係とフィードバック入力はそれぞれ

3.6 閉ループ部分空間同定法

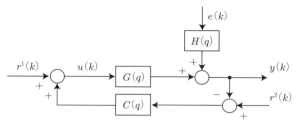

図 3.19 閉ループ系

$$y(k) = G(q)u(k) + H(q)e(k) \tag{3.169a}$$
$$u(k) = r^1(k) + C(q)\left(r^2(k) - y(k)\right) \tag{3.169b}$$

と表される．本項ではつぎの閉ループ同定問題を考える．

定義 3.15 (外部励振信号を使用する閉ループ同定問題)

M は十分大きな正の整数とする．図 **3.19** の閉ループ系について，与えられたサンプルデータ列 $\{u(k)\}_{k=0}^M, \{y(k)\}_{k=0}^M, \{r^1(k)\}_{k=0}^M, \{r^2(k)\}_{k=0}^M$ より未知の同定対象 $G(q)$ の入出力関係を求めよ．

本項において，図 **3.19** における制御器 $C(q)$ は既知で安定とし[†1]

$$r(k) = r^1(k) + C(q)r^2(k) \tag{3.170}$$

と定義する．N は $M \geq N+s-2$ を満足する十分大きな自然数であるとし，式 (3.47) のように $\mathcal{R}_{0,2s,N}, \mathcal{U}_{0,2s,N}, \mathcal{Y}_{0,2s,N}$ をそれぞれ $r(k), u(k), y(k)$ から定義する．$\mathcal{U}_{0,2s,N} = \begin{bmatrix} \mathcal{U}_p^T & \mathcal{U}_f^T \end{bmatrix}^T, \mathcal{R}_{0,2s,N} = \begin{bmatrix} \mathcal{R}_p^T & \mathcal{R}_f^T \end{bmatrix}^T$ に注意して，持続的励振条件（PE 条件）に関してつぎの仮定をおく．

$$\begin{aligned}&\mathcal{U}_{0,2s,N}\Pi_{\mathcal{R}_{0,2s,N}}\\&= \mathcal{U}_{0,2s,N}\mathcal{R}_{0,2s,N}^T\left(\mathcal{R}_{0,2s,N}\mathcal{R}_{0,2s,N}^T\right)^{-1}\mathcal{R}_{0,2s,N}\end{aligned} \tag{3.171}$$

〔**2**〕 **Two-stage 法**　Two-stage 法[162] は，「第一段階 (first stage)」

[†1] 目標値 $r^2(k) \equiv 0$ のとき，$r = r^1$ となり制御器 $C(q)$ は未知でよい．

で閉ループ系の感度を同定をした後に「第二段階（second stage）」で同定対象 $G(q)$ のモデルを求める方法である．式 (3.169) について式 (3.170) に注意して式変形すると，次式のような (r,e) から (u,y) への関係式が求められ[†1]，図 **3.20** のブロック線図のように表すことができる（章末の問題（8）参照）．

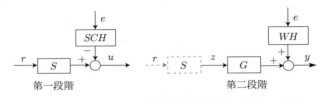

図 **3.20**　閉ループ系の信号間の関係と等価な開ループ系

$$u(k) = S(q)r(k) - S(q)C(q)H(q)e(k) \quad (3.172\text{a})$$
$$y(k) = G(q)z(k) + W(q)H(q)e(k) \quad (3.172\text{b})$$

ここで，$z(k) = S(q)r(k)$ とし，$S(q), W(q)$ は以下のとおりとする．

$$S(q) = (I + C(q)G(q))^{-1}, \quad W(q) = (I + G(q)C(q))^{-1} \quad (3.173)$$

式 (3.172a), (3.172b) はそれぞれ第一段階，第二段階に対応する．Two-stage 法の具体的な手順は以下のとおりである．

1) 信号 (r, u) のサンプルから感度 $S(q)$ の同定を行う（第一段階同定）．
2) 感度 $S(q)$ の同定モデルを使ってサンプルデータ $\{r(k)\}_{k=0}^{N+2s-2}$ をフィルタリングし，図 **3.20** の仮想的な入力信号 z を推定する．
3) 得られた仮想的な信号 z の推定値と出力 y のサンプルを使って第二段階の同定を行い $G(q)$ の同定モデルを得る（第二段階同定）．

〔**3**〕 **CL-MOESP 法**　　ここでは，部分空間同定法の文脈で Two-stage 法を解釈することにより，閉ループ同定実験より得られたサンプルデータから図 **3.19** の同定対象 $G(q)$ の状態空間実現 (A, B, C, D) を求める方法を紹介する．
　式 (3.172a), (3.172b) はともに有色雑音をもつ出力誤差モデルとみなせること

[†1]　式 (3.172) の導出の詳細については章末の問題（8）とする．

3.6 閉ループ部分空間同定法

に注意する．このとき，第一段階同定と第二段階同定のどちらにも PI-MOESP 法[131]が適用できる．

文献[144]では，PI-MOESP 法で得られた感度 $S(q)$ の推定値を使って r をフィルタリングする工程を，$\mathcal{U}_\mathrm{p}, \mathcal{U}_\mathrm{f}, \mathcal{R}_\mathrm{p}, \mathcal{R}_\mathrm{f}$ を使った行列演算によって置き換えられることが示されている．さらに，文献[160]では，その行列演算が以下の式で表される直交射影と解釈できることが示されている．

$$Z_\mathrm{p} = \mathcal{U}_\mathrm{p} \Pi_{\mathcal{R}_{0,2s,N}} \tag{3.174}$$

$$Z_\mathrm{f} = \mathcal{U}_\mathrm{f} \Pi_{\mathcal{R}_{0,2s,N}} \tag{3.175}$$

また，PI-MOESP 法による第二段階の同定は $\mathcal{Y}_\mathrm{f}$ の $Z_\mathrm{p} \Pi_{Z_\mathrm{f}}^\perp$ の行空間への直交射影を利用することから，以下に示す MOESP 型の閉ループ部分空間同定法（**CL-MOESP 法**）が導出できる[160]．

MOESP 型閉ループ部分空間同定法（CL-MOESP）：

1) $\mathcal{Y}_\mathrm{f} = \mathcal{Y}_{s,s,N}$ として，つぎの LQ 分解を行う．

$$\begin{bmatrix} \mathcal{R}_\mathrm{p} \\ \mathcal{R}_\mathrm{f} \\ \mathcal{U}_\mathrm{p} \\ \mathcal{U}_\mathrm{f} \\ \mathcal{Y}_\mathrm{f} \end{bmatrix} = \begin{bmatrix} L_{11} & & & & \\ L_{21} & L_{22} & & & \\ L_{31} & L_{32} & L_{33} & & \\ L_{41} & L_{42} & L_{43} & L_{44} & \\ L_{51} & L_{52} & L_{53} & L_{54} & L_{55} \end{bmatrix} \begin{bmatrix} Q_1^T \\ Q_2^T \\ Q_3^T \\ Q_4^T \\ Q_5^T \end{bmatrix}$$

2) 次式を計算する．

$$\Upsilon^{1/2} = \left(L_{51} P_1^T + L_{52} P_2^T\right) \left(P_1 P_1^T + P_2 P_2^T\right)^{-1/2} \tag{3.176}$$

ここで，P_j $(j = 1, 2)$ の定義は以下のとおりである．

$$P_j = L_{3j} - \left(L_{31} L_{41}^T + L_{32} L_{42}^T\right) \left(L_{41} L_{41}^T + L_{42} L_{42}^T\right)^{-1} L_{4j} \tag{3.177}$$

3) $\Upsilon^{1/2}$ の特異値分解より次式を得る．

$$\Upsilon^{1/2} = \begin{bmatrix} U_n & U_n^\perp \end{bmatrix} \begin{bmatrix} \Sigma_n & 0 \\ 0 & \widetilde{\Sigma}_n \end{bmatrix} \begin{bmatrix} V_n^T \\ (V_n^\perp)^T \end{bmatrix}$$

ここで,対角行列 $\Sigma_n \in \mathbb{R}^{n \times n}$ は対角要素に n 個の支配的な特異値をもち,個数 n は $G(q)$ の次数に対応する。

4) 係数行列 (A, B, C, D) の推定値は,**3.3.2** 項の MOESP 法とよく似た以下の手順により求めることができる。

a) (A, C) の推定値は以下のように与えられる。

$$\widehat{C} = U_n(1:l,:), \quad \widehat{A} = U_n(1:l(s-1),:)^\dagger \, U_n(l+1:ls,:)$$

ここで,$X^\dagger$ は X の擬似逆行列を表すとする。

b) (B, D) の推定を求める。記法 α, β をそれぞれ

$$\alpha = \begin{bmatrix} \alpha_1 & \alpha_2 & \cdots & \alpha_s \end{bmatrix} = (U_n^\perp)^T$$
$$\beta = \begin{bmatrix} \beta_1 & \beta_2 & \cdots & \beta_s \end{bmatrix}$$
$$= (U_n^\perp)^T \left(L_{51} L_{41}^T + L_{52} L_{42}^T \right) \left(L_{41} L_{41}^T + L_{42} L_{42}^T \right)^{-1}$$

と定義し,$\underline{U_n} = U_n(1:(s-1)l,:)$ とおく。このとき,(B, D) の推定値は

$$\begin{bmatrix} \widehat{D} \\ \widehat{B} \end{bmatrix} = \begin{bmatrix} I_l & 0 \\ 0 & \underline{U_n} \end{bmatrix}^\dagger \begin{bmatrix} \alpha_1 & \alpha_2 & \cdots & \alpha_s \\ \alpha_2 & \cdots & \alpha_s & \\ \vdots & \reflectbox{$\ddots$} & & \\ \alpha_s & & & O \end{bmatrix}^\dagger \begin{bmatrix} \beta_1 \\ \beta_2 \\ \vdots \\ \beta_s \end{bmatrix}$$

で与えられる。

式 (3.176) 中の $P_1 P_1^T + P_2 P_2^T$ の可逆性について,つぎの補題が成立する。

補題 3.12

PE 性に関して式 (3.171) が行フルランクであると仮定する。このとき,$P_1 P_1^T + P_2 P_2^T$ は正則である。

証明 式 (3.171) の行フルランク性の仮定より，$\begin{bmatrix} L_{31} & L_{32} \\ L_{41} & L_{42} \end{bmatrix}$ もまた行フルランクであり

$$\begin{bmatrix} L_{31} & L_{32} \\ L_{41} & L_{42} \end{bmatrix} \begin{bmatrix} L_{31}^T & L_{41}^T \\ L_{32}^T & L_{42}^T \end{bmatrix}$$
$$= \begin{bmatrix} L_{31}L_{31}^T + L_{32}L_{32}^T & L_{31}L_{41}^T + L_{32}L_{42}^T \\ L_{41}L_{31}^T + L_{42}L_{32}^T & L_{41}L_{41}^T + L_{42}L_{42}^T \end{bmatrix} > 0 \qquad (3.178)$$

となる．一方，式 (3.177) より次式を得る．

$$P_1 P_1^T + P_2 P_2^T = \left(L_{31}L_{31}^T + L_{32}L_{32}^T \right)$$
$$- \left(L_{31}L_{41}^T + L_{32}L_{42}^T \right) \left(L_{41}L_{41}^T + L_{42}L_{42}^T \right)^{-1} \left(L_{41}L_{31}^T + L_{42}L_{32}^T \right)$$

ここで，式 (3.178) の Schur complement を用いると，$P_1 P_1^T + P_2 P_2^T > 0$ となり，$P_1 P_1^T + P_2 P_2^T$ は正則である． ♠

なお，CL-MOESP 法の漸近的性質については，文献[161]を参照されたい．

3.6.2 PBSID 法

PBSID (Predictor-Based System IDentification) 法について述べる[147],[155]．PBSID 法は N4SID 法のように状態を推定してから係数行列を求める方法である．ただし，N4SID 法と異なりフィードバック下にあることを考慮する．

つぎのイノベーション形式を考える．

$$x(k+1) = Ax(k) + Bu(k) + Ke(k) \qquad (3.179a)$$
$$y(k) = Cx(k) + Du(k) + e(k) \qquad (3.179b)$$
$$\mathrm{E}\left[e(i)e^T(j) \right] = \Omega \delta_{ij} \qquad (3.179c)$$

ここで，$u(k) \in \mathbb{R}^m$, $y(k) \in \mathbb{R}^l$ はシステムの入出力，$x(k) \in \mathbb{R}^n$ は状態である．$e(k)$ はイノベーションであり，以下の関係を満たすとする．

$$\mathrm{E}\left[\begin{bmatrix} x(i) \\ u(i) \end{bmatrix} e^T(j)\right] = 0 \quad (i \leqq j) \tag{3.180a}$$

$$\mathrm{E}\left[y(i)e^T(j)\right] = 0 \quad (i < j) \tag{3.180b}$$

$A - KC$ は安定であるとし,つぎのような閉ループ系の同定問題を考える.

定義 3.16 (励振信号を使用しない場合の閉ループ系の同定問題)

システム (3.179) には $y(k)$ から $u(k)$ へのフィードバックループが存在し,$y(k)$ から $u(k)$ への直達項は 0 であると仮定する.有限個の入出力データ $\{(u(k),\ y(k))\}_{k=0}^M$ が与えられたとする.ここで,M は十分大きな自然数であるとする.このとき,系の次数 n と係数行列 (A, B, C, D, K, Ω) を入出力データから決定せよ.ただし,相似変換による自由度は許容する.

システム (3.179) は $u(k)$ と $e(k)$ を入力として出力を $y(k)$ とする.ここで,シフトオペレータ q を用い,つぎのように定義する.

$$P(q) = C(qI_n - A)^{-1}\begin{bmatrix} K & B \end{bmatrix} + \begin{bmatrix} I_l & D \end{bmatrix} \tag{3.181}$$

このとき,$y(k)$ はつぎのように表される.

$$y(k) = P(q)\begin{bmatrix} e(k) \\ u(k) \end{bmatrix} \tag{3.182}$$

PBSID 法はシステム (3.179) を仮定するだけであり,フィードバックは線形システムでなくてもよいが,簡単のためつぎのようなフィードバックを仮定する.

$$u(k) = C(q)\begin{bmatrix} y(k) \\ r(k) \end{bmatrix} \tag{3.183}$$

ここで,$r(k)$ はシステムを励振する信号であり白色雑音であるとする.$y(k)$ から $u(k)$ への直達項が 0 であるので,$C(q)$ はつぎのように表すことができる.

$$C(q) = C_c(qI_{n_c} - A_c)^{-1}\begin{bmatrix} B_c & K_c \end{bmatrix} + \begin{bmatrix} 0 & L_c \end{bmatrix} \tag{3.184}$$

$y(k)$ から $u(k)$ への直達項は閉ループ系の可同定性に関係し,文献[163), 164)] で議論されている。システム (3.182), (3.183) による閉ループ系を表すと図 **3.21** のようになる。ここでの目的は $u(k)$ と $y(k)$ のみからシステム (3.179) を求めることであり,$e(k)$ も $r(k)$ も観測されないとする。

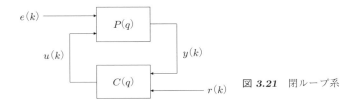

図 **3.21** 閉ループ系

閉ループ同定のための行列式を導入するため

$$F = A - KC, \quad G = B - KD \tag{3.185}$$

を定義する。F は安定であるので,ある整数 $s > n$ によって

$$F^s \approx 0 \tag{3.186}$$

を満たすとする。式 (3.185) を用いて (3.179a) を書き換えると次式が得られる。

$$x(k+1) = Fx(k) + Gu(k) + Ky(k) \tag{3.187}$$

ここで,入出力をまとめて以下のように定義する。

$$z(k) = \begin{bmatrix} u(k) \\ y(k) \end{bmatrix}, \quad H = \begin{bmatrix} G & K \end{bmatrix} \in \mathbb{R}^{n \times (m+l)}$$

このとき,式 (3.187) からさらに次式が得られる。

$$x(k+1) = Fx(k) + Hz(k) \tag{3.188}$$

このシステムに対して,以下の行列を定義する。

$$\mathcal{L}_k = \begin{bmatrix} F^{k-1}H & F^{k-2}H & \cdots & H \end{bmatrix} \in \mathbb{R}^{n \times k(m+l)}$$

$\mathcal{L}_s$ は (F, H) の拡大可到達性行列となる。

閉ループ系の行列入出力方程式に相当するものを導出するため，データ行列について定義しよう。N は $M \geqq N+s-2$ を満足する十分大きな自然数であるとし，$z(k)$ に対して $\mathcal{Z}_{i,j,N}$ を式 (3.47) と同様に定義する。さらに，$\mathcal{Z}_\mathrm{p} \in \mathbb{R}^{(l+m)s \times N}$ と $\mathcal{Z}_\mathrm{f} \in \mathbb{R}^{(l+m)s \times N}$ を式 (3.74) と同様に定義する。PBSID 法では $\mathcal{Z}_\mathrm{p}$ と $\mathcal{Z}_\mathrm{f}$ よりも $\mathcal{Z}_\mathrm{p}$ と $\mathcal{Z}_{s,h,N}$ を使用し，以下の関係が成立することに注意する。

$$\mathcal{Z}_\mathrm{f} = \left[\begin{array}{c} \mathcal{Z}_{s,h,N} \\ \hline \mathcal{Z}_{s+h,s-h,N} \end{array} \right] = \left[\begin{array}{c} \mathcal{Z}_{s,1,N} \\ \vdots \\ \mathcal{Z}_{s+h-1,1,N} \\ \hline \mathcal{Z}_{s+h,1,N} \\ \vdots \\ \mathcal{Z}_{2s-1,1,N} \end{array} \right]$$

$\mathcal{Z}_\mathrm{p}$ と $\mathcal{Z}_\mathrm{f}$ に関して，次式が成立することを仮定する。

$$\mathrm{span}\,(\mathcal{Z}_\mathrm{p}) \cap \mathrm{span}\,(\mathcal{Z}_\mathrm{f}) = \{0\} \tag{3.189}$$

これは $\mathcal{Z}_\mathrm{p}$ の行空間と $\mathcal{Z}_\mathrm{f}$ の行空間の共通部分が原点しかないことを意味しており，$\mathrm{span}\,(\mathcal{Z}_\mathrm{p}) \cap \mathrm{span}\,(\mathcal{Z}_{s,h,N}) = \{0\}$ が導かれる（$h = 1, 2, \cdots, s-1$）。

式 (3.188) より $\mathcal{Z}_{k,1,N} = \left[\begin{array}{ccc} z(k) & \cdots & z(k+N-1) \end{array} \right]$ を用い，$\mathcal{X}_i$ を式 (3.48) のように定義すると

$$\mathcal{X}_{k+1} = F\mathcal{X}_k + H\mathcal{Z}_{k,1,N} \tag{3.190}$$

が得られる。この式より，次式が得られる。

$$\mathcal{X}_s = F^s \mathcal{X}_0 + \mathcal{L}_s \mathcal{Z}_\mathrm{p} \tag{3.191}$$

さらに，$\mathcal{X}_{s+h}$ は以下のように表される（$h = 1, 2, \cdots, s-1$）。

$$\mathcal{X}_{s+h} = F^h \mathcal{X}_s + \mathcal{L}_h \mathcal{Z}_{s,h,N} \tag{3.192}$$

$y(k), u(k), e(k)$ に対し，式 (3.47) と同様に $\mathcal{Y}_{i,j,N}, \mathcal{U}_{i,j,N}, \mathcal{E}_{i,j,N}$ を定義すると，式 (3.179b) より以下のことが成立する。

3.6 閉ループ部分空間同定法

定理 3.5 (フィードバック下にある同定対象の状態)

状態 $\mathcal{X}_s$ について，以下の式が成立する．

$$\mathcal{X}_s \approx \mathcal{L}_s \mathcal{Z}_p \tag{3.193}$$

$$\mathcal{Y}_{s,1,N} = C\mathcal{X}_s + D\mathcal{U}_{s,1,N} + \mathcal{E}_{s,1,N} \tag{3.194}$$

$$\mathcal{Y}_{s+h,1,N} = CF^h \mathcal{X}_s + \begin{bmatrix} C\mathcal{L}_h & D \end{bmatrix} \begin{bmatrix} \mathcal{Z}_{s,h,N} \\ \mathcal{U}_{s+h,1,N} \end{bmatrix} + \mathcal{E}_{s+h,1,N}$$

$$(h = 1, 2, \cdots, s-1) \tag{3.195}$$

証明 式 (3.186) と式 (3.191) から，式 (3.193) が得られる．また，式 (3.179b) より式 (3.194) および $\mathcal{Y}_{s+h,1,N} = C\mathcal{X}_{s+h} + D\mathcal{U}_{s+h,1,N} + \mathcal{E}_{s+h,1,N}$ が得られる．したがって，式 (3.192) を用いると $\mathcal{Y}_{s+h,1,N}$ から以下の式を得る．

$$\mathcal{Y}_{s+h,1,N} = CF^h \mathcal{X}_s + C\mathcal{L}_h \mathcal{Z}_{s,h,N} + D\mathcal{U}_{s+h,1,N} + \mathcal{E}_{s+h,1,N}$$

$$= CF^h \mathcal{X}_s + \begin{bmatrix} C\mathcal{L}_h & D \end{bmatrix} \begin{bmatrix} \mathcal{Z}_{s,h,N} \\ \mathcal{U}_{s+h,1,N} \end{bmatrix} + \mathcal{E}_{s+h,1,N}$$

以上により，式 (3.195) が得られた． ♠

この定理により状態推定を行うことができる．実際，式 (3.195) の中の状態 $\mathcal{X}_s$ に関連して，以下のようにおく ($h = 0, 1, \cdots, s-1$)．

$$\Psi_{s+h} = CF^h \mathcal{X}_s \in \mathbb{R}^{l \times N} \tag{3.196}$$

このとき，次式が成立する．

$$\begin{bmatrix} \Psi_s \\ \Psi_{s+1} \\ \vdots \\ \Psi_{2s-1} \end{bmatrix} = \begin{bmatrix} C \\ CF \\ \vdots \\ CF^{s-1} \end{bmatrix} \mathcal{X}_s \tag{3.197}$$

すなわち，Ψ_{s+h} の推定値から (C, F) の拡大可観測性行列と状態 $\mathcal{X}_s$ の積が得られる．Ψ_{s+h} を推定するために，式 (3.195) の行空間に関する関係を調べてみ

よう。近似の式 (3.193) より，$\mathcal{X}_s \subset \mathrm{span}(\mathcal{Z}_\mathrm{p})$ であることがわかる。また，式 (3.180) に注意すると，つぎの近似が成立することもわかる。

$$\frac{1}{N} \begin{bmatrix} \mathcal{Z}_\mathrm{p} \\ \mathcal{Z}_{s,h,N} \\ \mathcal{U}_{s+h,1,N} \end{bmatrix} \mathcal{E}_{s+h,1,N}^T \approx 0 \tag{3.198}$$

したがって，式 (3.195) の行空間に関する関係は図 **3.22** で表される。

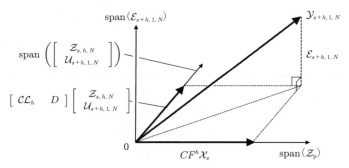

図 3.22 式 (3.195) の行空間に関する関係

入出力データに基づいて $\Psi_{s+h} = CF^h \mathcal{X}_s$ を推定する。

補題 3.13 (閉ループ同定における状態推定)

つぎの最小 2 乗問題を考える。

$$\min_{\Phi_\mathrm{p}, \Phi_D} \| \mathcal{Y}_{s,1,N} - \Phi_\mathrm{p} \mathcal{Z}_\mathrm{p} - \Phi_D \mathcal{U}_{s,1,N} \|_F^2 \tag{3.199}$$

式 (3.199) の最小 2 乗問題に対し，Φ_p の解を $\widehat{\Phi}_\mathrm{p}$ とおく。このとき，式 (3.196) の Ψ_s は次式で与えられる。

$$\Psi_s \approx \widehat{\Phi}_\mathrm{p} \mathcal{Z}_\mathrm{p} \tag{3.200}$$

また，以下の最小 2 乗問題を考える ($h = 1, \cdots, s-1$)。

3.6 閉ループ部分空間同定法

$$\min_{\Phi_{\mathrm{p}}, \Phi_{\mathrm{f}(h)}} \left\| \mathcal{Y}_{s+h,1,N} - \Phi_{\mathrm{p}} \mathcal{Z}_{\mathrm{p}} - \Phi_{\mathrm{f}(h)} \begin{bmatrix} \mathcal{Z}_{s,h,N} \\ \mathcal{U}_{s+h,1,N} \end{bmatrix} \right\|_F^2 \quad (3.201)$$

式 (3.201) の最小 2 乗問題に対し，Φ_{p} の解を $\widehat{\Phi}_{\mathrm{p}}$ とおく．このとき，式 (3.196) の Ψ_{s+h} は次式で与えられる ($h = 1, \cdots, s-1$)．

$$\Psi_{s+h} \approx \widehat{\Phi}_{\mathrm{p}} \mathcal{Z}_{\mathrm{p}} \quad (3.202)$$

証明 式 (3.202) について示す．$\Phi_{\mathrm{f}(h)}$ の解（の一つ）を $\widehat{\Phi}_{\mathrm{f}(h)}$ とおくと，式 (3.198) より，以下の関係を得る（図 **3.22** 参照）．

$$\widehat{\Phi}_{\mathrm{p}} \mathcal{Z}_{\mathrm{p}} + \widehat{\Phi}_{\mathrm{f}(h)} \begin{bmatrix} \mathcal{Z}_{s,h,N} \\ \mathcal{U}_{s+h,1,N} \end{bmatrix} \approx CF^h \mathcal{X}_s + \begin{bmatrix} C\mathcal{L}_h & D \end{bmatrix} \begin{bmatrix} \mathcal{Z}_{s,h,N} \\ \mathcal{U}_{s+h,1,N} \end{bmatrix}$$

$$\approx CF^h \mathcal{L}_s \mathcal{Z}_{\mathrm{p}} + \begin{bmatrix} C\mathcal{L}_h & D \end{bmatrix} \begin{bmatrix} \mathcal{Z}_{s,h,N} \\ \mathcal{U}_{s+h,1,N} \end{bmatrix} \quad (3.203)$$

ただし，式 (3.193) を用いた．式 (3.189) より

$$\mathrm{span}\,(\mathcal{Z}_{\mathrm{p}}) \cap \mathrm{span}\left(\begin{bmatrix} \mathcal{Z}_{s,h,N} \\ \mathcal{U}_{s+h,1,N} \end{bmatrix} \right) = \{0\}$$

となるので，式 (3.203) の最左辺と最右辺を比較することで $\widehat{\Phi}_{\mathrm{p}} \mathcal{Z}_{\mathrm{p}} \approx CF^h \mathcal{L}_s \mathcal{Z}_{\mathrm{p}}$ を得る．したがって，式 (3.193) と式 (3.196) から式 (3.202) を得る．

式 (3.200) について示す．式 (3.180) に注意すると，次式が得られる．

$$\frac{1}{N} \begin{bmatrix} \mathcal{Z}_{\mathrm{p}} \\ \mathcal{U}_{s,1,N} \end{bmatrix} \mathcal{E}_{s,1,N}^T \approx 0$$

式 (3.201) における Φ_D の解を $\widehat{\Phi}_D$ とおくと，式 (3.203) と同様に

$$\widehat{\Phi}_{\mathrm{p}} \mathcal{Z}_{\mathrm{p}} + \widehat{\Phi}_D \mathcal{U}_{s,1,N} \approx C\mathcal{L}_s \mathcal{Z}_{\mathrm{p}} + D\mathcal{U}_{s,1,N}$$

を得る．式 (3.189) より $\mathrm{span}\,(\mathcal{Z}_{\mathrm{p}}) \cap \mathrm{span}\,(\mathcal{U}_{s,1,N}) = \{0\}$ となるので，この式の左辺を比較して，$\widehat{\Phi}_{\mathrm{p}} \mathcal{Z}_{\mathrm{p}} \approx C\mathcal{L}_s \mathcal{Z}_{\mathrm{p}}$ を得る．したがって式 (3.200) を得る．♠

以上に基づいて，式 (3.197) より $O_X = \begin{bmatrix} \Psi_s^T & \Psi_{s+1}^T & \cdots & \Psi_{2s-1}^T \end{bmatrix}^T$ として，O_X の特異値分解を行う．

$$O_X = U\Sigma V^T = \begin{bmatrix} U_n & U_n^\perp \end{bmatrix} \begin{bmatrix} \Sigma_n & 0 \\ 0 & 0 \end{bmatrix} \begin{bmatrix} V_n^T \\ (V_n^\perp)^T \end{bmatrix}$$

$$\approx U_n \Sigma_n V_n^T \tag{3.204}$$

このとき，相似変換行列 T を使用して $\mathcal{X}_s$ の近似 $\widehat{\mathcal{X}}_s$ を

$$T^{-1}\widehat{\mathcal{X}}_s = \Sigma_n V_n^T \tag{3.205}$$

のように記述することができる．なお，求める状態空間表現は座標変換の自由度は許容するので，以下 $T = I_n$ とし $\widehat{\mathcal{X}}_s = \Sigma_n V_n^T$ とする．

式 (3.179) より，$k = s$ の場合に対して

$$\begin{bmatrix} \mathcal{X}_{s+1} \\ \mathcal{Y}_{s,1,N} \end{bmatrix} = \begin{bmatrix} A & B \\ C & D \end{bmatrix} \begin{bmatrix} \mathcal{X}_s \\ \mathcal{U}_{s,1,N} \end{bmatrix} + \begin{bmatrix} K \\ I \end{bmatrix} \mathcal{E}_{s,1,N} \tag{3.206}$$

が成立する．ここで，式 (3.180a) に注意すると次式が成立する．

$$\frac{1}{N} \begin{bmatrix} \mathcal{X}_s \\ \mathcal{U}_{s,1,N} \end{bmatrix} \mathcal{E}_{s,1,N}^T = \frac{1}{N} \sum_{k=s}^{s+N-1} \begin{bmatrix} x(k) \\ u(k) \end{bmatrix} e^T(k) \approx 0$$

このことから，$\mathcal{X}_s$ と $\mathcal{U}_{s,1,N}$ は $\mathcal{E}_{s,1,N}$ とほぼ直交する．式 (3.206) の行空間に関する関係を図で表すと図 **3.23** で表される．

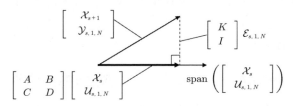

図 **3.23** 式 (3.206) の行空間に関する関係

式 (3.92) の $\mathbb{T}_1$, $\mathbb{T}_2$ を用いると，以下の式が成立する．

$$\mathcal{X}_s \mathbb{T}_2 = \mathcal{X}_{s+1} \mathbb{T}_1, \quad \mathcal{Y}_{s,1,N-1} = \mathcal{Y}_{s,1,N} \mathbb{T}_1, \quad \mathcal{U}_{s,1,N-1} = \mathcal{U}_{s,1,N} \mathbb{T}_1$$

これらより，式 (3.206) の両辺右から $\mathbb{T}_1$ をかけると，次式が得られる．

$$\begin{bmatrix} \mathcal{X}_s\mathbb{T}_2 \\ \mathcal{Y}_{s,1,N-1} \end{bmatrix} = \begin{bmatrix} A & B \\ C & D \end{bmatrix} \begin{bmatrix} \mathcal{X}_s\mathbb{T}_1 \\ \mathcal{U}_{s,1,N-1} \end{bmatrix} + \begin{bmatrix} K \\ I \end{bmatrix} \mathcal{E}_{s,1,N}\mathbb{T}_1$$

また，式 (3.180a) よりつぎの近似が成立する．

$$\frac{1}{N-1} \begin{bmatrix} \mathcal{X}_s\mathbb{T}_1 \\ \mathcal{U}_{s,1,N-1} \end{bmatrix} (\mathcal{E}_{s,1,N1}\mathbb{T}_1)^T$$
$$= \frac{1}{N-1} \sum_{k=s}^{s+N-2} \begin{bmatrix} x(k) \\ u(k) \end{bmatrix} e^T(k) \approx 0$$

したがって，$\mathcal{X}_s$ の推定値 $\widehat{\mathcal{X}}_s$ が得られれば，(A, B, C, D) の推定値として以下を満たす $(\widehat{A}, \widehat{B}, \widehat{C}, \widehat{D})$ を求めればよい．

$$\begin{bmatrix} \widehat{A} & \widehat{B} \\ \widehat{C} & \widehat{D} \end{bmatrix} = \arg\min_{(A,B,C,D)} \left\| \begin{bmatrix} \widehat{\mathcal{X}}_s\mathbb{T}_2 \\ \mathcal{Y}_{s,1,N-1} \end{bmatrix} - \begin{bmatrix} A & B \\ C & D \end{bmatrix} \begin{bmatrix} \widehat{\mathcal{X}}_s\mathbb{T}_1 \\ \mathcal{U}_{s,1,N-1} \end{bmatrix} \right\|_F^2$$
(3.207)

さらに，(A, B, C, D) が推定できれば，K, Ω も推定することができる．この点については，**3.4** 節の確率系の部分空間同定法と同じなので省略する．

PBSID 法をまとめておく．閉ループ下にある同定対象は，以下のように同定される．ただし，相似変換の自由度は許容する．

PBSID 法：

1) 式 (3.199) を解いて $\widehat{\varPhi}_\mathrm{p}$ を求め，式 (3.200) より $\varPsi_s$ を得る．
2) $h = 1, 2, \cdots, s-1$ に対して，式 (3.201) を解いて $\widehat{\varPhi}_\mathrm{p}$ を求め，式 (3.202) より $\varPsi_{s+h}$ を得る．
3) 式 (3.204) の特異値分解を求め[†1]，状態 $\mathcal{X}_s$ の近似として式 (3.205) より

[†1] 大きなサイズの行列 O_X の特異値分解を用いずに，$O_X O_X^T$ の特異値分解を計算してもよい．その際に $O_X O_X^T = U\Sigma^2 U^T$ より次式から求める．
$$T^{-1}\widehat{\mathcal{X}}_s = \begin{bmatrix} I_n & 0 \end{bmatrix} U^T O_X$$

推定値 $\widehat{\mathcal{X}}_s$ を求める $(T = I_n)$。

4) 式 (3.92) の $\mathbb{T}_1$, $\mathbb{T}_2$ を用い，式 (3.207) から $(\widehat{A}, \widehat{B}, \widehat{C}, \widehat{D})$ を求める。
5) 確率系の部分空間同定法（**3.4** 節）と同様に K と Ω の推定値 $\widehat{K}$ と $\widehat{\Omega}$ の推定値を得る。

(A, B, C, D, K, Ω) の推定値は $(\widehat{A}, \widehat{B}, \widehat{C}, \widehat{D}, \widehat{K}, \widehat{\Omega})$ で与えられる。
PBSID 法の例題を示しておこう。

例題 3.9 図 **3.21** の閉ループ系を考える。$P(q)$ と $C(q)$ について，それぞれ式 (3.181) と式 (3.184) を考え，以下のとおりであるとする。

$$P(q) = \frac{\begin{bmatrix} (0.1q + 0.08) & (0.5q^3 - 0.45q^2 + 0.135q - 0.013\,5) \end{bmatrix}}{q^3 - 2q^2 + 1.61q - 0.78}$$

$$C(q) = \begin{bmatrix} -\dfrac{2.859q^2 - 0.989\,5q + 1.971}{q^3 + 0.8q^2 + 0.57q + 0.202\,1} & 1 \end{bmatrix}$$

ここで，$P(q)$ の極は $1.2, 0.4 \pm 0.7$ であり，絶対値が 1 より大きい極が一つ存在するため $P(q)$ は不安定である。$C(q)$ は系を安定化し，$y(k)$ から $u(k)$ への直達項がないので閉ループ同定を行うことができる。$\{u(k), y(k)\}$ ($k = 0, 1, \cdots, M = 1\,000$) のデータに対し PBSID 法により $s = 20$，次数を 3 として推定値を求めた。この試行を 100 回行った。

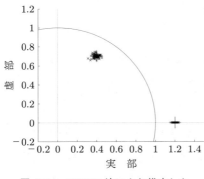

図 3.24 PBSID 法により推定した行列 A の固有値。次数を 3 次として同定した。

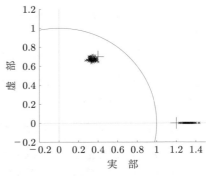

図 3.25 直接法により推定した行列 A の固有値。N4SID 法を使用し，次数を 3 次として同定した。

A の推定値の固有値を図 **3.24** に示す。"+" は真値を表す。推定した固有値が真値付近に集まっていることがわかる。一方，直接法を使用し N4SID 法により同定を行った結果を図 **3.25** に示す。推定した固有値が真値とは一致していないことが見て取れる。

問　　　題

（1）　式 *(3.21)* を導出しなさい。
（2）　式 *(3.26)* を導出しなさい。
（3）　式 *(3.37)* を導出しなさい。
（4）　状態方程式 *(3.1a)* を繰り返し用い $x(k+1), x(k+2), x(k+3)$ を計算し

$$x(k+j) = A^j x(k) + A^{j-1} Bu(k) + A^{j-2} Bu(k+1) \\ + \cdots + ABu(k+j-2) + Bu(k+j-1) \quad (3.208)$$

が成立することにより，式 *(3.43)* が得られることを確かめなさい。また，式 *(3.45)* が得られることを確かめなさい。

（5）　式 *(3.77)* を導出しなさい。
（6）　式 *(3.78)* を導出しなさい。
（7）　式 *(3.153)* を導出しなさい。
（8）　式 *(3.172)* を導出しなさい。

4 ニューラルネットワークによる同定

　本章ではニューラルネットワークによるシステム同定法について述べる。一般的にシステム同定とは，数式で記述された制御対象に含まれる未知パラメータを入出力データから決定することを意味するが，本章では制御対象を模擬するモデル，換言すれば，同じ入力に対して同じ出力を与えるモデルを決定することまでその範囲を拡大し，これらのモデル化手法について述べる。

　まず，ニューラルネットワークの概要について述べ，つぎに，ニューラルネットワークによる同定手法について述べる[172)~178)]。さらに，非線形制御のための同定の例および適応フィルタによる同定法について述べる[179)~184)]。

4.1 ニューラルネットワークの概要

　ニューラルネットワークは脳の情報処理機能を司る神経回路網のことであり，この機構を真似たモデルを人工的ニューラルネットワークと呼ぶが，これを工学分野では単にニューラルネットワークと呼んでいる[172)~178)]。

　脳の機能として，①パターン処理，②連想能力，③並列処理，④分散記憶，⑤学習能力，⑥適応能力などの特筆すべき長所がある。ニューラルネットワークの研究は異なった観点からいくつかに分類されている。構造的な分類としては，非巡回型と巡回型に分類され，学習アルゴリズムによる分類では，教師付き学習，教師なし学習，強化学習に分けられる。

4.1.1 構造的分類

フィードフォワードネットワークでは，ニューロンが層の中でグループ化され，同じ層内でニューロンの結合はなく，入力層から中間層や出力層へ結合され，その結合に沿って信号が伝達される．この分類に入るニューラルネットワークとしては多層パーセプトロン（multi-layer perceptron, MLP），学習ベクトル量子化（learning vector quantization, LVQ），自己組織化マップ（self-organizing feature map, SOM），小脳演算モデル（cerebellar model articulation control, CMAC），GMDH（group method of data handling）法などがある．

フィードバックネットワークでは，いくつかのニューロンの出力はそのニューロンが属する層より前にある層のニューロンにフィードバックされる．この分類に入るニューラルネットワークとしては，ホップフィールド（Hopfield）ネットワーク，エルマン（Elman）ネットワーク，ジョルダン（Jordan）ネットワークなどがある．これらのネットワークはダイナミックな記憶，換言すると，ある与えられた時刻における出力が過去の入出力と同様に現在の入力に影響する記憶となっている．

4.1.2 学習アルゴリズムによる分類

ニューラルネットワークは教師付き学習と教師なし学習という2種類のアルゴリズムに分類される．さらに，教師付き学習の特別なものとして，強化学習がある．**教師付き学習**とは，与えられた入力に対する望ましい出力と実際に得られた出力との誤差に対応して，ニューロン間の結合強度（結合重み）を調整するものである．したがって，教師付き学習には望ましい出力信号を提供する教師（スーパーバイザ）が必要である．このアルゴリズムのニューラルネットワークとして，δ ルール，誤差逆伝播法（一般化 δ ルール），LVQ アルゴリズムなどがある．

教師なし学習とは，望ましい出力が既知である必要がなく，学習の過程で入力パターンが類似な特徴をもつクラスタに自律的に分類されるようにニューロン間の結合強度を調整するものである．このアルゴリズムのニューラルネット

ワークとして，SOM，適応共鳴理論（adaptive resonance theory, ART），競合学習などがある。

強化学習は望ましい出力を与える教師の代わりに，与えられた入力に対するニューラルネットワークの出力のよさを判断する評価法によって最適化するものである。このアルゴリズムとして，遺伝的アルゴリズム（genetic algorithm, GA），Q学習，確率オートマトンなどがある。

4.2 代表的なニューラルネットワークの学習アルゴリズム

以後のシステム同定で必要となる階層型ニューラルネットワークについて述べる。まず，ニューロンモデルについて考える。ニューロン j への入力を $x_1, x_2, \cdots, x_n$，出力を y_j，閾値を θ_j，入力 x_i とニューロン j との結合強度を W_{ji} とするとき，次式で記述される。

$$y_j = f(\text{net}_j), \quad \text{net}_j = \sum_{i=1}^{n} W_{ji} x_i - \theta_j \tag{4.1}$$

ここで，$x_0 = -1, W_{j0} = \theta_j$ とすると，次式で表現される。

$$\text{net}_j = \sum_{i=0}^{n} W_{ji} x_i \tag{4.2}$$

この関係は**図 4.1** のように示される。

ただし，$f(x)$ は**表 4.1** で与えられる出力関数を示している。

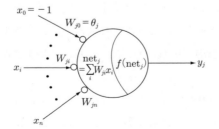

図 4.1 ニューロンモデル

4.2 代表的なニューラルネットワークの学習アルゴリズム

表 **4.1** 出力関数

関数の型	関数
線形関数	$f(x) = x$
符号関数	$f(x) = \begin{cases} + & (x \geqq 0 \text{ のとき}) \\ - & (\text{それ以外のとき}) \end{cases}$
シグモイド関数	$f(x) = \dfrac{1}{1 + \exp(-x)}$
逆双曲線正接関数	$f(x) = \dfrac{1 - \exp(-2x)}{1 + \exp(2x)}$
放射基底関数	$f(x) = \exp\left(-\dfrac{x^2}{\beta^2}\right)$

4.2.1 多層パーセプトロン

多層パーセプトロンは，図 **4.1** で示したニューロン（以後，○で表現する）を多数配列した層を多段に並べ，各層間のニューロンを結合したもので，図 **4.2** で表現される．多層ニューラルネットワークは，入力層，中間層，出力層という3種類の層からなっている．入力層は入力データを受け取り，それを中間層のニューロンへ転送する．中間層はいくつかの層からなっており，入力層からのデータを式 (4.1) の処理を行い，その結果をつぎの層のニューロンに転送する．この操作を繰り返し，中間層の最終結果を出力層のニューロンに転送する．出力層では中間層から送られた結果を式 (4.1) の処理を行い，その結果をニューラルネットワークの出力とする．これらの出力結果とあらかじめ設定された望ま

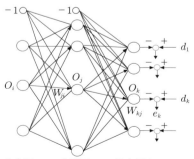

図 **4.2** 多層パーセプトロンの構造

しい出力結果を比較し，それらの誤差の平方和が事前に定めた範囲内にない場合には，ニューロン間の結合強度を修正する．結合強度の修正法として，勾配法を用いたアルゴリズムが導出されており，このアルゴリズムは**一般化 δ ルール**または**誤差逆伝播法**と呼ばれている．以下では，このニューラルネットワークが中心的になるので，詳細に述べる．

簡単のために，中間層は 1 層のみとする．入力層のニューロンを $\{O_i, i = 0, 1, \cdots, M\}$ とし，$O_0 = -1$ とする．また，中間層のニューロンを $\{O_j, j = 0, 1, \cdots, N\}$，出力層のニューロンを $\{O_k, k = 1, \cdots, K\}$，入力データに対応した出力層の出力の望ましい値を $\{d_k, k = 1, \cdots, K\}$ とする．また，望ましい値とニューラルネットワークの実際の出力との誤差を $\{e_k = d_k - O_k, k = 1, \cdots, K\}$ とし，その平方和の $1/2$ を J とする．さらに，入力層のニューロン i と中間層のニューロン j との結合強度を $\{W_{ji}, i = 0, 1, \cdots, M, j = 1, 2, \cdots, N\}$ および中間層のニューロン j と出力層のニューロン k との結合強度を $\{W_{kj}, j = 0, 1, \cdots, N, k = 1, 2, \cdots, K\}$ とする．このとき次式が成立する．

入力層と中間層

$$O_j = f(\text{net}_j), \qquad \text{net}_j = \sum_{i=0}^{M} W_{ji} O_i \tag{4.3}$$

中間層と出力層

$$O_k = f(\text{net}_k), \qquad \text{net}_k = \sum_{j=0}^{N} W_{kj} O_j \tag{4.4}$$

誤差評価

$$J = \frac{1}{2} \sum_{k=1}^{K} e_k^2, \qquad e_k = d_k - O_k \tag{4.5}$$

ただし，本項では出力関数は次式の**シグモイド関数**（図 **4.3** 参照）とする．

$$f(x) = \frac{1}{1 + \exp(-x)} \tag{4.6}$$

一般に，J を最小とする最適な $\{W_{ji}, i = 0, 1, \cdots, M, j = 1, \cdots, N\}$ お

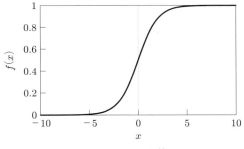

図 4.3　シグモイド関数 $f(x)$

よび $\{W_{kj},\ j = 0,\ 1,\ \cdots,\ N,\ k = 1,\ \cdots,\ K\}$ を解析的に求めることは困難である。そこで，図 4.4 に示す勾配法によって逐次的に最適解を求めることとする。

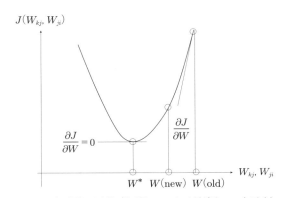

図 4.4　勾配法の原理（ただし，W^* は最適な W を示す）

まず，出力層のニューロンの結合強度 W_{kj} の更新について考える。勾配法は次式で示すように，W_{kj} を勾配に比例した量だけ，勾配と反対方向に移動させる。

$$\begin{aligned}
\Delta W_{kj} &\equiv W_{kj}(\text{new}) - W_{kj}(\text{old}) \\
&\propto -\left.\frac{\partial J}{\partial W_{kj}}\right|_{W_{kj}=W_{kj}(\text{old})} \\
&= -\eta \frac{\partial J}{\partial W_{kj}}
\end{aligned} \qquad (4.7)$$

ただし，$\eta\ (>0)$ は比例数である．通常，この η を学習係数と呼ぶ．式 (4.4)，(4.5) を考慮して，微分の連鎖規則を用いると次式を得る．

$$-\frac{\partial J}{\partial W_{kj}} = -\frac{\partial J}{\partial \text{net}_k}\frac{\partial \text{net}_k}{\partial W_{kj}} = \delta_k O_j \tag{4.8}$$

$$\begin{aligned}\delta_k &\equiv -\frac{\partial J}{\partial \text{net}_k}\\&= -\frac{\partial J}{\partial e_k}\frac{\partial e_k}{\partial O_k}\frac{\partial O_k}{\partial \text{net}_k}\\&= e_k f'(\text{net}_k) = e_k O_k(1-O_k)\end{aligned} \tag{4.9}$$

最後の等式は $f(x)$ を x で微分することによって得られる $f'(x) = f(x)(1-f(x))$ から導出される．したがって，W_{kj} の変更量 ΔW_{kj} は次式で与えられる．

$$\Delta W_{kj} = W_{kj}(\text{new}) - W_{kj}(\text{old}) = \eta \delta_k O_j \tag{4.10}$$

$$\delta_k = e_k O_k(1-O_k) \tag{4.11}$$

ここに，$k = 1, 2, \cdots, K,\ j = 0, 1, \cdots, N$ である．

つぎに，出力層の場合と同様に，勾配法の原理に基づいて中間層のニューロンの結合強度 W_{ji} の更新について考える．変更量を ΔW_{ji} とすると，式 (4.10) と同様にして

$$\begin{aligned}\Delta W_{ji} &\equiv W_{ji}(\text{new}) - W_{ji}(\text{old}) \propto -\left.\frac{\partial J}{\partial W_{ji}}\right|_{W_{ji}=W_{ji}(\text{old})}\\&= -\eta\frac{\partial J}{\partial \text{net}_j}\frac{\partial \text{net}_j}{\partial W_{ji}} = \eta \delta_j O_i\end{aligned} \tag{4.12}$$

$$\begin{aligned}\delta_j &\equiv -\frac{\partial J}{\partial \text{net}_j} = -\sum_{k=1}^{K}\frac{\partial J}{\partial \text{net}_k}\frac{\partial \text{net}_k}{\partial O_j}\frac{\partial O_j}{\partial \text{net}_j}\\&= \sum_{k=1}^{K}\delta_k W_{kj} f'(\text{net}_j) = \sum_{k=1}^{K}\delta_k W_{kj} O_j(1-O_j)\end{aligned} \tag{4.13}$$

となる．式 (4.13) の δ_j の導出では，net_j の変更が出力層のすべてのニューロン $\{O_k, k = 1, 2, \cdots, K\}$ に影響することを用いた．したがって，W_{ji} の変更量 ΔW_{ji} は次式で与えられる．

4.2 代表的なニューラルネットワークの学習アルゴリズム

$$\Delta W_{ji} = W_{ji}(\text{new}) - W_{ji}(\text{old}) = \eta \delta_j O_i \tag{4.14}$$

$$\delta_j = \sum_{k=1}^{K} \delta_k W_{kj} O_j (1 - O_j) \tag{4.15}$$
$$k = 1, 2, \cdots, K, \quad j = 0, 1, \cdots, N$$

出力はいずれも $[0,1]$ に限定されているが，出力層のニューロンの非線形関数 $f(x)$ を $f(x) = x$ とすれば，任意の大きさの出力に追随できるニューラルネットワークが実現できる．ただし，この場合には，式 (4.15) の δ_k を e_k に変更することが必要である．

また，勾配法における最適解への振動を少なくし，収束を速めるために以下のような項（**慣性項**と呼ぶ）を付けることが多い．ただし，学習係数 η および慣性係数 α は経験的に試行錯誤で決められている．

$$\Delta W_{kj}(\text{new}) = \eta \delta_k O_j + \alpha \Delta W_{kj}(\text{old}) \tag{4.16}$$
$$j = 0, 1, \cdots, N, \ \ k = 1, 2, \cdots, K$$

$$\Delta W_{ji}(\text{new}) = \eta \delta_j O_i + \alpha \Delta W_{ji}(\text{old}) \tag{4.17}$$
$$i = 0, 1, \cdots, M, \ \ j = 1, 2, \cdots, N$$

以上のことをまとめると，誤差逆伝播法は以下の手順で計算される．

Step 1 初期設定

ニューラルネットワークのパラメータ $W_{kj}, W_{ji}, \eta, \alpha$ および学習終了限界値 ϵ およびニューラルネットワークへの入力 O_i $(i = 0, 1, \cdots, M)$ および出力の目標値 d_k $(k = 1, 2, \cdots, K)$ を設定する．

Step 2 ニューラルネットワークの出力の計算

$$O_j = f(\text{net}_j), \quad \text{net}_j = \sum_{i=0}^{M} W_{ji} O_i \tag{4.18}$$

$$O_k = f(\text{net}_k), \quad \text{net}_k = \sum_{j=0}^{N} W_{kj} O_j \qquad (4.19)$$

$$f(x) = \frac{1}{1 + \exp(-x)} \qquad (4.20)$$

Step 3 誤差の計算と評価

$$e_k = d_k - O_k, \quad J = \frac{1}{2} \sum_{k=1}^{K} e_k^2 \qquad (4.21)$$

もし $J \leqq \epsilon$ ならば終了し，それ以外ならば **Step 4** へ進む。

Step 4 一般化誤差の計算

$$\delta_k = e_k O_k (1 - O_k) \qquad (4.22)$$

ただし，$k = 1, 2, \cdots, K$ とする。

$$\delta_j = \sum_{k=1}^{K} \delta_k W_{kj} O_j (1 - O_j) \qquad (4.23)$$

ただし，$j = 0, 1, 2, \cdots, N$ とする。

Step 5 結合強度の更新

$$W_{ji}(\text{new}) = W_{ji}(\text{old}) + \eta \delta_j O_i + \alpha \Delta W_{ji}(\text{old}) \qquad (4.24)$$

ただし，$j = 1, 2, \cdots, N, i = 0, 1, \cdots, M$ とする。

$$W_{kj}(\text{new}) = W_{kj}(\text{old}) + \eta \delta_k O_j + \alpha \Delta W_{kj}(\text{old}) \qquad (4.25)$$

ただし，$k = 1, 2, \cdots, K, j = 0, 1, \cdots, N$ とする。

$W_{ji}(\text{new}) \to W_{ji}$，$W_{kj}(\text{new}) \to W_{ki}$ と変更して，**Step 2** へ戻る。
中間層が2層以上ある場合には，上記 **Step 4** を層数だけ繰り返すことで同じように計算できる。

4.2 代表的なニューラルネットワークの学習アルゴリズム

階層型ニューラルネットワークで注意することは，学習アルゴリズムの導出が勾配法に基づいているため，求められる最適解が局所最小値となることである。したがって，当初予期した学習結果を得られない場合には，初期の結合強度を変更するとか，学習係数 η や α の変更，中間層のニューロン数の変更などを行うことが必要である。このようなパラメータの設定に対しては，以下の遺伝的アルゴリズムの活用が効果的である。

4.2.2 遺伝的アルゴリズム

遺伝的アルゴリズムは生物の適応と進化のモデルとして考えられた学習最適化手法である。生物は細胞内の染色体の集まりに相当する遺伝子の型（遺伝子型）とそれにより現れる外見や性質など（表現型：遺伝子型の発現したもの）を有しており，遺伝子の一部を組み合わせて子孫を残している。遺伝的アルゴリズムでは，遺伝子型を固定長の 0, 1 の記号列で表現したものを遺伝子コード，各コードの位置を遺伝子座と呼ぶ。簡単のために，遺伝子コードと表現型は 2 進数と 10 進数の変換とする。個体は，表現型が環境にどの程度適応するかを測る適応度が定められている。一般的に適応度は大きい値をとるほうがよいように設定する。

このとき，遺伝的アルゴリズムは図 **4.5** のような手順で計算する。代表的な交叉として，1 点交叉，2 点交叉，一様交叉の方法を図 **4.6** の (a)～(c) に示す。1 点交叉は，ある点で区切り，その点以降を入れ替える，2 点交叉は 2 点間を交換する，一様交叉は乱数で 0, 1 を発生し，1 の遺伝子のコードを入れ替えるものである。また，突然変異の方法を図 **4.7** に示す。突然変異は滅多に起こらないため，非常に小さい（約 1%）突然変異確率を p_s とし，$[0,1]$ の一様乱数が p_s 以内になるときの遺伝子コードを反転する。上記の遺伝操作によって得られた遺伝子型（2 値のビット列）を 2 進法で表現型に変換し，適応度を計算し，この値が十分大きくなれば，遺伝子操作を終了するのが図 **4.5** の遺伝的アルゴリズムである。

182   4. ニューラルネットワークによる同定

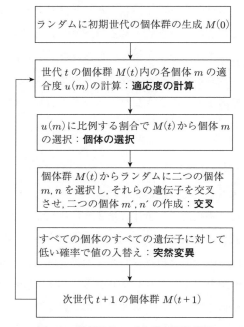

図 **4.5** 遺伝的アルゴリズム計算手順

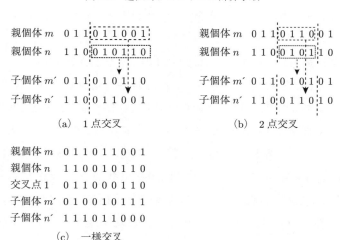

(c) 一様交叉

図 **4.6** 代表的な交叉

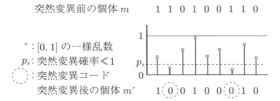

図 4.7 突然変異の方法（p_s は突然変異確率を示す）

4.2.3 GMDH ニューラルネットワーク

GMDH は非線形モデリングとして提案されたもので，入出力関係を次式で表現する系統的な手法である．

$$y = W_0 + \sum_{i=1}^{I} W_i x_i + \sum_{i=1}^{I} \sum_{j=1}^{I} W_{ij} x_i x_j + \cdots \quad (4.26)$$

ただし，x_i は入力，W_0, W_i, W_{ij} は結合係数を示す．$I = 2$ のとき，2 入力に対するニューロンモデルとして，図 **4.8** を考える．

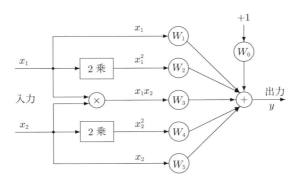

図 4.8 2 入力に対する GMDH ニューロンモデル

このニューロンを GN とするとき，図 **4.9** の階層型ニューラルネットワークを考える．これは多層パーセプトロンと同じ構造なので，同様な学習法が適用可能になる．また，ニューラルネットワークの構造決定には，遺伝的アルゴリズムを用いることができる．

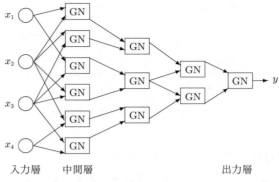

図 4.9 GMDH 階層型ニューラルネットワーク

4.2.4 Elman ニューラルネットワーク

Elman ニューラルネットワークは，多層パーセプトロンニューラルネットワークの中間層の出力を入力層に含まれているニューロン $x^a(k), \cdots, x^a(k-n)$ へフィードバックするもので，図 **4.10** のような構造になっている．ただし，中間層は 2 層以上からなっており，中間層の最終層の出力をフィードバックするものとする．図 **4.10** において，z^{-1} は時間遅れ要素を示し，$M_1, \cdots, M_n$ は

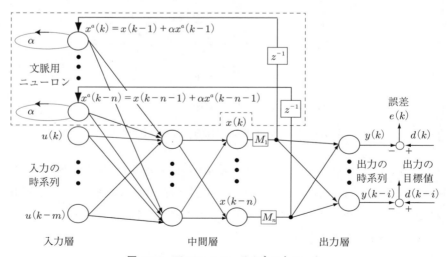

図 **4.10** Elman ニューラルネットワーク

$x(k), \cdots, x(k-n)$ の許容範囲を示し，点線で囲った箇所は前述の多層パーセプトロンに新たに追加された部分である．入力層で新たに追加されたニューロン $x^a(k), \cdots, x^a(k-n)$ には結合強度 α の自己結合があり，ニューラルネットワークの出力層のニューロンは線形ニューロンとする．

4.3 フィードフォワードニューラルネットワークによるシステム同定

本節で取り扱う同定対象は，**非線形離散時間システム**で記述されるものとする．動的システムは**入出力モデル**と**状態空間モデル**のいずれかによって記述できるので，以下では，これら二つのモデルに含まれる非線形特性をフィードフォワードニューラルネットワークで近似することにより非線形システムをモデル化する手法を述べる．

4.3.1 動的システムの記述

〔1〕 **入出力モデル**　入出力モデルは入力データと出力データによって動的システムを記述するものである．したがって，システムが確定的で，時不変（システムの構造やパラメータが時間的に変化しない）で，**1入力1出力**（single-input/single-output）とすると，その入出力モデルは一般に次式のように記述される．

定義 4.1　(非線形入出力モデル)
$$y_P(k) = f(y_P(k-1), y_P(k-2), \cdots, y_P(k-n),$$
$$u(k-1), u(k-2), \cdots, u(k-m)) \qquad (4.27)$$

ここで，$[u(k), y_P(k)]$ は時刻 k におけるシステムの入出力対を示し，正の整数 n と m は，それぞれ，過去の出力の数（システムの次数）と過去の入力の数を示し，$n \geqq m$ とする．f は過去の入力と出力から現在の出力への写像を示す非線形関数である（**図 4.11**）．

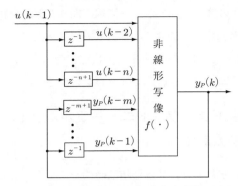

図 **4.11** 式 (4.27) の入出力表現

もしシステムが線形なら，f は線形関数であり，式 (4.27) は次式となる．

$$y_P(k) = a_1 y_P(k-1) + \cdots + a_n y_P(k-n)$$
$$+ b_1 u(k-1) + \cdots + b_m u(k-m) \tag{4.28}$$

ここで，$a_i\ (i=1,2,\cdots,n)$ と $b_i\ (i=1,2,\cdots,m)$ は定数を示す．

〔**2**〕**状態空間モデル** 状態空間モデルは，入出力の間に，状態（内部状態）という概念を入れ，入力–状態を表現する状態方程式と状態–出力を表現する出力方程式からなっているので，n 次元 m 入力 l 出力の非線形状態空間モデルは，以下のように記述される．

定義 4.2 (非線形状態空間モデル)

$$x(k+1) = \Phi(x(k), u(k)) \tag{4.29a}$$

$$y(k) = \Psi(x(k)) \tag{4.29b}$$

ここで，$x(k)$ は n 次元ベクトルでシステムの状態，$u(k)$ は m 次元ベクトルでシステムの入力，$y(k)$ は l 次元ベクトルでシステムの出力を示している．また，Φ と Ψ は非線形写像を示している．

もし，システムが線形ならば，式 (4.29) は式 (2.148) あるいは式 (3.1) となる。

$$x(k+1) = Ax(k) + Bu(k)$$
$$y(k) = Cx(k)$$

4.3.2 入出力モデルによる同定

フィードフォワード型のニューラルネットワークは，任意の非線形写像をあらかじめ定めた精度で近似できることが示されている[176]。したがって，ここでのシステム同定は動的システムに含まれている非線形写像を近似する適切な写像を学習によって獲得することに相当し，図 **4.12** のような構造になっている。

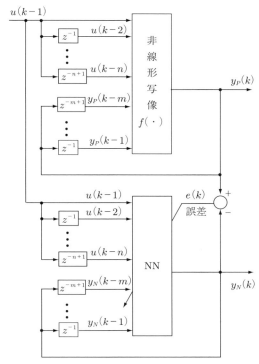

図 **4.12** 並列型同定の枠組み：NN は多層パーセプトロン型ニューラルネットワーク，$y_N(k)$ は NN の出力

ただし，図 **4.12** の上側は図 **4.11** と同じであり，下側が同じような構造で，非線形写像の部分をニューラルネットワークに置き換えたものである．実際の同定問題では，n, m が未知であることが多いため，想定されるよりも少し大きめに設定し，誤差の平方和または赤池情報量規範（AIC）が小さくなるところを目安とすればよい．また，NN の出力層のニューロンは線形ニューロンとする．

図 **4.12** では，ニューラルネットワークへの入力として，NN の過去の時系列 $\{y_N(l), l = k-1, k-2, \cdots, k-m\}$ が用いられているが，システムの出力として過去の時系列 $\{y_P(l), l = k-1, k-2, \cdots, k-m\}$ はすでに既知であるため，これを用いるほうが望ましいことが多い．これを考慮したのが，図 **4.13** に示す**直並列型構造の同定手法**である[†1]．

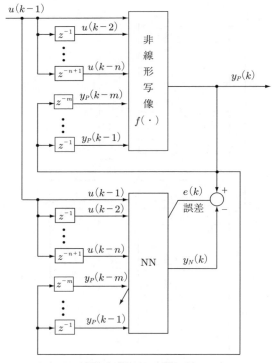

図 **4.13** 直並列型同定の枠組み

[†1] 図 **4.12** の誤差 $e(k)$ は **2** 章での出力誤差に，図 **4.13** の誤差 $e(k)$ は式誤差に相当する．

一般的に，多層パーセプトロン型ニューラルネットワークは，ブラックボックスモデルであり，構造が見えにくい点が欠点である．このために，制御対象の数式モデルで大雑把な構造を決定し，そのモデルだけでは記述が困難な部分をニューラルネットワークで補う相補的な役割をもたせたシステムモデル化法として，図 **4.14** に示す**数式モデル併用型同定方式**がある．例えば，数式モデルとして線形モデルを用い，それだけで補えない偏差をニューラルネットワークで補正するのが有用なことが多い．

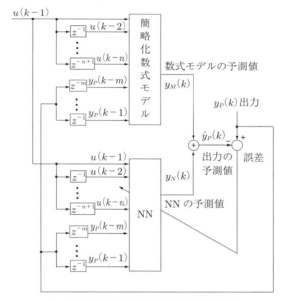

図 **4.14** 数式モデル併用型同定の枠組み

4.3.3 状態空間モデルによる同定

状態空間モデルは，式 (4.29a) と式 (4.29b) で記述されている．非線形写像 Φ は状態 $x(k)$ と入力 $u(k)$ を新しい状態 $x(k+1)$ へ写像しているため，これをニューラルネットワーク NN1 で同定する．また，非線形写像 Ψ は状態 $x(k)$ を出力 $y(k)$ へ写像しているため，これをニューラルネットワーク NN2 で同定する．もし状態 $x(k), x(k+1)$ および出力 $y(k)$ が，すべての k に対して既知で

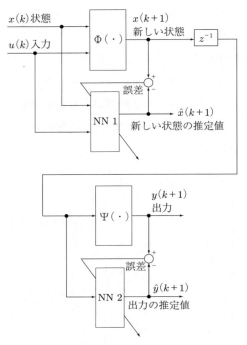

図 4.15 状態空間モデル同定の枠組み

あるとすれば，多層パーセプトロンを用いて，図 4.15 のような構造で同定することができる．

一例として制御対象の伝達関数 $G(s)$ が次式で与えられるサンプル値制御系の同定について考える．

$$G(s) = \frac{1}{s(\tau s + 1)} \tag{4.30}$$

ここに，時定数 $\tau = 1$ 〔s〕とする．また，サンプリング間隔 $T = 0.2$ 〔s〕とし，零次ホールド回路とする．このとき，制御系は，図 4.16 のようになる．

零次ホールド付き開ループ系のパルス伝達関数 $G^*(z^{-1})$ は次式となる．

$$G^*(z^{-1}) = (1 - z^{-1})\mathcal{Z}\left[\mathcal{L}^{-1}\left(G(s)\frac{1}{s}\right)\right] \tag{4.31}$$

4.3 フィードフォワードニューラルネットワークによるシステム同定

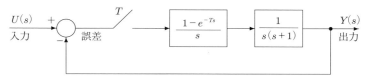

図 **4.16** サンプル値制御系

ここで, $\mathcal{Z}[x(t)]$ は $x(t)$ のサンプル値 $x(kT)$ の z 変換を示し, $\mathcal{L}^{-1}(\cdot)$ は $(\cdot)$ のラプラス逆変換を示す。$\mathcal{L}^{-1}\left(G(s)\dfrac{1}{s}\right)$ はステップ応答であり, この例では次式となる。

$$\mathcal{L}^{-1}\left(G(s)\frac{1}{s}\right) = \mathcal{L}^{-1}\left(\frac{1}{s^2(s+1)}\right) = \mathcal{L}^{-1}\left(\frac{1}{s^2} - \frac{1}{s} + \frac{1}{s+1}\right)$$
$$= t - 1 + e^{-t} \tag{4.32}$$

他方, $\mathcal{Z}$ の定義から

$$\mathcal{Z}[t] = 0 + Tz^{-1} + 2Tz^{-2} + \cdots = \frac{Tz^{-1}}{(1-z^{-1})^2}$$

$$\mathcal{Z}[1] = 1 + z^{-1} + z^{-2} + \cdots = \frac{1}{1-z^{-1}}$$

$$\mathcal{Z}[e^{-t}] = 1 + e^{-T}z^{-1} + e^{-2T}z^{-2} + \cdots = \frac{1}{1-e^{-T}z^{-1}}$$

となる。したがって, 零次ホールド付き開ループ系のパルス伝達関数 $G^*(z^{-1})$ は以下のように与えられる。

$$\begin{aligned}
G^*(z^{-1}) &= (1-z^{-1})\left(\frac{Tz^{-1}}{(1-z^{-1})^2} - \frac{1}{1-z^{-1}} + \frac{1}{1-e^{-T}z^{-1}}\right) \\
&= \frac{(a+T-1)z^{-1} + (1-(T+1)a)z^{-2}}{1-(1+a)z^{-1} + az^{-2}} \\
&\approx \frac{0.019z^{-1} + 0.018z^{-2}}{1 - 1.819z^{-1} + 0.819z^{-2}}
\end{aligned} \tag{4.33}$$

ただし, $a = e^{-T}$ であり, $T = 0.2$ より, $a = e^{-T} \approx 0.8187$ と近似している。

したがって, 閉ループ系のパルス伝達関数 $H^*(z^{-1})$ は次式となる。

$$H^*(z^{-1}) = \frac{G^*(z^{-1})}{1+G^*(z^{-1})}$$
$$= \frac{(a+T-1)z^{-1} + (1-(T+1)a)z^{-2}}{1+(T-2)z^{-1} + (1-aT)z^{-2}}$$
$$\approx \frac{0.019z^{-1} + 0.018z^{-2}}{1 - 1.8z^{-1} + 0.837z^{-2}} \quad (4.34)$$

このとき,式 (4.34) で表される入出力関係は次式となる。

$$y(k+1) = 1.8y(k) - 0.837y(k-1) + 0.019u(k) + 0.018u(k-1) \quad (4.35)$$

この式 (4.35) を状態空間表示すると次式となる。

$$\begin{bmatrix} x_1(k+1) \\ x_2(k+1) \end{bmatrix} = \begin{bmatrix} 0 & 1 \\ -0.837 & 1.8 \end{bmatrix} \begin{bmatrix} x_1(k) \\ x_2(k) \end{bmatrix} + \begin{bmatrix} 0.019 \\ 0.0522 \end{bmatrix} u(k) \quad (4.36a)$$
$$y(k) = x_1(k) \quad (4.36b)$$

状態がすべて観測できる場合のシステム同定法を適用してパラメータ同定を行う。したがって,状態空間モデル式 (4.36) をニューラルネットワークで模擬すると図 **4.17** となる。ただし,NN はニューラルネットワークを示し,その具体的な構造は図 **4.18** に示す。図 **4.18** で,$\hat{x}$ は x の推定値を示し,$e_i(k+1)$ は

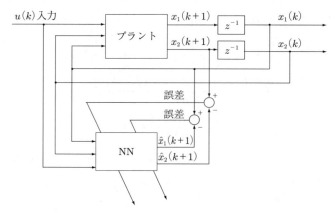

図 **4.17** 状態空間モデル同定の例

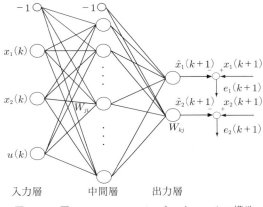

図 4.18 図 4.17 のニューラルネットワークの構造

推定誤差を示す．中間層のニューロン数は誤差の基準に応じて増減するものとする．

なお，式 (4.36) に含まれる未知パラメータを入力 $u(k)$ と状態 $x(k+1)$ とから求めるニューラルネットワークによる手法であり，その結果，$u(k)$ と出力 $y(k)$ の関係式が求められることを示している．また，制御対象および観測機構が線形の場合には，非線形素子を用いる必要がない．このような状況に対しては，ニューラルネットワークの出力関数のため，**表 4.1** の出力関数を $f(x) = x$ の線形関数に設定すればよい．この場合には，中間層，出力層のニューロンの入出力関係が行列の積で表示されるので，多層にすることの意味がなくなるため，1 層のニューラルネットワークの解析となり，通常，適応フィルタと呼ばれている．これに関しては後半で詳述する．

4.4 数式モデルのパラメータ推定

これまでの考察は，同定対象の入出力関係が同じようになるようなモデルをニューラルネットワークで構成するものであり，構造的にはブラックボックス的なものであった．このようなニューラルネットワークによる入出力モデル（通

常，エミュレータと呼ぶ）が有効であるのは，学習済みのエミュレータを実際の制御対象とみなして，制御対象の出力が望ましい値になるような制御入力をニューラルネットワークで決定するような場合である。したがって，この場合，制御対象の数式モデルのパラメータを陽に求める必要がない。

しかし，**ニューロ制御**や**ファジィ制御**以外の制御方法では，制御対象を記述する数式モデルを用いて制御系設計を行うことが主流であり，この数式モデルのパラメータを推定することを同定と呼ぶことが多い。本節では，パラメータ推定をニューラルネットワークで行う手法について述べる。

4.4.1 ニューラルネットワークによるパラメータ推定

出力がパラメータについて線形ではない（データベクトル（回帰ベクトルregressor）とパラメータベクトルの内積で表せない）場合，パラメータ推定は非線形最適化の問題になり，線形の場合の最小2乗法のような一般的な推定法が確立されていない。以下では，構造は既知であるが未知パラメータを含む非線形システムのパラメータをニューラルネットワークにより推定する手法について述べる。同定対象として，次式で表される非線形離散時間システムを考える。

定義 4.3 （同定対象の非線形離散時間システム）

$$y(k) = G(y(k-1), y(k-2), \cdots, y(k-n),$$
$$u(k-l-1), u(k-l-2), \cdots, u(k-l-m),$$
$$\alpha_1, \alpha_2, \cdots, \alpha_i) \qquad (4.37)$$

ただし，$y(k)$ はシステム出力，$u(k)$ は制御入力，$\alpha_1, \alpha_2, \cdots, \alpha_i$ は未知パラメータを示している。また，l はむだ時間を表す。

ここで，式 (4.37) に含まれるパラメータ $\alpha_1, \alpha_2, \cdots, \alpha_i$ を絶対値が1以下であるとする。これはニューロンの出力層の関数を次式とすることを意味している。

$$f(x) = \frac{2}{1+e^{-x}} - 1 \tag{4.38}$$

もしパラメータの変動範囲を $-K$ から K に変更したい場合には

$$f(x) = \frac{2K}{1+e^{-x}} - K \tag{4.39}$$

と変更すればよい．

さて，式 (4.37) で表される同定対象は，以下の仮定を満足するものとする．

システムモデルに対する条件：

1) システムの構造は既知である．すなわち非線形写像 $G(\cdot)$ が既知である．
2) むだ時間 l は既知である．

まず，式 (4.37) と同じ構造をもつ同定モデルを次式として定義する．

定義 4.4 (同定対象の非線形離散時間モデル)

$$\begin{aligned}
\widehat{y}(k) = G(&y(k-1), y(k-2), \cdots, y(k-n), \\
& u(k-l-1), u(k-l-2), \cdots, u(k-l-m), \\
& \widehat{\alpha}_1, \widehat{\alpha}_2, \cdots, \widehat{\alpha}_i)
\end{aligned} \tag{4.40}$$

ここで，$\widehat{\alpha}_1, \widehat{\alpha}_2, \cdots, \widehat{\alpha}_i$ は $\alpha_1, \alpha_2, \cdots, \alpha_i$ の推定値を示す．

システム出力 $y(k+l+1)$ の $l+1$ 段予測値 $\widehat{y}(k+l+1|k)$ が必要となる場合，この予測値は次式として与えられる．

$$\begin{aligned}
\widehat{y}(k+l+1|k) = P(&\widehat{y}(k+l), \widehat{y}(k+l-1), \cdots, \widehat{y}(k+1), \\
& y(k), y(k-1), \cdots, y(k-n+l+1), \cdots \\
& u(k-1), u(k-2), \cdots, u(k-m+1), \\
& \widehat{\alpha}_1, \widehat{\alpha}_2, \cdots, \widehat{\alpha}_i)
\end{aligned} \tag{4.41}$$

ただし，$\widehat{y}(k+l|k), \widehat{y}(k+l-1|k), \cdots, \widehat{y}(k+1|k)$ は $y(k+l), y(k+l-1),$ $\cdots, y(k+1)$ の予測値を示し，P はその表現式を示している．なお，$\widehat{y}(k+l),$

$\widehat{y}(k+l-1|k), \cdots, \widehat{y}(k+1|k)$ はニューラルネットワークで計算する.このとき,予測誤差 $\varepsilon(k+l+1)$ は

$$\varepsilon(k+l+1) = y(k+l+1) - \widehat{y}(k+l+1|k) \tag{4.42}$$

であり,ニューラルネットワークの学習が十分に行われたとき $\varepsilon(k+l+1) \to 0$ となる.

図 4.19 において,$G(\cdot)$ で記述した部分はニューラルネットワークの一部(ただし,構造が固定されている)とみなすならば,通常の誤差逆伝播法が適用できる.これについて,以下で詳述する.この場合,式 (4.5) は次式となる.

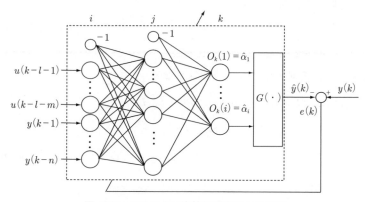

図 4.19　NN による直接的同定法の構造図

$$J = \frac{1}{2}(y(k) - \widehat{y}(k))^2 \tag{4.43}$$

ただし,$\widehat{y}(k)$ はニューラルネットワークによる $y(k)$ の推定値を示す.

中間層と出力層の結合強度を W_{kj} とすると,結合強度 W_{kj} の修正を行うために必要となる評価規範 J の結合強度 W_{kj} に関する勾配は,次式で示される.

$$\frac{\partial J}{\partial W_{kj}} = \frac{\partial J}{\partial \mathrm{net}_k} \frac{\partial \mathrm{net}_k}{\partial W_{kj}} = -\delta_k O_j \tag{4.44}$$

さらに,δ_k は次式で与えられる.

$$\delta_k = -\frac{\partial J}{\partial \text{net}_k} = e(k)\frac{\partial \widehat{y}(k)}{\partial O_k}\frac{\partial O_k}{\partial \text{net}_k} = e(k)O_k(O_k - 1)\frac{\partial \widehat{y}(k)}{\partial O_k} \quad (4.45)$$

式 (4.45) で $\dfrac{\partial \widehat{y}(k)}{\partial O_k}$ をパラメータ感度と呼ぶ．これはパラメータ O_k をわずかに摂動させたとき，出力 $\widehat{y}(k)$ に及ぼす影響を示している．なお，入力層と中間層の結合強度 W_{ji} に対する更新規則は式 (4.24) と同じである．

4.4.2 パラメータ推定の例

パラメータ感度の具体的な形は問題ごとに異なるため，以下では二つの例について考察する．これらは Narendra などが考察した制御対象[178]（例 1）と Pham などが考察した制御対象[177]（例 2）のモデルである．

例 1 　$y(k) = \dfrac{0.5y(k-1)}{1 + 0.3y^2(k-1)} + 0.6u^2(k-2)$ \quad (4.46)

例 2 　$y(k) = \dfrac{y(k-1)}{0.9 + y^2(k-1)} - 0.3y(k-1) + 0.5u(k-2)$ \quad (4.47)

例 1 の場合，$\alpha_1 = 0.3$, $\alpha_2 = 0.5$, $\alpha_3 = 0.6$ とおく．このとき，図 **4.19** における $O_k(i)$ を $O_k(i) = \alpha_i$ $(i = 1, 2, 3)$ とするとパラメータ感度は次式となる．

$$\frac{\partial \widehat{y}(k)}{\partial O_k(1)} = -\frac{O_k(2)y^3(k-1)}{(1 + O_k(1)y^2(k-1))^2} \quad (4.48\text{a})$$

$$\frac{\partial \widehat{y}(k)}{\partial O_k(2)} = \frac{y(k-1)}{1 + O_k(1)y^2(k-1)} \quad (4.48\text{b})$$

$$\frac{\partial \widehat{y}(k)}{\partial O_k(3)} = u^2(k-2) \quad (4.48\text{c})$$

学習係数 η と慣性係数 α の値を次式とする．

$$\eta = 0.001, \quad \alpha = 0.001$$

このとき，パラメータ同定結果を図 **4.20** に示す．ただし，ニューラルネットワークの入力層は 8，中間層は 12 として，10 000 回の学習を行った．また，ニューラルネットワークに含まれる結合強度の初期値は絶対値が 1 以

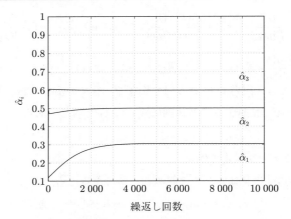

図 4.20 例1のシミュレーション結果

下の乱数を用いた。

なお,この例1ではむだ時間は $l=2$ であるから,予測制御を行う場合2段先の最適予測値 $\widehat{y}(k+2|k)$ が必要になる。

$$\widehat{y}(k+2|k) = \frac{\widehat{\alpha}_2 \widehat{y}(k+1|k)}{1+\widehat{\alpha}_1 \widehat{y}^2(k+1|k)} + \widehat{\alpha}_3 u^2(k) \tag{4.49}$$

さらに,1段先の予測値 $\widehat{y}(k+1|k)$ は次式となる。

$$\widehat{y}(k+1|k) = \frac{\widehat{\alpha}_2 y(k)}{1+\widehat{\alpha}_1 y^2(k)} + \widehat{\alpha}_3 u^2(k-1) \tag{4.50}$$

このように予測値を順次計算することで式 (4.41) の写像 P をニューラルネットワークで計算することができる。

つぎに,例2の場合を考える。例1と同じような計算によって,パラメータ感度は次式となる。

$$\frac{\partial \widehat{y}(k)}{\partial O_k(1)} = -\frac{y(k-1)}{\{O_k(1)+y^2(k-1)\}^2} \tag{4.51a}$$

$$\frac{\partial \widehat{y}(k)}{\partial O_k(2)} = -y(k-2) \tag{4.51b}$$

$$\frac{\partial \widehat{y}(k)}{\partial O_k(3)} = u(k-1) \tag{4.51c}$$

ここで，ニューラルネットワークの入力層および中間層は，例1の場合と異なり，入力層は6，中間層は7と設定した。このように対象システムの構造によって，入力層および中間層の数を変更することが必要である。ただし，例1と同様，学習回数は10 000回とし，その結果を図 **4.21** に示す。いずれの場合にも，真値に収束していることがわかる。

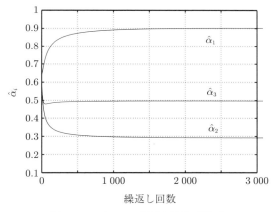

図 **4.21** パラメータ同定結果（例2）

4.5 適応ディジタルフィルタ

ニューロンの出力関数が $f(x) = x$ の場合について考察する。これは Widrow によって1960年に提案された手法であり[179),181)]，δルールという学習法で未知パラメータを決定する手法である。同時代の巨匠 Kalman が提案した**カルマンフィルタ**[180)] の理論的厳密性と美しさのため，Widrow の業績は発表当時から約15年注目されなかった。カルマンフィルタの研究がほぼ終焉を迎え，最適でなく最良なものでも有用性の観点からは十分なものが多く，しかも計算量が飛躍的に減少できるという観点から Widrow の研究が見直され始め，1980年代のニューロブームへと連結されていった。Widrow の提案した適応フィルタは目標値と実際に得られた出力との誤差 $e(k)$ と入力との積に比例した修正を行っている。これに対して，ニューラルネットワークではニューロンの出力関数（一

般的には非線形特性）の微分と誤差と入力の積に比例した修正を行う。線形関数の微分は定数であるため，階層型ニューラルネットワークの誤差逆伝播法はWidrowが提案した適応フィルタを含んでいる。そこで，Widrowが提案した適応フィルタの学習法を**δ ルール**と呼び，階層型ニューラルネットワークの誤差逆伝播法を**一般化 δ ルール**と呼ぶことは **4.2.1** 項で述べた。

適応フィルタの基本構造は図 **4.22** のようになっている。適応フィルタとしては非巡回型フィルタと巡回型フィルタに分類されている。

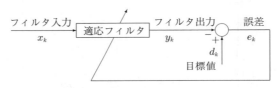

図 **4.22** 適応フィルタの基本構造

4.5.1 非巡回型フィルタ

まず，**非巡回型フィルタ**について述べる。なお，以下では適応フィルタの通常の記法に従って，$y(k), e(k)$ などを y_k, e_k と表記する。非巡回型適応フィルタは図 **4.23** のような構造で，出力 y_k のフィードバックを有していない。図 **4.23** において，W_{lk} $(l = 0, 1, \cdots, N)$ はフィルタの重み係数を示し，斜線の矢印はフィルタの重み係数が可変であることを意味しており，N はフィルタの次数を示している。

Widrowが提案した適応フィルタは，次式で与えられる評価規範 J_k を最小

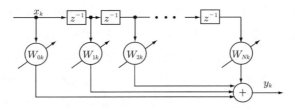

図 **4.23** 非巡回型適応フィルタの構造

とするために勾配法を用いたものである。

$$J_k = \frac{1}{2}e_k^2 = \frac{1}{2}(d_k - y_k)^2 = \frac{1}{2}(d_k - \boldsymbol{W}_k^T \boldsymbol{X}_k)^2 \tag{4.52}$$

ただし，$\boldsymbol{W}_k$，$\boldsymbol{X}_k$ は次式となる．

$$\boldsymbol{W}_k = [W_{0k}, W_{1k}, \cdots, W_{Nk}]^T \tag{4.53}$$

$$\boldsymbol{X}_k = [x_k, x_{k-1}, \cdots, x_{k-N}]^T \tag{4.54}$$

勾配法とは勾配と反対方向にパラメータ（ここでは重み係数）を移動して評価関数の最小値に到達させる方法であり，次式で与えられる．

$$\begin{aligned}\boldsymbol{W}_{k+1} &= \boldsymbol{W}_k - \eta \nabla_{\boldsymbol{W}_k} e_k^2 \\ &= \boldsymbol{W}_k - \eta e_k \nabla_{\boldsymbol{W}_k} e_k = \boldsymbol{W}_k + \eta e_k \boldsymbol{X}_k\end{aligned} \tag{4.55}$$

式 (4.55) で $\nabla_{\boldsymbol{W}_k}(\cdot)$ は次式で与えられる $\boldsymbol{W}_k$ に関する勾配を示す．

$$\nabla_{\boldsymbol{W}_k}(\cdot) = \left(\frac{\partial(\cdot)}{W_{0k}}, \cdots, \frac{\partial(\cdot)}{\partial W_{Nk}}\right)^T \tag{4.56}$$

また，最後の等式は同じ次元の二つのベクトル $\boldsymbol{x}$ と $\boldsymbol{y}$ に対して，$\nabla_{\boldsymbol{x}}(\boldsymbol{x}^T\boldsymbol{y}) = \boldsymbol{y}$ の関係を用いた．成分ごとで表記すると次式となる．

$$W_{j\,k+1} = W_{jk} - \eta\frac{\partial J_k}{\partial W_{jk}} = W_{jk} - \eta e_k \frac{\partial e_k}{\partial W_{jk}} = W_{jk} + \eta e_k x_{k-j} \tag{4.57}$$

$$j = 0, 1, \cdots, N$$

ただし，$\eta > 0$，$k = 0, 1, 2, \cdots$ である．

式 (4.57) は δ ルールを示している．これはただ 1 個のニューロンからなる階層型ニューラルネットワークで，ニューロンの出力関数 $f(x) = x$ としたときの一般化誤差 δ_k と同じになる．換言すれば，線形入出力のニューロンの場合の一般化誤差 δ_k は線形フィルタの誤差 e_k と一致する．この意味で，階層型ニューラルネットワークの場合の誤差を一般化誤差と呼んでいる．

4.5.2 巡回型フィルタ

以下では**巡回型フィルタ**について述べる。巡回型フィルタは一般的に次式で示される。

$$y_k = \sum_{j=0}^{N} W_{jk} x_{k-j} + \sum_{j=1}^{M} V_{jk} y_{k-j} \qquad (4.58)$$

非巡回型フィルタと同様に次式で示すベクトルを導入する。

$$\boldsymbol{W}_k = [W_{0k}, W_{1k}, \cdots, W_{Nk}, V_{1N}, \cdots, V_{Mk}]^T \qquad (4.59)$$

$$\boldsymbol{X}_k = [x_k, x_{k-1}, \cdots, x_{k-N}, y_{k-1}, \cdots, y_{k-M}]^T \qquad (4.60)$$

このとき，式 (4.58) および誤差 e_k は次式となる。

$$y_k = \boldsymbol{W}_k^T \boldsymbol{X}_k \qquad (4.61)$$

$$e_k = d_k - y_k = d_k - \boldsymbol{W}_k^T \boldsymbol{X}_k \qquad (4.62)$$

最小にすべき評価関数は次式である。

$$J_k = \frac{1}{2} e_k^2 = \frac{1}{2}(d_k - y_k)^2 = \frac{1}{2}(d_k - \boldsymbol{W}_k^T \boldsymbol{X}_k)^2 \qquad (4.63)$$

非巡回型適応フィルタの場合と同様に勾配法を用いると，次式を得る。

$$\boldsymbol{W}_{k+1} = \boldsymbol{W}_k - S e_k \nabla_{\boldsymbol{W}_k} e_k \qquad (4.64)$$

ここで

$$S = \begin{bmatrix} \eta I_N & O \\ O & I_M \end{bmatrix}, \quad \eta > 0, \quad \zeta > 0 \qquad (4.65)$$

とする。

いま，$-e_k$ の V_{jk} および W_{jk} に関する勾配を，それぞれ，α_{jk} および β_{jk} とおく。

$$\alpha_{jk} = -\frac{\partial e_k}{\partial V_{jk}} = \frac{\partial y_k}{\partial V_{jk}} \qquad (j = 1, 2, \cdots, M) \qquad (4.66)$$

$$\beta_{jk} = -\frac{\partial e_k}{\partial W_{jk}} = \frac{\partial y_k}{\partial W_{jk}} \qquad (j = 0, 1, \cdots, N) \qquad (4.67)$$

このとき，α_{jk} および β_{jk} は式 (4.58) から次式となる。

$$\alpha_{jk} = \frac{\partial y_k}{\partial V_{jk}} = y_{k-j} + \sum_{i \neq j}^{M} V_{ik} \frac{\partial y_{k-i}}{\partial V_{j\,k-i}}$$

$$= y_{k-j} + \sum_{i \neq j}^{M} V_{ik} \frac{\partial y_{k-i}}{\partial V_{j\,k-i}} = y_{k-j} + \sum_{i \neq j}^{M} V_{ik} \alpha_{j\,k-i} \qquad (4.68)$$

$$\beta_{jk} = \frac{\partial y_k}{\partial W_{jk}} = x_{k-j} + \sum_{i \neq j}^{M} V_{ik} \frac{\partial y_{k-i}}{\partial W_{j\,k-i}}$$

$$= x_{k-j} + \sum_{i \neq j}^{M} V_{ik} \frac{\partial y_{k-i}}{\partial W_{j\,k-i}} = x_{k-j} + \sum_{i \neq j}^{M} V_{ik} \beta_{j\,k-i} \qquad (4.69)$$

したがって，式 (4.64) から逐次的にパラメータを更新する次式を得る。

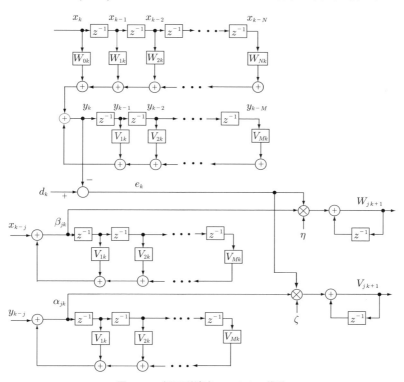

図 **4.24** 巡回型適応フィルタの構造

$$V_{j\,k+1} = V_{jk} + \zeta e_k \alpha_{jk} \qquad (j=1,2,\cdots,M) \qquad (4.70)$$

$$W_{j\,k+1} = W_{jk} + \eta e_k \beta_{jk} \qquad (j=0,1,\cdots,N) \qquad (4.71)$$

以上の関係式を図示したのが，図 **4.24** である．

4.5.3 適応フィルタによるシステム同定

前項で述べた適応フィルタを用いたシステム同定について述べる．図 **4.25** において，システム入力 x_k に対して，未知システムの出力 d_k と適応フィルタの出力 y_k との誤差 e_k が 0 になれば，システム同定が実現できる．いま，$x_k = 1, d_k = 5$ となるシステムがあるとき，$N = M = 1$ としたときの適応フィルタのパラメータ値を図 **4.26** に示す．繰返し回数 $k = 200$ あたりでほぼ誤差が 0 となっている．そのときの値は，以下のようになった．

$$W_{0k} = 0.694, \quad W_{1k} = 0.689, \quad V_{1k} = 0.723$$

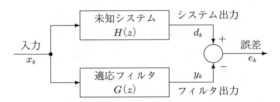

図 **4.25** 適応フィルタによるシステム同定

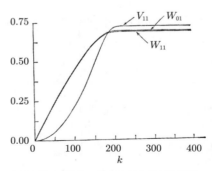

図 **4.26** 適応フィルタによる同定結果

したがって未知システムの推定値は以下のようになる。

$$\widehat{H}(z) = \frac{0.694 + 0.689z^{-1}}{1 - 0.723z^{-1}} \qquad (4.72)$$

時間領域で記述すると次式となる。

$$d_k - 0.723d_{k-1} = 0.694x_k + 0.689x_{k-1}$$

ここで，$x_k = x_{k-1} = 1$, $d_k = d_{k-1} = 5$ とおくと，上式の両辺が等しいことがわかる。また，図 **4.27** は $N = M = 1, 5, 10$ と変化させたときの誤差 e_k の収束特性を示している。フィルタ次数 N, M を増加するにつれて収束が早くなっていることがわかる。これは，極値探索の自由度が大きくなるため，選択回数が小さくても収束が可能なことを意味している。

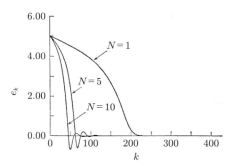

図 **4.27** 適応フィルタによる収束特性

4.6 時系列パラメータの同定

システム同定を行う場合には，入出力データが既知であると仮定して解析することが多い。しかし，実際に入手されるデータは出力データのみであることが多い。この場合には，出力データにできるだけ合致する時系列モデルを採用し，**時系列パラメータ**を同定することがしばしば行われている。以下では，時系列モデルとして代表的な**自己回帰モデル**（auto-regressive model, AR），**移**

動平均モデル (moving-average model, MA), および**自己回帰移動平均モデル** (auto-regressive moving-average model, ARMA) について考察する. AR, MA, ARMA モデルの次数をそれぞれ p, q, (p,q) とするとき, 各モデルを AR(p), MA(q), および ARMA(p,q) と表現する.

いま, 図 **4.28** のように d_k の予測フィルタとしての適応フィルタ $G(z)$ を考える. この図の破線で囲まれた部分は, 未知システム $H(z)$ の逆システム $H(z)^{-1}$ とみなされるので, 適応フィルタによって $H(z)^{-1}$ を求めることにより, $H(z)$ の同定を行うことになる.

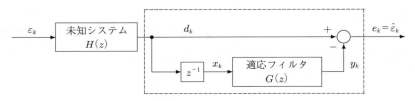

図 **4.28** 適応フィルタによる時系列同定

まず, 未知システムはつぎの ARMA(p,q) とする.

$$H(z) = \frac{d(z)}{\varepsilon(z)} = \frac{1 + \theta_1 z^{-1} + \cdots + \theta_q z^{-q}}{1 - \phi_1 z^{-1} - \cdots - \phi_p z^{-p}} \qquad (4.73)$$

ここに, θ_k ($k = 1, 2, \cdots, q$), ϕ_k ($k = 1, 2, \cdots, p$) は未知パラメータを示し, $q < p$ とする. 時間領域で記述すると

$$d_k = \phi_1 d_{k-1} + \cdots + \phi_p d_{k-p} + \varepsilon_k + \theta_1 \varepsilon_{k-1} + \cdots + \theta_q \varepsilon_{k-q} \qquad (4.74)$$

である. ただし, ε_k は平均値が 0 の白色雑音過程である. いま, $D_0^{k-1} = \{d_0, d_1, \cdots, d_{k-1}, \varepsilon_0, \varepsilon_1, \cdots, \varepsilon_{k-1}\}$ とおくと, d_k の最適予測値 $\widehat{d_k}$ は D_0^{k-1} のもとでの d_k の条件付き期待値 $\mathrm{E}[d_k|D_0^{k-1}]$ で与えられる.

$$\widehat{d_k} = \mathrm{E}[d_k|D_0^{k-1}] = \phi_1 d_{k-1} + \cdots + \phi_p d_{k-p} + \theta_1 \varepsilon_{k-1} + \cdots + \theta_q \varepsilon_{k-q}$$
$$(4.75)$$

したがって, 式 (4.74) と式 (4.75) から次式を得る.

$$\varepsilon_k = d_k - \widehat{d}_k \tag{4.76}$$

ここで，式 (4.76) を式 (4.75) へ代入すると次式を得る．

$$\begin{aligned}\widehat{d}_k &= \phi_1 d_{k-1} + \cdots + \phi_p d_{k-p} + \theta_1(d_{k-1} - \widehat{d}_{k-1}) + \cdots + \theta_q(d_{k-q} - \widehat{d}_{k-q}) \\ &= \eta_1 d_{k-1} + \cdots + \eta_p d_{k-p} - \theta_1 \widehat{d}_{k-1} - \cdots - \theta_q \widehat{d}_{k-q}\end{aligned} \tag{4.77}$$

ただし

$$\eta_k = \begin{cases} \phi_k + \theta_k & (k=1,2,\cdots,q) \\ \phi_k & (k=q+1,\cdots,p) \end{cases} \tag{4.78}$$

である．図 **4.28** に示す 1 段予測機構として用いた適応フィルタの入出力特性は，$x_k = d_{k-1}$ とおくと次式となる．

$$y_k = W_{1k}x_k + \cdots + W_{pk}x_{k-p+1} + V_{1k}y_{k-1} + \cdots + V_{qk}y_{k-q} \tag{4.79}$$

未知システムの出力 d_k とフィルタ出力 y_k との誤差 $e_k = d_k - y_k$ は ε_k の推定値 $\widehat{\varepsilon}_k$ である．

式 (4.79) より，適応フィルタの伝達関数 $G(z)$ は次式となる．

$$G(z) = \frac{y(z)}{x(z)} = \frac{W_1 + W_2 z^{-1} + \cdots + W_p z^{-p+1}}{1 - V_1 z^{-1} - \cdots - V_q z^{-q}} \tag{4.80}$$

図 **4.28** から逆システムの伝達関数の推定値 $\widehat{H}(z)^{-1}$ は次式となる．

$$\widehat{H}(z)^{-1} = \frac{\widehat{\varepsilon}(z)}{d(z)} = 1 - G(z)z^{-1} \tag{4.81}$$

したがって，式 (4.80) と式 (4.81) から次式を得る．

$$\widehat{H}(z) = \frac{1 - V_1 z^{-1} - \cdots - V_q z^{-q}}{1 - (V_1 + W_1)z^{-1} - \cdots - (V_p + W_p)z^{-p}} \tag{4.82}$$

ただし，$V_k = 0 \ (k = q+1, q+2, \cdots, p)$．式 (4.73) と式 (4.82) から未知パラメータ ϕ_k, θ_k の推定値 $\widehat{\phi}_k$, $\widehat{\theta}_k$ として，次式を得る．

$$\begin{aligned}\widehat{\phi}_k &= V_k + W_k \quad (k=1,2,\cdots,p), \\ \widehat{\theta}_k &= -V_k \quad (k=1,2,\cdots,q)\end{aligned} \tag{4.83}$$

4.6.1 AR(p) の同定

適応フィルタの次数を $p-1$ として適応フィルタの伝達関数を次式とする。

$$G(z) = W_1 + W_2 z^{-1} + \cdots + W_p z^{-p+1} \tag{4.84}$$

このとき，AR パラメータ $\widehat{\phi}_k$ は次式となる。

$$\widehat{\phi}_k = W_k \quad (k=1,2,\cdots,p)$$

4.6.2 MA(q) の同定

適応フィルタの伝達関数を次式とする。

$$G(z) = \frac{W_1 + W_2 z^{-1} + \cdots + W_q z^{-q+1}}{1 + W_1 z^{-1} + \cdots + W_q z^{-q}} \tag{4.85}$$

このとき，MA パラメータ $\widehat{\theta}_k$ は次式となる。

$$\widehat{\theta}_k = W_k \quad (k=1,2,\cdots,q)$$

4.6.3 ARMA(p,q) の同定

式 (4.80) より適応フィルタの伝達関数は次式である。

$$G(z) = \frac{W_1 + W_2 z^{-1} + \cdots + W_p z^{-p+1}}{1 - V_1 z^{-1} - \cdots - V_q z^{-q}}$$

このとき，ARMA パラメータ $\widehat{\phi}_k$, $\widehat{\theta}_k$ は次式となる。

$$\widehat{\phi}_k = V_k + W_k, \quad \widehat{\theta}_k = -V_k \quad (k=1,2,\cdots,p)$$

ただし，$V_k = 0$ $(k=q+1,\cdots,p)$ である。

例題 4.1 (時系列モデルの数値計算例)

以下，3 種類の時系列の数値例を示す。

1. 以下の AR(3) について考察する。

$$d_k = 0.6 d_{k-1} + 0.1 d_{k-2} - 0.2 d_{k-3} + \varepsilon_k$$

このとき，適応フィルタの出力は次式となる。

$$y_k = W_1 d_{k-1} + W_2 d_{k-2} + W_3 d_{k-3}$$

このシミュレーション結果を**表 4.2** に示す。

表 4.2 AR(3) のシミュレーション結果

時 間	W_1	W_2	W_3
$k = 2\,000$	0.597	0.130	-0.232
$k = 4\,000$	0.595	0.103	-0.210
真 値	$\phi_1 = 0.6$	$\phi_2 = 0.1$	$\phi_3 = -0.2$

2. 以下の MA(3) について考察する。

$$d_k = \varepsilon_k + 0.6\varepsilon_{k-1} - 0.2\varepsilon_{k-2} - 0.1\varepsilon_{k-3}$$

このとき，適応フィルタの出力は次式となる。

$$y_k = W_1 d_{k-1} + W_2 d_{k-2} + W_3 d_{k-3} - W_1 y_{k-1} - W_2 y_{k-2} - W_3 y_{k-3}$$

このシミュレーション結果を**表 4.3** に示す。

表 4.3 MA(3) のシミュレーション結果

時 間	W_1	W_2	W_3
$k = 2\,000$	0.590	-0.191	-0.099
$k = 4\,000$	0.598	-0.201	-0.098
$k = 6\,000$	0.606	-0.186	-0.094
$k = 8\,000$	0.610	-0.188	-0.095
$k = 10\,000$	0.608	-0.189	-0.092
真 値	$\theta_1 = 0.6$	$\theta_2 = -0.2$	$\theta_3 = -0.1$

3. 以下の ARMA(2,2) について考察する。

$$d_k = -0.5 d_{k-1} + 0.1 d_{k-2} + \varepsilon_k - 0.2\varepsilon_{k-1} - 0.3\varepsilon_{k-2}$$

このとき，適応フィルタの出力は次式となる。

$$y_k = W_1 d_{k-1} + W_2 d_{k-2} + V_1 y_{k-1} + V_2 y_{k-2}$$

このシミュレーション結果を**表 4.4** に示す。

表 4.4 ARMA(2,2) のシミュレーション結果

時　間	W_1	W_2	V_1	V_2
$k = 2\,000$	-0.702	-0.165	0.108	0.258
$k = 4\,000$	-0.691	-0.185	0.199	0.266
$k = 6\,000$	-0.688	-0.179	0.197	0.268
$k = 8\,000$	-0.687	-0.178	0.198	0.272
$k = 10\,000$	-0.689	-0.180	0.198	0.271
真　値	$W_1 = -0.7$	$W_2 = -0.2$	$V_1 = 0.2$	$V_2 = 0.3$
時　間	ϕ_1	ϕ_2	θ_1	θ_2
$k = 2\,000$	-0.522	0.094	-0.180	-0.258
$k = 4\,000$	-0.492	0.081	-0.199	-0.266
$k = 6\,000$	-0.491	0.089	-0.197	-0.268
$k = 8\,000$	-0.490	0.095	-0.198	-0.273
$k = 10\,000$	-0.490	0.092	-0.198	-0.271
真　値	$\phi_1 = -0.5$	$\phi_2 = 0.1$	$\theta_1 = -0.2$	$\theta_2 = -0.3$

いずれの場合に対しても，良好な同定結果が得られている。

4.7　ま　と　め

本章では，ニューラルネットワークによる非線形動的システムの同定法について述べた。また，ネットワークの出力関数が線形関数で，1層のパーセプトロンである適応フィルタについて述べ，時系列同定への適応フィルタの応用を紹介した。ここで，述べられなかったニューラルネットワークによるシステム同定については文献[175]を参照されたい。

問　題

（1）ニューロンモデルにおける出力関数 $y\ (=f(x)) = \dfrac{1}{1+e^{-x}}$ に対して，$\dfrac{dy}{dx} = y(1-y)$ となることを示せ。

（2）関数 $f(x)$ が次式で与えられたとする。

$$f(x) = 4x^2 - 4x + 2$$

上記の関数 $f(x)$ の x に関する最小値およびそのときの x の値を微分を用いて求めよ．

この解を求めるための逐次計算法として以下に示す勾配法が提案されている．

$$x(n+1) = x(n) - \alpha \left.\frac{df(x)}{dx}\right|_{x=x(n)} \quad (\alpha > 0, \quad n = 0, 1, \cdots)$$

$$x(0) = x_0$$

ただし，$x(n)$ は繰返し回数 n のときの x の値を示し，$\alpha > 0$ と x_0 は事前に与えるものとする．

上記繰返し式を利用して，$\alpha = 0.05$, $x_0 = 3$ として，$n = 10$ まで繰り返し，収束性を確かめよ．また，$\alpha > 0$ を大きくするか小さくするときの $x(n)$ の状況を述べよ．

（3） x の関数 $g(x)$ に対して，$g(x) = 0$ を求める方法として，以下の逐次計算（ニュートン）法がある．

(a) $g(x)$ の $x = x(n)$ における接線の方程式が次式となることを示せ．

$$y - g(x(n)) = g'(x(n))(x - x(n))$$

(b) 上記接線が y 軸と交わる x 軸の点を $x(n+1)$ とすると次式となることを示せ．

$$x(n+1) = x(n) - \frac{g(x(n))}{g'(x(n))}$$

(c) $g(x) = f'(x)$ とおくと次式が成立することを示せ．

$$x(n+1) = x(n) - \frac{f'(x(n))}{f''(x(n))}$$

この計算手法は $n+1$ 番目の真値への収束が n 番目の収束速度の 2 乗のオーダーとなる高速計算法である．

(d) 問 (c) のニュートン法で $\alpha = \dfrac{1}{f''(x(n))}$ とすれば，勾配法となることを示せ．

（4） 微分に関して以下の関係式が成立することを示せ。ただし，関数 f, f_1, f_2, g, h はいずれも微分係数が存在するものとする。

$$z_1(x) = f_1(x), \quad z_2(x) = f_2(x), \quad y = f(z_1, z_2), \quad w = g(z), \quad z = h(x)$$

$$\frac{\partial y}{\partial x} = \frac{\partial f}{\partial z_1}\frac{dz_1}{dx} + \frac{\partial f}{\partial z_2}\frac{dz_2}{dx},$$

$$\frac{dw}{dx} = \frac{dw}{dz}\frac{dz}{dx}$$

付　　　録

A.1　記法と数学的準備

本書を読み進めるうえで必要となる最低限の数学的基礎事項について，記法の定義と合わせて簡単にまとめる．

A.1.1　線形代数の基礎

線形代数と行列理論の基礎事項について簡単にまとめておく．これらの内容についてより詳しく学びたい読者は，例えば文献[148], [165], [166]を参照されることを勧める．部分空間同定法でよく用いる線形代数についてまとめておく．

〔**1**〕**記　　法**　実数または複素数の集合をそれぞれ $\mathbb{R}$, $\mathbb{C}$ で表し，それぞれ，**実数体**，**複素数体**と呼ぶ[†1]．ある数 a が実数であることを $a \in \mathbb{R}$ と表記する．また，サイズが $m \times n$ の実行列の集合を $\mathbb{R}^{m \times n}$ で表す．

零行列とは，要素がすべて 0 の行列のことをいう．**単位行列**とは，対角要素がすべて 1 でその他の要素がすべて 0 の正方行列のことをいう．単位行列と零行列の表記について，行列のサイズを明示する場合は，例えば $k \times k$ の単位行列を I_k，$p \times q$ の零行列を $0_{p \times q}$ のように下付き添字に行列のサイズを付けて表すことにする．行列のサイズを明示する必要のない場合は，単に，単位行列を I，零行列を 0 で表す．このとき，それぞれの行列はその文脈において適切なサイズの行列であるとする．

行列 A に対して，A の転置行列を A^T で表す．$(AB)^T = B^T A^T$ が成り立つ．

〔**2**〕**ノルム・直交性**　行列 $A \in \mathbb{R}^{m \times n}$ の大きさを評価する指標として，本章ではつぎの指標を導入する．

$$\|A\|_F = \sqrt{\sum_{i=1}^{m} \sum_{j=1}^{n} a_{ij}^2} \tag{A.1}$$

式 (A.1) はつぎの三つの性質（ノルムの公理）を満たす．

1. 任意の $A \in \mathbb{R}^{m \times n}$ に対して，$\|A\|_F \geqq 0$ が成り立つ．さらに，$\|A\|_F = 0 \Leftrightarrow A = 0$ を満たす．

[†1]「体」の性質については，例えば，文献[148]を参照．

2. 任意の $A \in \mathbb{R}^{m \times n}$ と $\alpha \in \mathbb{R}$ に対して，$\|\alpha A\|_F = |\alpha| \|A\|_F$ が成り立つ．
3. 任意の $A, B \in \mathbb{R}^{m \times n}$ に対して，$\|A + B\|_F \leqq \|A\|_F + \|B\|_F$ が成り立つ．

したがって，式 (A.1) はノルムであり，特に**フロベニウスノルム**と呼ばれる．

フロベニウスノルムについて，次式が成り立つ．

$$\|A\|_F = \sqrt{\mathrm{trace}(AA^T)} = \sqrt{\mathrm{trace}(A^T A)} \quad (A.2)$$

ここで，trace($\cdot$) は行列の**トレース**を表し，正方行列の対角要素の和を意味する．

ベクトル $x \in \mathbb{R}^m$ のノルムについて述べておく．式 (A.1) において，$n = 1$ の場合

$$\|x\|_F = \sqrt{\sum_{i=1}^{m} x_i^2} = \sqrt{x^T x} = \|x\| \quad (A.3)$$

となる．式 (A.3) はベクトルの**ユークリッドノルム**[†1]にほかならない．

二つのベクトル $x, y \in \mathbb{R}^m$ の内積が 0 のとき，すなわち，$x^T y = 0$ のとき，二つのベクトル x と y はたがいに**直交**するという．しばしば，直交性を表す記号として $\perp$ が用いられる[†2]．

〔3〕**部分空間** p 次元ベクトル空間 $\mathbb{V}$ の p 個の基底ベクトルから q 個（$0 < q \leqq p$）のベクトルを選ぶ．この q 個のベクトルのすべての 1 次結合からなる集合を $\mathbb{W}$ とする．このとき，$\mathbb{W} \subseteq \mathbb{V}$，かつ，$\mathbb{W}$ は前述のベクトル空間の公理をすべて満たす．すなわち，$\mathbb{W}$ は $\mathbb{V}$ の**部分空間**[†3]である．

二つのベクトル空間 $\mathbb{U}, \mathbb{W}$ の基底によって張られる空間を共通部分として $\mathbb{U} \cap \mathbb{W}$ で表す．二つのベクトル空間 $\mathbb{U}, \mathbb{W}$ がともにベクトル空間 $\mathbb{V}$ の部分空間であるとする．$\mathbb{U}$ の任意のベクトルが $\mathbb{W}$ のすべてのベクトルに直交するとき，二つの部分空間 $\mathbb{U}, \mathbb{W}$ はたがいに直交するという．このとき，$\mathbb{U} \cap \mathbb{W} = \{0\}$ である．なお，二つの部分空間が直交しなくても共通部分が 0 となる場合もあることに注意しよう．

$\mathbb{U}$ は $\mathbb{V}$ の部分空間とする．$\mathbb{V}$ のベクトルのうち，$\mathbb{U}$ のすべてのベクトルに直交するようなベクトル全体の集合を $\mathbb{U}$ の**直交補空間**といい，$\mathbb{U}^{\perp}$ で表す．

〔4〕**行列のランク（階数）** ある行列 $A \in \mathbb{R}^{m \times n}$ の列ベクトル（または行ベクトル）のなかに r 個の一次独立なベクトルがあり，他のベクトルがこれらの 1 次結合で表されるとき，行列 A の**ランク**（または**階数**）は r であるといい，$\mathrm{rank}(A) = r$ と表記する[†4]．ここで，$r \leqq \min\{m, n\}$ とする．

[†1] ベクトル **2 ノルム**，単に **2 ノルム**ともいう．
[†2] 「$\perp$」は「perp（パープ）」と読む．perpendicular の略．
[†3] 部分空間の定義はつぎのとおり．「集合 $\mathbb{W}$ を集合 $\mathbb{V}$ の部分集合，つまり，$\mathbb{W} \subseteq \mathbb{V}$ とする．$\mathbb{W}, \mathbb{V}$ がともに（$\mathbb{R}$ 上の）ベクトル空間であるとき，$\mathbb{W}$ は $\mathbb{V}$ の部分空間という．」
[†4] 行列のランクに関する詳細な議論は文献[148]の 3 章を参照するとよい．

二つの行列 $A \in \mathbb{R}^{m \times n}$, $B \in \mathbb{R}^{n \times q}$ について，**Sylvester の不等式**と呼ばれる以下の不等式が成り立つ．

$$\operatorname{rank}(A) + \operatorname{rank}(B) - n \leqq \operatorname{rank}(AB)$$
$$\leqq \min\{\operatorname{rank}(A), \operatorname{rank}(B)\} \qquad (A.4)$$

〔**5**〕 **行列の列空間と行空間**　行列の列ベクトルによって張られる空間を**列空間**と呼ぶ．いま，$r \leqq \min\{m, n\}$ とする．ある行列 $A \in \mathbb{R}^{m \times n}$ のランクが $\operatorname{rank}(A) = r$ のとき，行列 A の列空間は m 次元ベクトル空間の r 次元部分空間となる．具体的に，行列 A の列空間を $\operatorname{range}(A)$ と表記すると

$$\operatorname{range}(A) = \{y \in \mathbb{R}^m : y = Ax \text{ for some } x \in \mathbb{R}^n\}$$

となる．同様に，行列の行ベクトルによって張られる空間を**行空間**という．ある行列 $A \in \mathbb{R}^{m \times n}$ のランクが $\operatorname{rank}(A) = r$ のとき，行列 A の行空間は n 次元ベクトル空間の r 次元部分空間となる．明らかに，行列 $A \in \mathbb{R}^{m \times n}$ の行空間は A^T の列空間に等しい．すなわち，行列 A の行空間を $\operatorname{span}(A)$ と表記すると，以下のようになる．

$$\operatorname{span}(A) = \operatorname{range}(A^T) = \left\{x \in \mathbb{R}^n : x = A^T y \text{ for some } y \in \mathbb{R}^m\right\}$$

行列 A と A^T の**零空間**をそれぞれ，$\ker(A)$, $\ker(A^T)$ と表記し

$$\begin{aligned}\ker(A) &= \{x \in \mathbb{R}^n : Ax = 0\} \\ \ker(A^T) &= \left\{y \in \mathbb{R}^m : A^T y = 0\right\}\end{aligned}$$

のように定義する．行列 A が列フルランクのとき，$\mathbb{R}^m$ において零空間 $\ker(A^T)$ と列空間 $\operatorname{range}(A)$ はたがいに直交補空間であることに注意する[166]．同様に，行列 A が行フルランクのとき，$\mathbb{R}^n$ において零空間 $\ker(A)$ と行空間 $\operatorname{span}(A)$ はたがいに直交補空間である．なお，行列の階数および行空間や列空間の直交基底を数値的に精度よく求める具体的手段として，後述する特異値分解や QR 分解が有効である．

A.1.2 行列による数値計算

〔**1**〕 **特異値分解**　行列 $A \in \mathbb{R}^{m \times n}$ について，$m \geqq n$ とし，$\operatorname{rank}(A) = r \leqq n$ とする．このとき，行列 A は次式のような**特異値分解**をもつ．

$$A = U \begin{bmatrix} \sigma_1 & & 0 \\ & \ddots & \\ 0 & & \sigma_n \\ \hline & 0_{(m-n) \times n} & \end{bmatrix} V^T \qquad (A.5)$$

ここで，σ_i ($i = 1, \cdots, n$) は**特異値**と呼ばれる非負の実数で $\sigma_1 \geqq \cdots \geqq \sigma_r > \sigma_{r+1} = \cdots = \sigma_n = 0$ とする．また，二つの行列 $U \in \mathbb{R}^{m \times m}$，$V \in \mathbb{R}^{n \times n}$ はそれぞれ $UU^T = U^T U = I$，$VV^T = V^T V = I$ を満たす**直交行列**である．

いま，非 0 の特異値 $\sigma_1, \cdots, \sigma_r$ を対角要素にもつ対角行列を $\Sigma \in \mathbb{R}^{r \times r}$ とする．それに合わせて，直交行列 U, V を，それぞれ，初めの r 列と残りの列とのブロックに分割する．これより，式 (A.5) は次式のように書き換えられる．

$$A = \begin{bmatrix} U_r & U_r^\perp \end{bmatrix} \begin{bmatrix} \Sigma & 0 \\ 0 & 0 \end{bmatrix} \begin{bmatrix} V_r^T \\ (V_r^\perp)^T \end{bmatrix} = U_r \Sigma V_r^T \tag{A.6}$$

ここで，$U_r \in \mathbb{R}^{m \times r}$，$U_r^\perp \in \mathbb{R}^{m \times (m-r)}$，$V_r \in \mathbb{R}^{n \times r}$，$V_r^\perp \in \mathbb{R}^{n \times (n-r)}$ であり，$U_r^T U_r = I$, $(U_r^\perp)^T U_r^\perp = I$, $U_r^T U_r^\perp = 0$, $V_r^T V_r = I$, $(V_r^\perp)^T V_r^\perp = I$, $V_r^T V_r^\perp = 0$ に注意する．このとき，行列 A の列空間と行空間についてつぎの関係が成り立つ．

$$\text{range}(A) = \text{range}(U_r), \quad \text{span}(A) = \text{range}(V_r)$$

$$\ker(A^T) = \text{range}(U_r^\perp), \quad \ker(A) = \text{range}(V_r^\perp)$$

〔**2**〕 **擬似逆行列と連立 1 次方程式**　　擬似逆行列と連立 1 次方程式について述べる．行列 $A \in \mathbb{R}^{m \times n}$ に対して，以下を満たす $A^\dagger$ を考える．

$$AA^\dagger A = A, \quad A^\dagger A A^\dagger = A^\dagger, \quad (AA^\dagger)^T = AA^\dagger, \quad (A^\dagger A)^T = A^\dagger A$$

このような $A^\dagger$ は一意に決まり[166]，これを**擬似逆行列**または **Moore-Penrose 逆行列**という．ベクトル $b \in \mathbb{R}^n$ に対し，未知ベクトル $x \in \mathbb{R}^n$ に関する連立 1 次方程式

$$Ax = b \tag{A.7}$$

を考える．この式の両辺の左からに $AA^\dagger$ をかけることによって，連立方程式 (A.7) に解が存在するための必要十分条件は次式が成立することであることがわかる．

$$AA^\dagger b = b$$

連立方程式 (A.7) の解が存在するとき，その一般解は

$$x = A^\dagger b + (I_n - A^\dagger A)\theta \tag{A.8}$$

のように与えられる．ただし，θ は $\theta \in \mathbb{R}^n$ となる任意のベクトルである．ここで，$(I_n - A^\dagger A)^T A^\dagger = 0$ となるため，$\|x\|^2 = \|A^\dagger b\|^2 + \|(I_n - A^\dagger A)\theta\|^2$ が成立する．したがって，式 (A.8) の中で最小ノルム解となる x は次式で与えられる．

$$x = A^\dagger b \tag{A.9}$$

つぎに連立方程式 (A.7) の解が存在しないときを考える．この場合には，代わりに式 (A.7) の右辺と左辺の差の大きさを最小にする以下の問題を考える．

$$\min_x \|b - Ax\|^2 \tag{A.10}$$

この問題に対し，勾配ベクトル $\dfrac{\partial}{\partial x}(b-Ax)^T(b-Ax) = 2A^T(b-Ax)$ を 0 とするような x が解となる．もし，行列 $A^T A$ が正則ならばこの問題の解は $(A^T A)^{-1} A^T b$ と簡単に求まるが，正則でない場合は一意解をもたない．この場合

$$AA^\dagger b = Ax \tag{A.11}$$

を満たす x であれば $A^T(b-Ax) = 0$ となり勾配ベクトルが 0 となることがわかる．ここで，式 (A.11) を満たす x の一般解も式 (A.8) の右辺で与えられ，その最小ノルム解は式 (A.9) の右辺に等しい．なお，A の特異値分解が式 (A.6) で与えられるとき $A^\dagger = V_r \Sigma^{-1} U_r^T$ となり，$A^T A$ が正則なとき $A^\dagger = (A^T A)^{-1} A^T$ が成立する．

〔3〕 **QR 分 解**　行列 $A \in \mathbb{R}^{m \times n}$ について，$m \geqq n$ とし，rank$(A) = r \leqq n$ とする．このとき，行列 A は次式のような直交行列と上三角行列の積に分解できる．

$$A = QR = \begin{bmatrix} Q_1 & Q_2 \end{bmatrix} \begin{bmatrix} R_1 & R_2 \\ 0 & 0 \end{bmatrix} \tag{A.12}$$

ここで，$Q \in \mathbb{R}^{m \times m}$ は直交行列であり，そのブロック行列要素 $Q_1 \in \mathbb{R}^{m \times r}$, $Q_2 \in \mathbb{R}^{m \times (m-r)}$ について，以下の式が成り立つ（$i, j = 1, 2$）．

$$Q_i^T Q_j = \begin{cases} I & (i = j) \\ 0 & (i \neq j) \end{cases}$$

また，$R \in \mathbb{R}^{m \times n}$ は上三角行列である．したがって，そのブロック行列要素 $R_1 \in \mathbb{R}^{r \times r}$ もまた上三角行列である．式 (A.12) を A の **QR 分解** と呼ぶ．行列 A の列空間と行空間について以下の式が成り立つ．

$$\mathrm{range}(A) = \mathrm{range}(Q_1), \quad \ker(A^T) = \mathrm{range}(Q_2)$$

さらに，もし行列 A が列フルランク，すなわち，rank$(A) = n$ ならば，$R = R_1$ に注意して次式が成立する．

$$\mathrm{span}(A) = \mathrm{range}(R_1^T) = \mathrm{span}(R_1) \tag{A.13}$$

式 (A.12) 式の QR 分解を転置して得られる下三角行列と直交行列の積

$$A^T = R^T Q^T \ (= LQ^T)$$

は，しばしば LQ 分解や RQ 分解と呼ばれる．本書では **LQ 分解** と呼ぶ．

〔**4**〕 **直交射影行列と LQ 分解**　$N > \mu$ に対し，$U \in \mathbb{R}^{\mu \times N}$ と $Y \in \mathbb{R}^{s \times N}$ が与えられるとして，つぎの最小 2 乗問題を考える。

$$\min_{\mathcal{T} \in \mathbb{R}^{s \times \mu}} \|Y - \mathcal{T}U\|_F^2 \tag{A.14}$$

もし UU^T が正則であれば，式 (A.14) の解 $\mathcal{T}_*$ は $\mathcal{T}_* = YU^T(UU^T)^{-1}$ で与えられる。ここで $E = Y - \mathcal{T}_* U$ とおくと，$EU^T = 0$ を満たす。この意味で E と U は直交している。U の行空間への**直交射影行列** $\Pi_U \in \mathbb{R}^{N \times N}$ をつぎのように定義する。

$$\Pi_U = U^T(UU^T)^{-1}U$$

このとき，Π_U はべき等性 $\Pi_U = \Pi_U^2$ と対称性 $\Pi_U = \Pi_U^T$ を満たす。また，$Y\Pi_U = \mathcal{T}_* U$ である。span(U) の直交補空間への直交射影行列を $\Pi_U^\perp \in \mathbb{R}^{N \times N}$ と書いて

$$\Pi_U^\perp = I - \Pi_U$$

のように定義する。$\Pi_U^\perp$ もべき等性 $\Pi_U^\perp = (\Pi_U^\perp)^2$ と対称性 $\Pi_U^\perp = (\Pi_U^\perp)^T$ を満たす。また，$Y\Pi_U^\perp = E$ である。

最小 2 乗問題 (A.14) に対し，LQ 分解による解を示す。U と Y が

$$\begin{bmatrix} U \\ Y \end{bmatrix} = \begin{bmatrix} L_{11} & 0 \\ L_{21} & L_{22} \end{bmatrix} \begin{bmatrix} Q_1^T \\ Q_2^T \end{bmatrix} \tag{A.15}$$

のように LQ 分解されるとする。このとき，つぎの補題が成立する。

補題 A.1　(**LQ 分解による直交射影**)

$Y\Pi_U$ と $Y\Pi_U^\perp$ は以下のように与えられる。

$$Y\Pi_U = L_{21}Q_1^T \tag{A.16a}$$
$$Y\Pi_U^\perp = L_{22}Q_2^T \tag{A.16b}$$

証明　式 (A.15) より，$U = L_{11}Q_1^T$ が成立するので，以下の式が得られる。

$$UU^T = L_{11}Q_1^T(L_{11}^T Q_1^T)^T = L_{11}L_{11}^T$$

ここで，$UU^T > 0$ より L_{11} は正則であり，以下の式を得る。

$$\Pi_U = U^T(UU^T)^{-1}U = Q_1 L_{11}^T (L_{11}L_{11}^T)^{-1} L_{11}Q_1^T = Q_1 Q_1^T$$

したがって，以下の式を得る。

$$Y\Pi_U = (L_{21}Q_1^T + L_{22}Q_2^T)Q_1Q_1^T = L_{21}Q_1^T Q_1 Q_1^T = L_{21}Q_1^T$$

$$Y\Pi_U^\perp = Y - Y\Pi_U = L_{21}Q_1^T + L_{22}Q_2^T - L_{21}Q_1^T = L_{22}Q_2^T$$

以上により，証明された。 ♠

〔**5**〕 **対称行列の正定性と非負定性**　対称行列 $\Theta \in \mathbb{R}^{\mu \times \mu}$ が**非負定**であるとは，任意の $x \in \mathbb{R}^\mu$ に対し $x^T \Theta x \geqq 0$ となるときをいう．また，対称行列 $\Theta \in \mathbb{R}^{\mu \times \mu}$ が**正定**であるとは，任意の非 0 な $x \in \mathbb{R}^\mu$ に対し $x^T \Theta x > 0$ となるときをいう．Θ が正定であるとき $\Theta > 0$，非負定であるとき $\Theta \geqq 0$ と書く．

補題 A.2 (Schur complement)

対称行列 $\Theta \in \mathbb{R}^{\mu \times \mu}$ を以下のように分割する（$\mu = \mu_1 + \mu_2$）．

$$\Theta = \begin{bmatrix} \Theta_{11} & \Theta_{12} \\ \Theta_{12}^T & \Theta_{22} \end{bmatrix}, \quad \Theta_{11} \in \mathbb{R}^{\mu_1 \times \mu_1}, \quad \Theta_{22} \in \mathbb{R}^{\mu_2 \times \mu_2}$$

ただし，$\mu = \mu_1 + \mu_2$ である．$\Theta_2 > 0$ と $\Theta \geqq 0$ が成立するとき

$$\Theta_{11} - \Theta_{12}\Theta_{22}^{-1}\Theta_{12}^T \geqq 0 \tag{A.17}$$

が成立する．また，$\Theta > 0$ であるとき，$\Theta_2 > 0$ と次式が成立する．

$$\Theta_{11} - \Theta_{12}\Theta_{22}^{-1}\Theta_{12}^T > 0 \tag{A.18}$$

特に $\mathrm{rank}(\Theta) = \mu$ であるとき，次式が成立する．

$$\mathrm{rank}(\Theta_{11} - \Theta_{12}\Theta_{22}^{-1}\Theta_{12}^T) = \mu_1 \tag{A.19}$$

証明　$\Theta_{22} > 0$ であるとき，Θ_{22} は正則である．$\Delta = \Theta_{11} - \Theta_{12}\Theta_{22}^{-1}\Theta_{12}^T$ とおくと次式が成立する．

$$\begin{bmatrix} \Theta_{11} & \Theta_{12} \\ \Theta_{12}^T & \Theta_{22} \end{bmatrix} = \begin{bmatrix} I_{\mu_1} & \Theta_{12}\Theta_{22}^{-1} \\ 0 & I_{\mu_2} \end{bmatrix} \begin{bmatrix} \Delta & 0 \\ 0 & \Theta_{22} \end{bmatrix} \begin{bmatrix} I_{\mu_1} & 0 \\ \Theta_{22}^{-1}\Theta_{12}^T & I_{\mu_2} \end{bmatrix}$$

したがって，$\Theta_2 > 0$ と $\Theta \geqq 0$ が成立するとき式 (A.17) が成立する．一方，$\Theta > 0$ であるとき $\Theta_2 > 0$ となるので，式 (A.18) が成立する．特に，$\mathrm{rank}(\Theta) = \mu$ であるとき Θ は正則であり $\Theta > 0$ である．したがって，$\Theta_{11} - \Theta_{12}\Theta_{22}^{-1}\Theta_{12}^T > 0$ であり，$\Theta_{11} - \Theta_{12}\Theta_{22}^{-1}\Theta_{12}^T$ は正則であるので式 (A.19) が得られる． ♠

A.1.3 離散時間線形システムの基礎

離散時間線形システム (3.1) の可到達性,可観測性,相似変換,最小実現,安定性について述べる。線形システムの状態空間表現に関して,例えば文献[167] が参考になる。

初期状態 $x(0) = 0$ に対して,適当な入力 $u(k)$ $(0 \leq k \leq n)$ を加えることによって任意の目標状態に移すことができるならばこのシステムは**可到達**であるという。一方,零入力 $(u(k) \equiv 0)$ であるときに,任意の初期状態 $x(0) \in \mathbb{R}^n$ に対して,出力 $y(k)$ $(0 \leq k \leq n)$ から初期状態 $x(0)$ の値を知ることができるならば,このシステムは**可観測**であるという。**可到達性行列** $\mathcal{C}_n$ と**可観測性行列** $\mathcal{O}_n$ を以下のように定める。

$$\mathcal{C}_n = \begin{bmatrix} B & AB & \cdots & A^{n-1}B \end{bmatrix} \in \mathbb{R}^{n \times nm}$$
$$\mathcal{O}_n = \begin{bmatrix} C^T & (CA)^T & \cdots & (CA^{n-1})^T \end{bmatrix}^T \in \mathbb{R}^{ln \times n}$$

離散時間線形システム (3.1) が可到達であるための必要十分条件は $\mathrm{rank}(\mathcal{C}_n) = n$ である。また,離散時間線形システム (3.1) が可観測であるための必要十分条件は $\mathrm{rank}(\mathcal{O}_n) = n$ である。可到達性については,$x(0) = 0$ のとき $x(n)$ が

$$x(n) = \mathcal{C}_n \begin{bmatrix} u^T(n-1) & u^T(n-2) & \cdots & u^T(0) \end{bmatrix}^T$$

となることから導出される。可観測性については,$u(k) \equiv 0$ のとき $y(k)$ が

$$\begin{bmatrix} y^T(0) & y^T(1) & \cdots & y^T(n-1) \end{bmatrix}^T = \mathcal{O}_n x(0)$$

となることから導出される。

正則な行列 $T \in \mathbb{R}^n$ を使って,状態 $x(k)$ の座標が $\bar{x}(k) = T^{-1}x(k)$ のように変換されたとする(**相似変換**)。このとき,離散時間線形システム (3.1) は

$$\bar{x}(k+1) = A_T \bar{x}(k) + B_T u(k) \tag{A.20a}$$
$$y(k) = C_T \bar{x}(k) + D u(k) \tag{A.20b}$$

のように記述される。ただし,$A_T = T^{-1}AT$, $B_T = T^{-1}B$, $C_T = CT$ である。システム (3.1) が可到達であれば,システム (A.20) も可到達である。システム (3.1) が可観測であれば,システム (A.20) も可観測である。

シフトオペレータ q を導入し,システム (3.1) の入出力を記述する。$x(k+1) = qx(k)$ であることを用いると,$qx(k) = Ax(k) + Bu(k)$ より $x(k) = (qI_n - A)^{-1}Bu(k)$ であるので,$y(k) = G(q)u(k)$ のように記述することができる。ただし

$$G(q) = C(qI_n - A)^{-1}B + D \tag{A.21}$$

であり，$G(q)$ は相似変換の自由度に依存しない．

$G(q)$ が与えられたときに (A, B, C, D) を求める問題を実現問題という．$G(q)$ の実現の中で，状態ベクトルの次数が最小であるものを**最小実現**と呼ぶ．離散時間線形システム (3.1) が最小実現であるための必要十分条件は，このシステムが可到達かつ可観測となることである．

離散時間線形システム (3.1) の安定性について述べる．システム (3.1) において，入力を 0 ($u(k) \equiv 0$) としたときの状態は初期状態 $x(0)$ に対して，$x(k) = A^k x(0)$ となる．ここで，$x(k)$ のノルムを $\|x(k)\| = \sqrt{x^T(k)x(k)}$ とすると，$\lim_{k \to \infty} \|x(k)\| = 0$ であるとき，システム (3.1) は**漸近安定**であるという．なお，本書（**3** 章）では単に**安定**であるという．システム (3.1) が安定であるための必要十分条件は $\lim_{k \to \infty} A^k = 0$ となることであり，A の固有値の絶対値がすべて 1 未満となることである．このことに基づいて，A の固有値の絶対値がすべて 1 未満のときに A が安定であるという．A が安定であるための必要十分条件は $Q > 0$ に対して，行列方程式

$$P = APA^T + Q$$

が正定値解 $P > 0$ をもつことである．この式を**リアプノフ方程式**という．$Q = GG^T$ とおいて，(A, G) が可到達とするとき A が安定であるための必要十分条件は

$$P = APA^T + GG^T$$

が一意的な解 $P > 0$ をもつことである．なお，離散時間系のリアプノフ方程式については，文献[138], [148] が参考になる．

A.1.4 確率過程の基礎

確率過程とは，時間の経過とともに不規則に変化する量，すなわち時々刻々実現値をもつ確率変数である．平均値，相関についての詳細は，確率統計の教科書を参照されたい（例えば文献[168], [169] など）．確率過程について文献[138], [170], [171] などが参考になる．

〔**1**〕 **2次定常性** スカラーの値をとる確率過程 $\{x(k)\} = \{\cdots, x(-1), x(0), x(1), \cdots\}$ を考える．確率過程 $x(k)$ の平均値を次式で定義する．

$$\mu_x(k) = \mathrm{E}[x(k)] = \int_{-\infty}^{\infty} \xi\, p(\xi)\, d\xi$$

ただし，$p(\xi)$ は $\xi = x(k)$ の確率密度関数であり，時刻 k に依存する関数である．さらに，$x(k)$ の自己相関関数を次式で定義する．

$$r_x(k+j,k) = \mathrm{E}\left[x(k+j)x(k)\right] = \int_{-\infty}^{\infty}\int_{-\infty}^{\infty} \xi\eta\, p(\xi,\eta)\, d\xi d\eta$$

ただし，$p(\xi,\eta)$ は $\xi = x(k+j)$ と $\eta = x(k)$ の結合確率密度関数であり，時刻 $k+j$ と k に依存する関数である．特に，平均値と自己相関関数が

$$\mu_x = \mu_x(k), \quad \Lambda_x(j) = r_x(k+j,k)$$

のように時刻 k によらないとき，$x(k)$ は **2 次定常**あるいは**弱定常**であるという．ベクトル値をとる確率過程 $\{x(k)\}$ についても，平均値 $\mu_x(k)$ と自己相関関数 $r_x(k+j,k)$ が時刻 k によらないものを 2 次定常あるいは弱定常と呼ぶ．

ベクトル値をとる確率過程 $\{x(k)\}$ を考える $(x(k) \in \mathbb{R}^p)$．$x(k)$ の平均値 $\mu_x(k) \in \mathbb{R}^p$ は各要素の平均値を用いて定義される．$x(k)$ の自己相関関数 $r_x(k+j,k)$ は $x(k)$ の要素の相関関数を使って定義され，$r_x(k+j,k) = \mathrm{E}\left[x(k+j)x^T(k)\right]$ である．ベクトル値をとる確率過程 $\{x(k)\}$ についても，平均値 $\mu_x(k)$ と自己相関関数 $r_x(k+j,k)$ が時刻 k によらないものを 2 次定常あるいは弱定常と呼ぶ．

共分散行列は $\mathrm{E}\left[(x(k+j) - \mu_x(k+j))(x(k) - \mu_x(k))^T\right]$ で定義される．確率過程 $\{x(k)\}$ が 2 次定常であれば，共分散行列も時刻 k によらない．

〔**2**〕 **スペクトルと白色雑音** 平均 0 の 2 次定常過程 $\{x(k)\}$ の共分散行列 $\Lambda_x(j) = \mathrm{E}\left[x(k+j)x^T(k)\right]$ $(j = 0, \pm 1, \cdots)$ に対して，$\sum_{j=-\infty}^{\infty}\|\Lambda_x(j)\| < \infty$ であるとき，$\Lambda_x(j)$ のフーリエ変換（両側 z 変換）をつぎのように定義できる．

$$\Phi_x(z) = \sum_{k=-\infty}^{\infty} \Lambda_x(k) z^{-k}$$

これを $\{x(k)\}$ の**スペクトル密度関数**と呼ぶ．スペクトル密度関数は複素単位円周上 $z = e^{\sqrt{-1}\omega}$ で $\Phi_x(\omega) = \sum_{k=-\infty}^{\infty} \Lambda_x(k) e^{-\sqrt{-1}\omega k}$ と表され，周波数領域上の関数である．ただし，ω 〔rad〕は角周波数であり $-\pi < \omega \leqq \pi$ とする．

平均 0 の 2 次定常過程 $\{e(k)\}$ が以下を満たすとき，**白色雑音**であるという．

$$\mathrm{E}\left[e(i)e^T(j)\right] = \sigma^2 \delta_{ij} I$$

ただし，σ^2 は $e(k)$ の分散，δ_{ij} は**クロネッカーのデルタ**（Kronecker's delta）で以下を満たすものである．

$$\delta_{ij} = \begin{cases} 1 & (i = j) \\ 0 & (i \neq j) \end{cases}$$

白色雑音 $e(k)$ のスペクトル密度関数は周波数 ω によらず一定である．

〔3〕エルゴード性　2次定常過程 $\{x(k)\}$ の平均値と自己相関関数が

$$\mu_x = \mathrm{E}\,[x(k)], \quad \varLambda_x(j) = \mathrm{E}\,[x(k+j)x^T(k)]$$

であるとする。確率過程 $\{x(k)\}$ が**エルゴード性**をもつとは，$x(k)$ の任意の一つの見本過程について以下が成立するときをいう。

$$\mu_x = \lim_{N\to\infty}\frac{1}{2N+1}\sum_{k=-N}^{N} x(k), \ \varLambda_x(j) = \lim_{N\to\infty}\frac{1}{2N+1}\sum_{k=-N}^{N} x(k+j)x^T(k)$$

エルゴード性をもつ信号をエルゴード過程（ergodic process）と呼ぶ。エルゴード過程は集合平均と時間平均の等しくなるような過程である。

〔4〕無相関性　ベクトル値をとる確率過程 $\{x(k)\}$ と $\{y(k)\}$ について考える。次式が成立するとき $x(k)$ と $y(k)$ は**無相関**であるという。

$$\mathrm{E}\,[x(k)y^T(k)] = \mathrm{E}\,[x(k)]\,\mathrm{E}\,[y^T(k)]$$

特に，$x(k)$ あるいは $y(k)$ の平均が 0 であるとき，$\mathrm{E}\,[x(k)y^T(k)] = 0$ が成立する。

A.2　証明および式の導出

A.2.1　式 (3.42) の証明

式 (3.41) より，以下の関係が成立する。

$$\begin{aligned}
&H(z)H^T(z^{-1}) \\
&= \Big(C(zI-A)^{-1}Q^{1/2} + R^{1/2}\Big)\Big(C(z^{-1}I-A)^{-1}Q^{1/2} + R^{1/2}\Big)^T \\
&= R + C(zI-A)^{-1}Q(z^{-1}I-A^T)^{-1}C^T \\
&\quad + C(zI-A)^{-1}S + S^T(z^{-1}I-A^T)^{-1}C^T
\end{aligned} \qquad (A.22)$$

ここで，以下の恒等式を導くことができる。

$$X - AXA^T = (zI-A)X(z^{-1}I-A^T) + (zI-A)XA^T + AX(z^{-1}I-A^T)$$

この式と式 (3.26a) を用いると，以下の式が得られる。

$$\begin{aligned}
&C(zI-A)^{-1}Q(z^{-1}I-A^T)^{-1}C^T \\
&= CXC^T + CXA^T(z^{-1}I-A^T)^{-1}C^T + C(zI-A)^{-1}AXC^T
\end{aligned} \qquad (A.23)$$

A の安定性より $|z| \leqq 1$ について $F(z) = \sum_{j=1}^{\infty} A^{j-1} z^{-j}$ が収束するため

$$(zI - A)F(z) = z\sum_{j=1}^{\infty} A^{j-1} z^{-j} - \sum_{j=1}^{\infty} A^j z^{-j}$$
$$= I + (Az^{-1} + A^2 z^{-2} + \cdots) - (Az^{-1} + A^2 z^{-2} + \cdots) = I$$

が成立し，$F(z) = (zI - A)^{-1}$ が得られる．このことから，次式を得る．

$$\sum_{j=1}^{\infty} \Lambda_j z^{-j} = \sum_{j=1}^{\infty} CA^{j-1} G z^{-j} = C(zI - A)^{-1} G \tag{A.24}$$

式 (A.23) を (A.22) に代入し，式 (3.26b), (3.26c), (A.24) を用いると以下を得る．

$$H(z)H^T(z^{-1}) = R + CXC^T + C(zI - A)^{-1}(AXC^T + S)$$
$$+ (CXA^T + S^T)(z^{-1}I - A^T)^{-1} C^T$$
$$= \Lambda_0 + C(zI - A)^{-1} G + G^T(z^{-1}I - A^T)^{-1} C^T = \Phi(z)$$

以上により，式 (3.42) が証明された．

A.2.2 式 (3.82) の証明

式 (3.76a) より，次式が得られる．

$$\mathcal{W}_\mathrm{p} = \begin{bmatrix} \mathcal{U}_\mathrm{p} \\ \mathcal{Y}_\mathrm{p} \end{bmatrix} = L_1 U_1, \quad L_1 = \begin{bmatrix} I_{ms} & 0 \\ \mathcal{T}_s & \mathcal{O}_s \end{bmatrix}, \quad U_1 = \begin{bmatrix} \mathcal{U}_\mathrm{p} \\ \mathcal{X}_0 \end{bmatrix}$$

$\mathrm{rank}(\mathcal{O}_s) = n$ より $L_1 \in \mathbb{R}^{(m+l)s \times (ms+n)}$ は列フルランク，仮定より $U_1 \in \mathbb{R}^{(ms+n) \times N}$ は行フルランクであり，$\mathcal{W}_\mathrm{p}$ のランクは $ms + n$ である．同様に次式が得られる．

$$\begin{bmatrix} \mathcal{U}_\mathrm{f} \\ \mathcal{W}_\mathrm{p} \end{bmatrix} = \begin{bmatrix} \mathcal{U}_\mathrm{f} \\ \mathcal{U}_\mathrm{p} \\ \mathcal{Y}_\mathrm{p} \end{bmatrix} = L_2 U_2, \; L_2 = \begin{bmatrix} I_{ms} & 0 & 0 \\ 0 & I_{ms} & 0 \\ 0 & \mathcal{T}_s & \mathcal{O}_s \end{bmatrix}, \; U_2 = \begin{bmatrix} \mathcal{U}_\mathrm{f} \\ \mathcal{U}_\mathrm{p} \\ \mathcal{X}_0 \end{bmatrix}$$

$\mathcal{O}_s$ は列フルランクなので，$L_2 \in \mathbb{R}^{(2m+l)s \times (ms+n)}$ は列フルランクである．また，式 (3.51) の仮定より $U_2 \in \mathbb{R}^{(2ms+n) \times N}$ は行フルランクであるので，$\begin{bmatrix} \mathcal{U}_\mathrm{f}^T & \mathcal{W}_\mathrm{p}^T \end{bmatrix}^T$ のランクは $2ms + n$ である．したがって，$\mathrm{rank}\,(\mathcal{U}_\mathrm{f}) = ms$ より

$$\mathrm{rank}\,(\mathcal{W}_\mathrm{p}) + \mathrm{rank}\,(\mathcal{U}_\mathrm{f}) = \mathrm{rank}\left(\begin{bmatrix} \mathcal{U}_\mathrm{f} \\ \mathcal{W}_\mathrm{p} \end{bmatrix}\right)$$

が成立するので，式 (3.82) が得られる．

A.2.3 式 (3.87) の証明

式 (3.78) を (3.76b) に代入すると，$\mathcal{Y}_f = \mathcal{O}_s A^s \mathcal{X}_0 + \mathcal{O}_s \mathcal{K}_s \mathcal{U}_p + \mathcal{T}_s \mathcal{U}_f$ が得られるので，$\mathcal{Y}_p$ と $\mathcal{Y}_f$ は以下のように表される。

$$\begin{bmatrix} \mathcal{Y}_p \\ \mathcal{Y}_f \end{bmatrix} = \begin{bmatrix} \mathcal{T}_s & 0 \\ \mathcal{O}_s \mathcal{K}_s & \mathcal{T}_s \end{bmatrix} \begin{bmatrix} \mathcal{U}_p \\ \mathcal{U}_f \end{bmatrix} + \begin{bmatrix} \mathcal{O}_s \\ \mathcal{O}_s A^s \end{bmatrix} \mathcal{X}_0 \qquad (A.25)$$

また，式 (3.81) より式 (3.86) の LQ 分解において $L_{33} = 0$ となるので，式 (3.87b) が得られる。つぎに，式 (3.87a) を示す。式 (3.86) を

$$\begin{bmatrix} \mathcal{U}_f \\ \hline \mathcal{U}_p \\ \hline \mathcal{Y}_p \\ \hline \mathcal{Y}_f \end{bmatrix} = \begin{bmatrix} R_{11} & 0 & 0 & 0 \\ R_{21} & R_{22} & 0 & 0 \\ R_{31} & R_{32} & R_{33} & 0 \\ R_{41} & R_{42} & R_{43} & R_{44} \end{bmatrix} \begin{bmatrix} \bar{Q}_1^T \\ \bar{Q}_2^T \\ \bar{Q}_3^T \\ \bar{Q}_4^T \end{bmatrix}$$

のように分割する（$R_{44} = L_{33} = 0$）。これより，$\mathcal{Y}_f$ と $\mathcal{Y}_p$ は次式のように表される。

$$\begin{bmatrix} \mathcal{Y}_p \\ \mathcal{Y}_f \end{bmatrix} = \begin{bmatrix} R_{31} & R_{32} \\ R_{41} & R_{42} \end{bmatrix} \begin{bmatrix} \bar{Q}_1^T \\ \bar{Q}_2^T \end{bmatrix} + \begin{bmatrix} R_{33} \\ R_{43} \end{bmatrix} \bar{Q}_3^T$$

この式と式 (A.25) を比較する。式 (3.51) より $\mathrm{span}(\mathcal{X}_0) \cap \mathrm{span}(\mathcal{U}_{0,2s,N}) = \{0\}$ となることと，$\bar{Q}_1^T, \bar{Q}_2^T$ は $\mathcal{U}_p, \mathcal{U}_f$ の行空間に入っていることから，つぎの関係を得る。

$$\begin{bmatrix} R_{33} \\ R_{43} \end{bmatrix} \bar{Q}_3^T = \begin{bmatrix} \mathcal{O}_s \\ \mathcal{O}_s A^s \end{bmatrix} \mathcal{X}_0$$

したがって，$\bar{Q}_3^T \bar{Q}_3 = I$ と $\bar{Q}_4^T \bar{Q}_4 = I$ を用いると

$$R_{33} = \mathcal{O}_s \mathcal{X}_0 \bar{Q}_3, \quad R_{43} = \mathcal{O}_s A^s \mathcal{X}_0 \bar{Q}_3 \qquad (A.26)$$

が得られる。ここで，次式を満たすベクトル μ と ν を考える。

$$L_{22} \begin{bmatrix} \mu \\ \nu \end{bmatrix} = \begin{bmatrix} R_{22} & 0 \\ R_{32} & R_{33} \end{bmatrix} \begin{bmatrix} \mu \\ \nu \end{bmatrix} = 0 \qquad (A.27)$$

式 (3.51) より $\mathcal{U}_p$ が行フルランクであるので R_{22} は正則である。したがって，式 (A.27) より $\mu = 0$ となるので，$R_{33}\nu = \mathcal{O}_s \mathcal{X}_0 \bar{Q}_3 \nu = 0$ となる。さらに $\mathcal{O}_s$ が列フルランクより，$\mathcal{X}_0 \bar{Q}_3 \nu = 0$ となるため $R_{43}\nu = 0$ である。したがって式 (A.26) より

$$L_{32} \begin{bmatrix} \mu \\ \nu \end{bmatrix} = \begin{bmatrix} R_{42} & R_{43} \end{bmatrix} \begin{bmatrix} \mu \\ \nu \end{bmatrix} = 0 \qquad (A.28)$$

となる。式 (A.27) を満たす μ, ν が式 (A.28) を満たすため，式 (3.87a) が成立する。

A.2.4 式 (3.138), (3.140), (3.141) の導出

式 (3.138) を導出する。$v(k)$ のブロックハンケル行列 $\mathcal{V}_{i,j,N}$ を式 (3.47) のように記述する。このとき、式 (3.137) より、次式を得る。

$$\lim_{N \to \infty} \frac{1}{N} \sum_{k=0}^{N-1} v(k+s+j)\zeta^T(k) = \lim_{N \to \infty} \frac{1}{N} \mathcal{V}_{s+j,1,N} Z^T$$

したがって、次式より式 (3.138) を得る。

$$\lim_{N \to \infty} \frac{1}{N} \begin{bmatrix} \mathcal{V}_{s,1,N} \\ \vdots \\ \mathcal{V}_{s-1,1,N} \end{bmatrix} Z^T = \lim_{N \to \infty} \frac{1}{N} \mathcal{V}_{\mathrm{f}} Z^T = 0 \qquad (A.29)$$

いま、式 (3.140) の左辺を計算すると式 (3.118) の可逆性より、次式が成り立つ。

$$\lim_{N \to \infty} \frac{1}{N} \mathcal{V}_{\mathrm{f}} \Pi_{\mathcal{U}_{\mathrm{f}}}^{\perp} Z^T = \lim_{N \to \infty} \left(\frac{1}{N} \mathcal{V}_{\mathrm{f}} Z^T - \frac{1}{N} \mathcal{V}_{\mathrm{f}} \mathcal{U}_{\mathrm{f}}^T \left(\frac{1}{N} \mathcal{U}_{\mathrm{f}} \mathcal{U}_{\mathrm{f}}^T \right)^{-1} \frac{1}{N} \mathcal{U}_{\mathrm{f}} Z^T \right)$$

定義 3.10 における入力 $u(k)$ と雑音 $v(k)$ の無相関性の仮定より $\lim_{N \to \infty} \frac{1}{N} \mathcal{V}_{\mathrm{f}} \mathcal{U}_{\mathrm{f}}^T = 0$ となることと式 (A.29) より、式 (3.140) を得る。

式 (3.139) の左辺を計算すると、次式を得る。

$$\lim_{N \to \infty} \frac{1}{N} \begin{bmatrix} \mathcal{X}_s \\ \mathcal{U}_{\mathrm{f}} \end{bmatrix} \begin{bmatrix} Z^T & \mathcal{U}_{\mathrm{f}}^T \end{bmatrix} = \lim_{N \to \infty} \frac{1}{N} \begin{bmatrix} \mathcal{X}_s Z^T & \mathcal{X}_s \mathcal{U}_{\mathrm{f}}^T \\ \mathcal{U}_{\mathrm{f}} Z^T & \mathcal{U}_{\mathrm{f}} \mathcal{U}_{\mathrm{f}}^T \end{bmatrix}$$

この式の右辺のランクは $n + ms$ であるので、Schur complement と同様に

$$\mathrm{rank} \left(\lim_{N \to \infty} \left(\frac{1}{N} \mathcal{X}_s Z^T - \frac{1}{N} \mathcal{X}_s \mathcal{U}_{\mathrm{f}}^T \left(\frac{1}{N} \mathcal{U}_{\mathrm{f}} \mathcal{U}_{\mathrm{f}}^T \right)^{-1} \frac{1}{N} \mathcal{U}_{\mathrm{f}} Z^T \right) \right) = n$$

を得る。以上より、式 (3.141) が導出された。

A.2.5 補題 3.10 の証明

LQ 分解 (3.144) より、三つの行列 $\mathcal{U}_{\mathrm{f}}, Z, \mathcal{Y}_{\mathrm{f}}$ はそれぞれ以下のように表せる。

$$\mathcal{U}_{\mathrm{f}} = L_{11} Q_1^T \qquad (A.30a)$$

$$Z = L_{21} Q_1^T + L_{22} Q_2^T \qquad (A.30b)$$

$$\mathcal{Y}_{\mathrm{f}} = L_{31} Q_1^T + L_{32} Q_2^T + L_{33} Q_3^T \qquad (A.30c)$$

式 (A.30a) より、$Q_1^T Q_1 = I$ に注意すると次式を得る。

$$\Pi_{\mathcal{U}_{\mathrm{f}}}^{\perp} = I - \mathcal{U}_{\mathrm{f}}^T \left(\mathcal{U}_{\mathrm{f}} \mathcal{U}_{\mathrm{f}}^T \right)^{-1} \mathcal{U}_{\mathrm{f}} = I - Q_1 Q_1^T \tag{A.31}$$

したがって，式 (A.30b)，(A.30c)，(A.31) より

$$\begin{aligned}
\mathcal{Y}_{\mathrm{f}} \Pi_{\mathcal{U}_{\mathrm{f}}}^{\perp} Z^T &= \left(L_{31} Q_1^T + L_{32} Q_2^T + L_{33} Q_3^T \right) \left(I - Q_1 Q_1^T \right) Z^T \\
&= \left(L_{32} Q_2^T + L_{33} Q_3^T \right) \left(L_{21} Q_1^T + L_{22} Q_2^T \right)^T = L_{32} L_{22}^T
\end{aligned}$$

となり，補題が証明された．

A.2.6 補題 3.11 の証明

LQ 分解 (3.151) より，以下の式を得る．

$$\mathcal{U}_{\mathrm{f}} = L_{11} Q_1^T \tag{A.32}$$
$$\mathcal{U}_{\mathrm{p}} = L_{21} Q_1^T + L_{22} Q_2^T \tag{A.33}$$

また，式 (3.149) について次式が成立する．

$$\mathcal{U}_{\mathrm{p}} \Pi_{\mathcal{U}_{\mathrm{f}}}^{\perp} \mathcal{U}_{\mathrm{p}}^T = \mathcal{U}_{\mathrm{p}} \mathcal{U}_{\mathrm{p}}^T - \mathcal{U}_{\mathrm{p}} \mathcal{U}_{\mathrm{f}}^T \left(\mathcal{U}_{\mathrm{f}} \mathcal{U}_{\mathrm{f}}^T \right)^{-1} \mathcal{U}_{\mathrm{f}} \mathcal{U}_{\mathrm{p}}^T \tag{A.34}$$

式 (A.34) に式 (A.32)，(A.33) を代入すると，$\mathcal{U}_{\mathrm{p}} \Pi_{\mathcal{U}_{\mathrm{f}}}^{\perp} \mathcal{U}_{\mathrm{p}}^T = L_{22} L_{22}^T$ を得るが，式 (3.149) の関係より次式が成立する．

$$\mathrm{rank} \left(\lim_{N \to \infty} \frac{1}{N} \mathcal{U}_{\mathrm{p}} \Pi_{\mathcal{U}_{\mathrm{f}}}^{\perp} \mathcal{U}_{\mathrm{p}}^T \right) = \mathrm{rank} \left(\lim_{N \to \infty} \frac{1}{N} L_{22} L_{22}^T \right) = ms$$

すなわち，行列 $\lim_{N \to \infty} \frac{1}{\sqrt{N}} L_{22}$ は可逆である．したがって，Sylvester の不等式より

$$\mathrm{rank} \left(\lim_{N \to \infty} \frac{1}{\sqrt{N}} L_{32} \right) = n$$

が成り立つ．ここで，左特異ベクトルは影響を受けないので式 (3.152) が成り立つ．

引用・参考文献

1) 茅　陽一：システムの推定と同定，計測と制御，**9**, 2, pp. 106-111 (1970)
2) 鈴木　胖，藤井克彦：プロセス同定問題への最小2乗推定法の応用，計測と制御，**10**, 8, pp. 563-578 (1971)
3) 茅　陽一：連立方程式形の動特性自動測定法，自動制御，**7**, 6, pp. 326-331 (1960)
4) 茅　陽一：連立方程式形の動特性自動測定法 (2)，自動制御，**8**, 2, pp. 92-99 (1961)
5) 古田勝久，伊沢計介：プロセス動特性の一測定法，計測と制御，**3**, 9, pp. 665-674 (1964)
6) 鈴木　胖，峠　達男，藤井克彦，西村正太郎：最小2乗法による線形プロセスの動特性決定法について，計測自動制御学会論文集，**1**, 2, pp. 163-173 (1965)
7) 伊沢計介，古田勝久：プラント動特性の測定，機誌，**69**, 569, pp. 742-751 (1966)
8) 茅　陽一：プロセス動特性の統計的推定，計測と制御，**6**, 4, pp. 266-279 (1967)
9) 宮崎誠一，大正雄堂：プロセス動特性測定法の比較，計測と制御，**7**, 9, pp. 641-652 (1968)
10) 上野敏行：最小2乗法による動特性測定法の意味，計測自動制御学会論文集，**5**, 5, pp. 458-466 (1969)
11) 茅　陽一：プロセス動特性のアイデンティフィケーション，機誌，**66**, 530, pp. 371-377 (1963)
12) 相良節夫：同定問題，計測と制御，**8**, 4, pp. 268-280 (1969)
13) 椹木義一，菅井齊喜：相関関数によるプロセスの動特性決定の実際的手法，自動制御，**3**, 3, pp. 157-162 (1956)
14) 佐藤　勇：線形なプロセスの応答の実時間算定法，計測と制御，**3**, 9, pp. 675-683 (1964)
15) 茅　陽一：相関関数解析とそのプロセス動特性計測への応用，計測と制御，**5**, 2, pp. 121-128 (1966)
16) 鈴木　胖，古谷忠義，藤井克彦：動特性推定に用いるプロセス操業データの処理方法，計測自動制御学会論文集，**4**, 2, pp. 121-126 (1968)

17) 茅　陽一：フィードバック系内のプロセスの動特性推定, 電学誌, **87**, 943, pp. 802-810 (1967)
18) 古田勝久：無定位性プロセスの動特性測定法, 計測自動制御学会論文集, **2**, 3, pp. 225-233 (1966)
19) 鈴木　胖, 古谷忠義, 藤井克彦：最小2乗法による無定位プロセスの動特性決定, 計測自動制御学会論文集, **2**, 4, pp. 289-294 (1966)
20) 鈴木　胖：システム・アイデンティフィケーション－I, 制御工学, **14**, 7, pp. 423-432 (1970)
21) 古田勝久：線形システムの観測と同定, コロナ社 (1976)
22) 相良節夫, 秋月影雄, 中溝高好, 片山　徹：システム同定, 計測自動制御学会 (1981)
23) 中溝高好：信号解析とシステム同定, コロナ社 (1988)
24) R.E. Kalman：Design of a self optimizing control system, Trans. ASME, **80**, pp. 468-478 (1958)
25) T. Koopmans：Linear Regression Analysis of Economic Time Series, Haarlem, The Netherlands：De Erven F. Bohn, N.V. (1937)
26) M.J. Levin：Estimation of a system pulse transfer function in the presence of noise, IEEE Trans. Autom. Control, **AC-9**, 3, pp. 229-235 (1964)
27) F.W. Smith and W.B. Hilton：Monte Carlo evaluation of methods for pulse transfer function estimation, IEEE Trans. Autom. Control, **AC-12**, 5, pp. 568-576 (1967)
28) M. Aoki and P.C. Yue：On a priori error estimates of some identification methods, IEEE Trans. Autom. Control, **AC-15**, 5, pp. 541-548 (1970)
29) K. Steiglitz and L.E. McBride：A technique for the identification of linear systems, IEEE Trans. Autom. Control, **AC-10**, 5, pp. 461-464 (1965)
30) P.J. Dhrymes, L.R. Klein and K. Steiglitz：Estimation of Distributed Lags, International Economic Review, **11**, 2, pp. 235-250 (1970)
31) A.E. Rogers and K. Steiglitz：Maximum likelihood estimation of rational transfer function parameters, IEEE Trans. Autom. Control, **AC-12**, 5, pp. 594-597 (1967)
32) K.J. Åström and T. Bohlin：Numerical identification of linear dynamic systems from normal operating records, Proc. IFAC Symp. in adaptive control, Teddington, Middlesex, England (1965)

33) 志岐紀夫, 茅 陽一：プロセス伝達関数推定の比較解析, 電学論, **90**, 6, pp. 183-192 (1970)
34) Y.C. Ho and R.C.K. Lee：Identification of linear dynamic systems, Information and Control, **8**, 1, pp. 93-110 (1965)
35) G.N. Saridis and G. Stein：Stochastic approximation algorithms for linear discrete time systems identification, IEEE Trans. Autom. Control, **AC-13**, 5, pp. 515-523 (1968)
36) D.J. Sakrison：The use of stochastic approximation to solve the system identification problem, IEEE Trans. Autom. Control, **AC-12**, 5, pp. 563-567 (1967)
37) O. Reiersøl：Confluence analysis by means of lag moments and other methods of confluence analysis, Econometrica, **9**, 1, pp. 1-23 (1941)
38) K.Y. Wong and E. Polak：Identification of linear discrete time systems using the instrumental variable method, IEEE Trans. Autom. Control, **AC-12**, 6, pp. 707-718 (1967)
39) I.H. Rowe：A bootstrap method for the statistical estimation of model parameters, Int. J. Control, **12**, 5, pp. 721-738 (1970)
40) R.N. Pandya：A class of bootstrap estimators for linear system identification, Int. J. Control, **15**, 6, pp. 1091-1104 (1972)
41) Y.S. Hsu：On system identification using instrumental variables, Proc. 3rd Hawaii Int. Conf. Syst. Sci., pp. 572-575 (1970)
42) S. Gentil, J.P. Sandraz and C. Foulard：Different methods for dynamic identification of an experimental paper machine, Proc. 3rd IFAC symp. on identification and system parameter estimation, pp. 473-483 (1973)
43) 相良節夫, 田島伸夫, 和田 清：補助変数法による同定について, 昭和46年電気四学会九州支部連合大会, 441 (1971)
44) D. W. Clarke：Generalized least squares estimation of the parameters of a dynamic model, The first IFAC symp. on Identification in Automatic Control Systems, Prague (1967)
45) V. Panuska：A stochastic approximation method for identification of linear systems using adaptive filtering, Joint Automatic Control Conf., pp. 1014-1021 (1968)

46) P. C. Young : The use of linear regression and relatedprocedures for the identification of dynamic processes, Proc. 7th IEEE Symp. on Adaptive Processes, pp. 501-505 (1968)

47) J. L. Talmon and A. J. W. van den Boom : On the estimation of the transfer function parameters of process and noise dynamics using a single-stage estimator, Proc. 3rd IFAC symp. on identification and system parameter estimation, pp. 711-720 (1973)

48) L. Ljung and T. Söderström:Theory and practice of recursive identification, MIT press, Cambridge, MA (1983)

49) R. Hastings-James and M. W. Sage : Recursive generalized-least-squares procedure for online identification of process parameters, Proc. IEE, **116**, 12, pp. 2057-2062 (1969)

50) A. V. Baraklishnan and V. Peterka : Identification in automatic control systems, Automatica, **5**, 6, pp. 817-829 (1969)

51) K. J. Åström and P. Eykhoff : System identification : A survey, Automatica, **7**, 2, pp. 123-162 (1971)

52) M. Cuenod and A. P. Sage : Comparison of some methods used for process identification, Automatica, **4**, 4, pp. 235-269 (1968)

53) I. Gustavsson : Comparison of different methods for identification of industrial processes, Automatica, **8**, 1, pp. 127-142 (1972)

54) G. N. Saridis : Comparison of six on-line identification algorithms, Automatica, **10**, 1, pp. 69-79 (1974)

55) R. C. K. Lee : Optimal Estimation Identification and Control, M.I.T. Press, Cambridge, Massachusetts (1964)

56) C. B. Speedy, R. F. Brown and G. C. Goodwin : Control Theory : Identification and Optimal Control, Oliver & Boyd, Edinburgh (1971)

57) A. P. Sage and J. L. Melsa : System Identification, Academic Press, New York (1971)

58) 坂和愛幸:最適システム制御論, 9章, コロナ社 (1972)

59) D. Graupe : Identification of systems, Van Nostrand Reinhold Company (1972)

60) P. Eykhoff : System Identification : Parameter and State estimation, John Wiley & Sons, London (1974)

61) L. Ljung：On Consistency and identifiability, Mathematical Programming Study, **5**, pp. 169-190 (1976)
62) L. Ljung：Convergence analysis of parametric identification methods, IEEE Trans. Autom. Control, **AC-23**, 5, pp. 770-783 (1978)
63) 和田 清：多変数システムの同定, 計測と制御, **28**, 4, pp. 330-336 (1989)
64) R. H. Rossen and L. Lapidus：Minimum realization and system modeling I. Fundamental theory and algorithms, AIChE Journal, **18**, 4, pp. 673-684 (1972)
65) B. Gopinath：On the identification of linear time-invariant systems from input-output data, Bell syst. Technical Journal, **48**, 5, pp. 1101-1113 (1969)
66) M. Budin：Minimal realization of discrete linear systems from input-output observations, IEEE Trans. Autom. Control, **AC-16**, 5, pp. 395-401 (1971)
67) P. Young：Parameter estimation for continuous-time models - A survey, Automatica, **17**, 1, pp. 23-39 (1981)
68) G. P. Rao and H. Unbehauen：Identification of continuous-time systems, IEE Proc. - Control Theory and Appl., **153**, 2, pp. 185-220 (2006)
69) H. Garnier and L. Wang (ed.)：Identification of continuous-time model from sampled data, Springer-Verlag, London (2008)
70) T. Söderström：Identification of stochastic linear systems in presence of input noise, Automatica, **17**, 5, pp. 713-725 (1981)
71) J. D. Sargan：The estimation of economic relationships using Instrumental variables, Econometrica, **26**, 3, pp. 393-415 (1958)
72) 佐和隆光：回帰分析, 朝倉書店 (1979)
73) 鈴木 胖：システム・アイデンティフィケーション - IV, 制御工学, **14**, 11, pp. 683-693 (1970)
74) S. Haykin：Neural Networks：A Comprehensive Foundation 2nd, Prentice-Hall (1998)
75) 鈴木 胖：システム・アイデンティフィケーション - II, 制御工学, **14**, 8, pp. 483-494 (1970)
76) 和田 清：システム同定の方法, システム制御情報学会, **37**, 1, pp. 15-26 (1993)
77) P. J. Dhrymes：Econometrics：statistical foundations and applications, Harper and Row (1970)
78) 足立修一, 伊原木正裕, 佐野 昭：滑らかな入力信号を用いたインパルス応答の同定, 電子通信学会論文誌, **J68-A**, 10, pp. 1061-1068(1985)

79) 足立修一, 佐野 昭：入力相関行列の悪条件を考慮したインパルス応答の最小2乗推定, 計測自動制御学会論文集, **22**, 11, pp. 1156-1161 (1986)
80) C. T. Mullis and R. A. Roberts：The use of second-order information in approximation of discrete-time linear system, IEEE Trans. on Acoustic, Speech, and Signal Processing, **ASSP-24**, 3, pp. 226-238 (1976)
81) 花崎 泉, 小池建郎, 秋月影雄：システム同定における数値計算上のパラメータ推定精度, 計測自動制御学会論文集, **22**, 10, pp. 1043-1050 (1986)
82) 足立修一, 和泉沢 享, 佐野 昭：悪条件を考慮した伝達関数モデルの同定, 信学論 A, **J70-A**, 3, pp. 410-418 (1987)
83) 和田 清, 矢野寿一郎, 江口三代一, 相良節夫：最小二乗推定における数値的不安定性, 電学論 C, **108**, 5, pp. 304-310 (1988)
84) T. Söderström and P. Stoica：System Identification, Prentice Hall (1989)
85) 富田 豊, A. A. H. Damen, P. Van den Hof：システム同定における式誤差規範 (EMM) と出力誤差規範 (OEM) の相違, 計測自動制御学会論文集, **22**, 1, pp. 50-55 (1986)
86) Y. Tomita, A. A. H. Damen and P. M. J. Van den Hof：Equation error versus output error methods, Ergonomics, **35**, 5/6, pp. 551-564 (1992)
87) 和田 清, 江口三代一, 相良節夫：積率行列による一般化最小2乗推定アルゴリズム, 計測自動制御学会論文集, **23**, 10, pp. 1084-1090 (1987)
88) V. Solo：The Convergence of AML, IEEE Trans. Autom. Control, **AC-24**, 6, pp. 958-962 (1979)
89) N. Liviatan：Consistent estimation of distributed lags, International Economic Review, **4**, 1, pp. 44-52 (1963)
90) W. R. Wouters：On-line identification in an unknown stochastic environment, IEEE Trans. Systems, Man and Cybernetics, **SMC-2**, 5, pp. 666-668 (1972)
91) 相良節夫, 和田 清：過去の出力を操作変数として用いる操作変数推定量について, 電学論 C, **97**, 3, pp. 37-44 (1977)
92) B. Finigan and I. H. Rowe：On the identification of linear discrete time system models using the instrumental variable method, Proc. 3rd IFAC symp. on identification and system parameter estimation, The Hague, pp. 729-735 (1973)
93) 和田 清：固有ベクトル法によるシステム同定について, システム制御情報学会, **51**, 1, pp. 34-36 (2007)

94) B. E. Dunne and G. A. Williamson：QR-Based TLS and Mixed LS-TLS Algorithms With Application to Adaptive IIR Filtering, IEEE Trans. Signal Processing, **SP-51**, 2, pp. 386-394 (2003)

95) K. V. Fernando and H. Nicholson：Identification of linear systems with input and output noise： the Koopmans-Levin method, IEE Proc.-Control Theory Appl., **132**, 1, pp. 30-36 (1985)

96) 和田　清，江口三代一：入出力観測雑音がある場合のバイアス補償最小 2 乗法によるパルス伝達関数の推定，第 9 回 DST シンポジウム予稿集，pp. 315-318 (1986)

97) Li-Juan Jia, M. Ikenoue, Chun-Zhi Jin and K. Wada：On bias compensated least squares method for noisy input-output system identification, Proc. 40th IEEE CDC, pp. 3332-3337 (2001)

98) Chun-Bo Feng and Wei-Xing Zheng：Robust identification of stochastic linear systems with correlated output noise, IEE Proc. D - Control Theory and Appl., **138**, 5, pp. 484-492 (1991)

99) P. Stoica, T. Söderström and V. Simonyte：Study of a bias-free least squares parameter estimator, IEE Proc. - Control Theory and Appl., **142**, 1, pp. 1-6 (1995)

100) Y. Zhang, T. T. Lie and C. B. Soh：Consistent parameter estimation of systems disturbed by correlated noise, IEE Proc. - Control Theory and Appl., **144**, 1, pp. 40-44 (1997)

101) W. X. Zheng：On a least-squares-based algorithm for identification of stochastc linear systems, IEEE Trans. Signal Processing, **46**, 6, pp. 1631-1638 (1998)

102) T. Söderström, W. X. Zheng and P. Stoica：Comments on On a least-squares-based algorithm for identification of stochastc linear systems, IEEE Trans. Signal Processing, **47**, 5, pp. 1395-1396 (1999)

103) W. X. Zheng：On parameter estimation of transfer function models, Proc. 38th IEEE CDC, pp. 2412-2413 (1998)

104) R. J. Mulholland, J. R. Cruz and J. Hill：State-variable canonical forms for Prony's method, Int. J. Systems Sci., **17**, 1, pp. 55-64 (1986)

105) H. Barkhuijsen, R. de Beer and D. van Ormondt：Improved algorithm for noniterative time-domain model fitting to exponentially damped magnetic resonance signals, J. Magnetic Resonance, **73**, 3, pp. 553-557 (1987)

106) 相良節夫, 楊子江, 和田　清：IIR ディジタルフィルタによる連続系のパラメータの一致推定, 計測自動制御学会論文集, **26**, 1, pp. 39-45 (1990)

107) S. Sagara, Z. J. Yang and K. Wada：Identification of Continuous Systems Using Digital Low-pass Filters, Int. J. Systems Sci., **22**, 7, pp. 1159-1176 (1991)

108) 相良節夫, 楊子江, 和田　清：連続時間系の同定, システム制御情報学会, **37**, 5, pp. 284-290 (1993)

109) T. Kailath：Linear Systems, Prentice-Hall, Englewood Cliffs, NJ. (1980)

110) 須田信英：離散時間システムの進み型・遅れ型伝達関数の行列分解表現について, 第 17 回制御理論シンポジウム, pp. 39-45 (1988)

111) W. A. Wolovich and H. Elliott：Discrete Models for Linear Multivariable Systems, Int. J. Control, **38**, 2, pp. 97-100 (1983)

112) M. R. Gevers：ARMA models, their Kronecker indices and their McMillan degree, Int. J. Control, **43**, 6, pp. 1745-1761 (1986)

113) J. Valis：On line identification of multivariable linear systems of unknown structure from input output data, IFAC Symp. on Identification, Prague (1970)

114) I. H. Rowe：A statistical model for the identification of multivariable stochastic systems, Proc. IFAC. Symp. on Multivariable Control Systems, **2** (1968)

115) R. Guidorzi：Canonical structures in the identification of multivariable systems, Automatica, **11**, 4, pp. 361-374 (1975)

116) H. El-Sherief and N. K. Sinha：Choice of models for identification of linear multivariable discrete-time systems, Proc. IEE, **126**, 12, pp. 1326-1330 (1979)

117) C. T. Chen：Linear System Theory and Design, Holt, Rinehart and Winston (1984)

118) M. S. Ahmed：Fast GLS algorithm for parameter estimation, Automatica, **20**, 2, pp. 231-236 (1975)

119) N. K. Sinha：Online parameter estimation using matrix pseudoinverse, Proc. IEE, **118**, 8, pp. 1041-1046 (1971)

120) C. M. Woodside：Estimation of the order of linear systems, Automatica, **7**, 6, pp. 727-733 (1971)

121) 和田　清：ARMA モデルの出力分散の理論値の計算法についての一考察，昭和 55 年電気四学会九州支部連合大会 (1980)
122) 和田　清：部分空間同定法って何？，計測と制御，**36**, 8, pp. 569-574 (1997)
123) B. L. Ho and R. E. Kalman：Effective construction of linear state-variable models from input/output functions, Regelungstechnik, **14**, 12, pp. 545-548 (1966)
124) H. P. Zeiger and A. J. McEwen：Approximate linear realizations of given dimension via Ho's algorithm, IEEE Trans. Autom. Control, **19**, 2, pp. 153 (1974)
125) P. L. Faurre：Stochastic realization algorithms, in R. K. Mehra and D. G. Lainiotis, eds., System Identification：Advances and Case Studies, pp. 1-25 Academic Press (1976)
126) H. Akaike：Markovian Representation of Stochastic Processes by Canonical Variables, SIAM J. Control, **13**, 1, pp. 162-173 (1975)
127) J. A. Ramos and E. I. Verriest：A Unifying Tool for Comparing Stochastic Realization Algorithms and Model Reduction Techniques, Proc. of the American Control Conf., pp. 150-155 (1984)
128) W. E. Larimore：System identification, reduced-order filtering and modeling via canonical variate analysis, Proc. of the 1983 American Control Conf., pp. 445-451 (1983)
129) M. Moonen, B. De Moor, L. Vandenberghe and J. Vandewalle：On- and off-line identification of linear state-space models, Int. J. Control, **49**, 1, pp. 219-232 (1989)
130) M. Verhaegen and P. Dewilde：Subspace model identification – Part 1：The output-error state space model identification class of algorithms, Int. J. Control, **56**, 5, pp. 1187-1210 (1992)
131) M. Verhaegen：Subspace model identification Part 3：Analysis of the ordinary output-error state-space model identification algorithm, Int. J. Control, **58**, 3, pp. 555-586 (1993)
132) M. Verhaegen：Identification of the deterministic part of MIMO state space models given in innovations form from input-output data, Automatica, **30**, 1, pp. 61-74 (1994)
133) P. Van Overschee and B. De Moor：Subspace Algorithms for the Stochastic Identification Problem, Automatica, **29**, 3, pp. 649-660 (1993)

134) P. Van Overschee and B. De Moor：N4SID：subspace algorithms for the identification of combined deterministic-stochastic systems, Automatica, **30**, 1, pp. 75-93 (1994)

135) P. Van Overschee and B. De Moor：Subspace Identification for Linear Systems —Theory-Implementation-Applications—, Kluwer Academic Publishers (1996)

136) G. Picci and T. Katayama：Stochastic realization with exogenous inputs and 'subspace-methods' identification, Signal Processing, **52**, 2, pp. 145-160 (1996)

137) T. Katayama and G. Picci：Realization of stochastic systems with exogenous inputs and subspace identification methods, Automatica, **35**, 10, pp.1635-1652 (1999)

138) 片山　徹：システム同定 — 部分空間法からのアプローチ —, 朝倉書店 (2004)

139) T. Katayama：Subspace Methods for System Identification, Springer-Verlag (2005)

140) A. C. van der Klauw, M. Verhaegen and P. P. J. van den Bosch：State Space Identification of Closed Loop Systems, Proc. 30th IEEE CDC, pp. 1327-1332 (1991)

141) I. Gustavsson, L. Ljung and T. Söderström：Identification of Processes in Closed Loop–Identifiablility and Accuracy Aspects, Automatica, **13**, 1, pp. 59-75 (1977)

142) L. Ljung：System Identification：Theory for the User (2nd Edition)., Prentice Hall PTR (1999)

143) U. Forssell and L. Ljung：Closed-loop identification revisited, *Automatica*, **35**, 7, pp. 1215-1241 (1999)

144) H. Oku and T. Fujii：Direct subspace model identification of LTI systems operating in closed-loop, Proc. 43rd IEEE CDC, pp. 2219-2224 (2004)

145) T. Katayama and H. Tanaka：An approach to closed-loop subspace identification by orthogonal decomposition, Automatica, **43**, 9, pp. 1623-1630 (2007)

146) M. Jansson：Subspace identification and ARX modeling, Proc. 13th IFAC Symp. on System Identification (SYSID 2003), pp. 1625-1630 (2003)

147) A. Chiuso and G. Picci：Consistency analysis of some closed-loop subspace identification methods, Automatica, **41**, 3, pp. 377-391 (2005)

148) 児玉慎三, 須田信英：システム制御のためのマトリクス理論（第2版），計測自動制御学会 (1981)
149) A. Lindquist and G. Picci：Geometric Methods for State Space Identification, in S. Bittanti and G. Picci, eds., Identification, Adaptation, Learning, pp. 1-69, Springer-Verlag (1996)
150) M. Jannson and B. Wahlberg：On Consistency of Subspace Methods for System Identification, Automatica, **34**, 12, pp. 1507-1519 (1998)
151) M. Verhaegen and V. Verdult：Filtering and System Identification, Cambridge (2007)
152) 奥 宏史, 田中秀幸：閉ループ部分空間同定法, システム・制御・情報, **50**, 3, pp. 106-111 (2006)
153) M. Verhaegen：Application of a Subspace Model Identification Technique to Identify LTI Systems Operating in Closed-loop, Automatica, **29**, 4, pp 1027–1040 (1993)
154) T. Katayama, H. Kawauchi. and G. Picci：Subspace identification of closed loop systems by the orthogonal decomposition method, Automatica, **41**, 5, pp. 863-872 (2005)
155) A. Chiuso：On the relation between CCA and predictor-based subspace identification, IEEE Trans. Autom. Control, **52**, 10, pp. 1795–1812 (2007)
156) A. Chiuso.：The role of vector autoregressive modeling in predictor-based subspace identification, Automatica, **43**, 6, pp. 1034-1048 (2007)
157) 奥 宏史, 牛田 俊：閉ループ部分空間同定法による倒立振子系の同定実験と制御系設計, 計測と制御, **49**, 7, pp. 457-462 (2010)
158) 松葉一孝, 牛田 俊, 奥 宏史：3自由度運動を行う小型無人ヘリコプタの閉ループ部分空間同定によるモデリングとモデルベース飛行制御, 機論 C, **78**, 792, pp. 2797-2807 (2012)
159) J. Kojio, H. Ishibashi, R. Inoue, S. Ushida and H. Oku：MIMO closed-loop subspace model identification and hovering control of a 6-DOF coaxial miniature helicopter, Proc. SICE Annual Conf. 2014, pp. 1679-1684 (2014)
160) H. Oku, Y. Ogura and T. Fujii：MOESP-type Closed-loop Subspace Model Identification Method, 計測自動制御学会論文集, **42**, 6, pp. 636-642 (2006)
161) 奥 宏史：MOESP型閉ループ部分空間同定法の漸近的性質について, 計測自動制御学会論文集, **46**, 8, pp. 511-518 (2010)

162) P. M. J. Van den Hof and R. J. P. Schrama：An indirect method for transfer function estimation from closed loop data, Automatica, **29**, 6, pp. 1523-1527 (1993)

163) T. S. Ng, G. C. Goodwin and B. D. O. Anderson：Identifiability of MIMO linear dynamic systems opertaing in closed loop, Automatica, **13**, 5, pp. 477-485 (1977)

164) B. D. O. Anderson and M. R. Gevers：Identifiability of linear stochastic systems operating under linear feedback, Automatica, **18**, 2, pp. 195-213 (1982)

165) G. H. Golub and C. F. Van Loan：Matrix Computations, (3rd ed.), The Johns Hopkis University Press (1996)

166) 木村英紀：線形代数，東京大学出版会 (2003)

167) 吉川恒夫，井村順一：現代制御論，昭晃堂 (1994)

168) 薩摩順吉：確率・統計，理工系の数学入門コース 7，岩波書店 (1989)

169) 松原 望，縄田和満，中井検裕：統計学入門，東京大学教養学部統計学教室編，東京大学出版会 (1991)

170) 足立修一：Matlabによるディジタル信号とシステム，東京電機大学出版局 (2002)

171) 北川源四郎：時系列解析入門，岩波書店 (2005)

172) 麻生英樹：ニューラルネットワーク情報処理，産業図書 (1988)

173) Judith Dayhoff：Neural Network Architectures, International Thomson Computer Press (1990)

174) Yoh-Han Pao：Adaptive Pattern Recognition and Neural Networks, Addison-Wesley Publishing Company (1989)

175) Sigeru Omatu, Marzuki Khalid and Rubiyah Yusof：Neuro-Control and Its Applications, Springer (1995)

176) Kenichi Funahashi：On the Approximate Realization of Continuous Mappings by Neural Networks, Neural Networks, **2**, 3, pp. 183-192 (1989)

177) D. T. Pham and X. Liu：Neural Networks for Identification, Prediction and Control, Springer (1995)

178) K. S. Narendra and K. Parthasarathy：Identification and Control of Dynamical Systems Using Neural Networks, IEEE Trans. Neural Networks, **1**, 1, pp. 4-27 (1990)

179) B. Widrow：Adaptive Sampled-Data Systems, Proc. 1st IFAC Congress, Moscow, Part 1, BP1/BP6 (1960)

180) R. E. Kalman：A New Approach to Linear Filtering and Prediction Problems, Trans. ASME, Series D, **83**, 1, pp. 35-45 (1961)
181) B. Widrow, J. R. Glover, Jr., J. M. McCool, J. Kaunitz, C. S. Williams, R. H. Hearn, J. R. Zeidler, E. Dong, Jr. and R. C. Goodlin：Adaptive Noise Cancelling：Principles and Applications, Proc. IEEE, **63**, 12, pp. 1692-1716 (1975)
182) A. Kikuchi, S. Omatu and T. Soeda：Applications of Adaptive Digital Filtering to the Data Processing of Environmental System, IEEE Trans. on Acoustic, Speech, and Signal Processing, **ASSP-27**, 6, pp. 790-803 (1979)
183) 添田　喬, 中溝高好, 大松　繁：信号処理の基礎と応用, 日新出版 (1979)
184) 飯國洋二：適応信号処理アルゴリズム, 培風館 (2000)

問 題 解 答

【2章】

（1） 式 (2.1) と式 (2.3) との比較から，$\boldsymbol{\beta}$, $\boldsymbol{y}$ および X が

$$\boldsymbol{\beta} = \begin{bmatrix} b \\ a \end{bmatrix}, \quad \boldsymbol{y} = \begin{bmatrix} y_1 \\ y_2 \\ \vdots \\ y_N \end{bmatrix}, \quad X = \begin{bmatrix} 1 & x_1 \\ 1 & x_2 \\ \vdots & \vdots \\ 1 & x_N \end{bmatrix}$$

であることがわかる．したがって，式 (2.8) において

$$X^T X = \begin{bmatrix} 1 & 1 & \cdots & 1 \\ x_1 & x_2 & \cdots & x_N \end{bmatrix} \begin{bmatrix} 1 & x_1 \\ 1 & x_2 \\ \vdots & \vdots \\ 1 & x_N \end{bmatrix} = \sum_{i=1}^{N} \begin{bmatrix} 1 & x_i \\ x_i & 1 \end{bmatrix}$$

$$X^T \boldsymbol{y} = \begin{bmatrix} 1 & 1 & \cdots & 1 \\ x_1 & x_2 & \cdots & x_N \end{bmatrix} \begin{bmatrix} y_1 \\ y_2 \\ \vdots \\ y_N \end{bmatrix} = \sum_{i=1}^{N} \begin{bmatrix} y_i \\ x_i y_i \end{bmatrix}$$

であるので，$\boldsymbol{\beta}$ の最小 2 乗推定量 $\widehat{\boldsymbol{\beta}}$ が以下のように求められる．

$$\widehat{\boldsymbol{\beta}} = \begin{bmatrix} \widehat{b} \\ \widehat{a} \end{bmatrix} = \left\{ \sum_{i=1}^{N} \begin{bmatrix} 1 & x_i \\ x_i & x_i^2 \end{bmatrix} \right\}^{-1} \sum_{i=1}^{N} \begin{bmatrix} y_i \\ x_i y_i \end{bmatrix}$$

（2） (a)

$$\widehat{b}_{N+1} = \frac{1}{N+1} \sum_{i=1}^{N+1} y_i = \frac{1}{N+1} \left(\sum_{i=1}^{N} y_i + y_{N+1} \right)$$
$$= \frac{1}{N+1} \left(N \widehat{b}_N + y_{N+1} \right) = \frac{1}{N} \left((N+1)\widehat{b}_N - \widehat{b}_N + y_{N+1} \right)$$
$$= \widehat{b}_N + \frac{1}{N+1} (y_{N+1} - \widehat{b}_N)$$

(b) すべての N について $\boldsymbol{x}_N$ は 1 に等しいので，P_N は $P_N = 1/N$ であり，これらを式 (2.22) に代入すると

$$r_{N+1} = 1 + \frac{1}{N} = \frac{N+1}{N}$$

$$\widehat{b}_{N+1} = \widehat{b}_N + \frac{1}{\frac{N+1}{N}} \frac{1}{N}(y_{N+1} - \widehat{b}_N)$$

$$= \widehat{b}_N + \frac{1}{N+1}(y_{N+1} - \widehat{b}_N)$$

$$P_{N+1} = \frac{1}{N} - \frac{1}{\frac{N+1}{N}} \frac{1}{N} \frac{1}{N} = \frac{1}{N+1}$$

（3） 式 (2.9) より残差 $\widehat{e}_{N+1}$ は，式 (2.22) を用いると

$$\widehat{e}_{N+1} = y_{N+1} - X_{N+1}\widehat{\beta}_{N+1}$$

$$= \begin{bmatrix} y_N \\ y_{N+1} \end{bmatrix} - \begin{bmatrix} X_N \\ x_{N+1}^T \end{bmatrix} \left(\widehat{\beta}_N + \frac{1}{r_{N+1}} P_N x_{N+1} [y_{N+1} - x_{N+1}^T \widehat{\beta}_N] \right)$$

$$= \begin{bmatrix} \widehat{e}_N \\ y_{N+1} - x_{N+1}^T \widehat{\beta}_N \end{bmatrix} - \frac{1}{r_{N+1}} \begin{bmatrix} X_N P_N x_{N+1} \\ x_{N+1}^T P_N x_{N+1} \end{bmatrix} (y_{N+1} - x_{N+1}^T \widehat{\beta}_N)$$

となる．よって，正規方程式 (2.7) より

$$X_{N+1}^T (y_{N+1} - X_{N+1}\widehat{\beta}_{N+1}) = X_{N+1}\widehat{e}_{N+1} = \mathbf{0}$$

であることに注意すると

$$R_{N+1} = y_{N+1}^T \widehat{e}_{N+1}$$

$$= [y_N^T \ y_{N+1}] \begin{bmatrix} \widehat{e}_N \\ y_{N+1} - x_{N+1}^T \widehat{\beta}_N \end{bmatrix}$$

$$- \frac{1}{r_{N+1}}[y_N^T \ y_{N+1}] \begin{bmatrix} X_N P_N x_{N+1} \\ x_{N+1}^T P_N x_{N+1} \end{bmatrix} (y_{N+1} - x_{N+1}^T \widehat{\beta}_N)$$

$$= R_N + \frac{1}{r_{N+1}} \left(r_{N+1} y_{N+1} - \widehat{\beta}_N^T x_{N+1} - y_{N+1} x_{N+1}^T P_N x_{N+1} \right)$$

$$\times (y_{N+1} - x_{N+1}^T \widehat{\beta}_N)$$

$$= R_N + \frac{1}{r_{N+1}}(y_{N+1} - x_{N+1}^T \widehat{\beta}_N)^2$$

（4）

$$\begin{bmatrix} 1 & -d^T \\ \mathbf{0} & I \end{bmatrix} \begin{bmatrix} e & \mathbf{0}^T \\ \mathbf{0} & C \end{bmatrix} \begin{bmatrix} 1 & \mathbf{0}^T \\ -d & I \end{bmatrix} = \begin{bmatrix} e + d^T C d & -d^T C \\ -Cd & C \end{bmatrix}$$

であるので，$d = -C^{-1}b$, $e = a - d^T C d$ を代入すれば確認できる．

(5) J_{BE} を偏微分すると

$$\frac{\partial J_{\mathrm{BE}}}{\partial \widetilde{\boldsymbol{\beta}}} = -2P_e^{-1}(\widetilde{\boldsymbol{\beta}} - \boldsymbol{\beta}_e) - 2X^T(\boldsymbol{y} - X\widetilde{\boldsymbol{\beta}})$$
$$= 2[(X^TX + P_e^{-1})\widetilde{\boldsymbol{\beta}} - (X^T\boldsymbol{y} + P_e^{-1}\boldsymbol{\beta}_e)]$$

となるので,$\widetilde{\boldsymbol{\beta}} = \widehat{\boldsymbol{\beta}}_{\mathrm{BE}}$ とおいて $\boldsymbol{0}$ とすることにより

$$\widehat{\boldsymbol{\beta}}_{\mathrm{BE}} = (X^TX + P_e^{-1})^{-1}(X^T\boldsymbol{y} + P_e^{-1}\boldsymbol{\beta}_e)$$

を得る。

前問の行列の分解を用いると,J_{BE} を偏微分することなく,$\widehat{\boldsymbol{\beta}}_{\mathrm{BE}}$ を導くことができる。まず

$$\widetilde{\boldsymbol{\beta}} - \boldsymbol{\beta}_e = [-\boldsymbol{\beta}_e \ I]\begin{bmatrix}1\\ \widetilde{\boldsymbol{\beta}}\end{bmatrix}, \quad \boldsymbol{y} - X\widetilde{\boldsymbol{\beta}} = [\boldsymbol{y} \ -X]\begin{bmatrix}1\\ \widetilde{\boldsymbol{\beta}}\end{bmatrix}$$

と表されることに注目して,J_{BE} を

$$J_{\mathrm{BE}} = \begin{bmatrix}1 & \widetilde{\boldsymbol{\beta}}^T\end{bmatrix}\begin{bmatrix}\boldsymbol{y}^T\boldsymbol{y} + \boldsymbol{\beta}_e^T P_e^{-1}\boldsymbol{\beta}_e & -(X\boldsymbol{y} + P_e^{-1}\boldsymbol{\beta}_e)^T \\ -(X\boldsymbol{y} + P_e^{-1}\boldsymbol{\beta}_e) & X^TX + P_e^{-1}\end{bmatrix}\begin{bmatrix}1\\ \widetilde{\boldsymbol{\beta}}\end{bmatrix}$$

と書き直す。ついで

$$a = \boldsymbol{y}^T\boldsymbol{y} + \boldsymbol{\beta}_e^T P_e^{-1}\boldsymbol{\beta}_e, \ \boldsymbol{b} = -(X\boldsymbol{y} + P_e^{-1}\boldsymbol{\beta}_e), \ C = X^TX + P_e^{-1}$$

とおき,前問の分解を用いて,さらに

$$J_{\mathrm{BE}} = \begin{bmatrix}1 & \widetilde{\boldsymbol{\beta}}^T\end{bmatrix}\begin{bmatrix}1 & -\boldsymbol{d}^T \\ \boldsymbol{0} & I\end{bmatrix}\begin{bmatrix}e & \boldsymbol{0}^T \\ \boldsymbol{0} & C\end{bmatrix}\begin{bmatrix}1 & \boldsymbol{0}^T \\ -\boldsymbol{d} & I\end{bmatrix}\begin{bmatrix}1\\ \widetilde{\boldsymbol{\beta}}\end{bmatrix}$$
$$= \begin{bmatrix}1 & (\widetilde{\boldsymbol{\beta}} - \boldsymbol{d})^T\end{bmatrix}\begin{bmatrix}e & \boldsymbol{0}^T \\ \boldsymbol{0} & C\end{bmatrix}\begin{bmatrix}1\\ \widetilde{\boldsymbol{\beta}} - \boldsymbol{d}\end{bmatrix}$$

と書き直す。ここで

$$\boldsymbol{d} = (X^TX + P_e^{-1})^{-1}(X^T\boldsymbol{y} + P_e^{-1}\boldsymbol{\beta}_e)$$

である。これより $\widetilde{\boldsymbol{\beta}} = \boldsymbol{d}$ とすれば J_{BE} は最小となり,その最小値が e であることがわかる。

$\widehat{\boldsymbol{\beta}}_{\mathrm{BE}}$ は,式 (2.22) の繰返しアルゴリズムによって求められることを確認しよう。式 (2.20) より

$$X_{N+1}^T X_{N+1} + P_e^{-1} = X_N^T X_N + P_e^{-1} + \boldsymbol{x}_{N+1}\boldsymbol{x}_{N+1}^T$$
$$X_{N+1}^T \boldsymbol{y}_{N+1} + P_e^{-1}\boldsymbol{\beta}_e = X_N^T \boldsymbol{y}_N + P_e^{-1}\boldsymbol{\beta}_e + \boldsymbol{x}_{N+1}y_{N+1}$$

であるので

$$P_{*,N+1}^{-1} = X_{N+1}^T X_{N+1} + P_e^{-1}$$

とおくと

$$P_{*,N+1}^{-1}\widehat{\boldsymbol{\beta}}_{\mathrm{BE},N+1} = P_{*,N}^{-1}\widehat{\boldsymbol{\beta}}_{\mathrm{BE},N} + \boldsymbol{x}_{N+1}y_{N+1}$$
$$P_{*,N+1}^{-1} = P_{*,N}^{-1} + \boldsymbol{x}_{N+1}\boldsymbol{x}_{N+1}^T$$

を得る。これと式 (2.24) の比較から $\widehat{\boldsymbol{\beta}}_N$ と $\widehat{\boldsymbol{\beta}}_{\mathrm{BE}}$ および P_N と $P_{*,N}$ が同じ関係式を満たすことがわかる。したがって，$\widehat{\boldsymbol{\beta}}_N$ の繰返しアルゴリズムと同じ繰返しアルゴリズムで $\widehat{\boldsymbol{\beta}}_{\mathrm{BE}}$ は計算される。また，$\widehat{\boldsymbol{\beta}}_{\mathrm{BE},N}$ と $P_{*,N}$ の定義からわかるように，$P_{*,0} = P_e$, $\widehat{\boldsymbol{\beta}}_{\mathrm{BE},0} = \boldsymbol{\beta}_e$ である。

（6） 差分方程式

$$y(k) + a_1 y_{k-1} + \cdots + a_n y(k-n) = b_1 u_{k-1} + \cdots + b_n u(k-n)$$

を，$y(k) = 0$, $k \leqq 0$, $u(k) = \delta_{k0}$ のもとで解くと，単位パルス応答列 $\{h_k\}$ が

$$h_1 = b_1$$
$$h_2 = -a_1 h_1 + b_2$$
$$h_3 = -a_1 h_2 - a_2 h_1 + b_3$$
$$\vdots$$
$$h_n = -a_1 h_{n-1} - a_2 h_{n-2} - \cdots - a_{n-1} h_1 + b_n$$
$$h_{n+i} = -a_1 h_n - a_2 h_{n-1} - \cdots - a_n h_1 \qquad i \geqq 1$$

のように計算できることがわかる。

（7） 計算結果を以下に示す。
  (a) $\sigma_y^2 = 18.88$
  (b) $\sigma_y^2 = 0.04149$
  (c) $\sigma_y^2 = 0.09612$
  (d) $\sigma_y^2 = 3.987$

(e) $\sigma_y^2 = 2.755$
(f) $\sigma_y^2 = 1.091$
(g) $\sigma_y^2 = 1.518$

（8） 便利のために，$\Psi(N)$ を

$$\Psi(N) = \sum_{k=n+2}^{N} \begin{bmatrix} -y(k-1) \\ \boldsymbol{p}(k-1) \end{bmatrix} [\,-y(k)\ \ \boldsymbol{p}(k-1)^T\,]$$

とおくと

$$\Psi(N) \begin{bmatrix} 1 \\ \widetilde{\boldsymbol{\theta}}(N) \end{bmatrix} = \begin{bmatrix} S(N) \\ \boldsymbol{0} \end{bmatrix} \tag{1}$$

であり

$$\Psi(N) = \Psi(N-1) + \begin{bmatrix} -y(N-1) \\ \boldsymbol{p}(N-1) \end{bmatrix} [\,-y(N)\ \ \boldsymbol{p}(N-1)^T\,]$$

である。この式の両辺に後ろから $[\,1\ \ \widetilde{\boldsymbol{\theta}}(N-1)^T\,]^T$ をかけると

$$\Psi(N) \begin{bmatrix} 1 \\ \widetilde{\boldsymbol{\theta}}(N-1) \end{bmatrix} = \begin{bmatrix} S(N-1) \\ \boldsymbol{0} \end{bmatrix} - \begin{bmatrix} -y(N-1) \\ \boldsymbol{p}(N-1) \end{bmatrix} \widetilde{\xi}(N)$$

となる。ここで

$$\Psi(N) \begin{bmatrix} 0 \\ \boldsymbol{t}(N) \end{bmatrix} = \begin{bmatrix} -\beta(N) \\ \boldsymbol{p}(N-1) \end{bmatrix} \tag{2}$$

のように $\boldsymbol{t}(N)$ と $\beta(N)$ を導入すると

$$\begin{bmatrix} -y(N-1) \\ \boldsymbol{p}(N-1) \end{bmatrix} = \begin{bmatrix} -y(N-1) + \beta(N) \\ \boldsymbol{0} \end{bmatrix} + \begin{bmatrix} -\beta(N) \\ \boldsymbol{p}(N-1) \end{bmatrix}$$

$$= \begin{bmatrix} -(y(N-1) - \beta(N)) \\ \boldsymbol{0} \end{bmatrix} + \Psi(N) \begin{bmatrix} 0 \\ \boldsymbol{t}(N) \end{bmatrix}$$

より

$$\Psi(N) \begin{bmatrix} 1 \\ \widetilde{\boldsymbol{\theta}}(N-1) \end{bmatrix} = \begin{bmatrix} S(N-1) \\ \boldsymbol{0} \end{bmatrix} - \begin{bmatrix} -(y(N-1) - \beta(N))\widetilde{\xi}(N) \\ \boldsymbol{0} \end{bmatrix}$$

$$- \Psi(N) \begin{bmatrix} 0 \\ \boldsymbol{t}(N)\widetilde{\xi}(N) \end{bmatrix}$$

となるので

$$\Psi(N)\left\{\begin{bmatrix}1\\ \widetilde{\boldsymbol{\theta}}(N-1)\end{bmatrix} + \begin{bmatrix}0\\ \boldsymbol{t}(N)\widetilde{\xi}(N)\end{bmatrix}\right\}$$
$$=\begin{bmatrix}S(N-1)+(y(N-1)-\beta(N))\widetilde{\xi}(N)\\ \boldsymbol{0}\end{bmatrix}$$

を得る．よって，この式と式 (1) から

$$\widetilde{\boldsymbol{\theta}}(N) = \widetilde{\boldsymbol{\theta}}(N-1) + \boldsymbol{t}(N)\widetilde{\xi}(N)$$
$$S(N) = S(N-1) + (y(N-1)-\beta(N))\widetilde{\xi}(N)$$

なる繰返しアルゴリズムを得る．

式 (2) より，$\boldsymbol{t}(N)$ と $\beta(N)$ は

$$\left[\sum_{k=n+2}^{N} \boldsymbol{p}(k-1)\boldsymbol{p}(k-1)^T\right]\boldsymbol{t}(N) = \boldsymbol{p}(N-1)$$
$$\beta(N) = \sum_{k=n+2}^{N} y(k-1)\boldsymbol{p}(k-1)^T\boldsymbol{t}(N)$$

である．したがって

$$\sum_{k=n+2}^{N}\boldsymbol{p}(k-1)\boldsymbol{p}(k-1)^T = \sum_{k=n+1}^{N-1}\boldsymbol{p}(k)\boldsymbol{p}(k)^T = P(N-1)^{-1}$$

に注意すると，$\boldsymbol{t}(N) = P(N-1)\boldsymbol{p}(N-1)$ であり，$\beta(N)$ が

$$\beta(N) = \sum_{k=n+1}^{N-1} y(k)\boldsymbol{p}(k)^T\boldsymbol{t}(N) = \widehat{\boldsymbol{\theta}}_{\mathrm{LS}}(N-1)^T\boldsymbol{p}(N-1)$$

であることがわかる．以上より式 (2.123) を得る．

(9) $s^2 + 2\zeta\omega_n s + \omega_n^2 = (s-\lambda_1)(s-\lambda_2)$ において，$\zeta > 1$ であるので $\lambda_1 > \lambda_2$ とすると

$$\lambda_1 = (-\zeta + \sqrt{\zeta^2-1})\omega_n, \ \lambda_2 = (-\zeta - \sqrt{\zeta^2-1})\omega_n$$

である．したがって，$\lambda_1 - \lambda_2 = 2\sqrt{\zeta^2-1}\,\omega_n$ であり，式 (2.135) より

$$\left.\begin{aligned}&a_1 = -(\mu_1 + \mu_2), \quad \mu_1 = e^{\lambda_1 \Delta}, \ \mu_2 = e^{\lambda_2 \Delta}\\ &a_2 = e^{-2\zeta\omega_n \Delta}\\ &b_1 = K\left(1 + \frac{1}{2\sqrt{\zeta^2-1}\,\omega_n}(\lambda_2\mu_1 - \lambda_1\mu_2)\right)\\ &b_2 = K\left(a_2 - \frac{1}{2\sqrt{\zeta^2-1}\,\omega_n}(\lambda_1\mu_1 - \lambda_2\mu_2)\right)\end{aligned}\right\}$$

となることがわかる。$K = 10$, $\omega_n = 0.2$, $\zeta = 1.25$ および $\Delta = 1$ を上式に代入して計算すると以下を得る。

$$a_1 = -1.5751575, \ a_2 = 0.6065307,$$
$$b_1 = 0.1699012, \ b_2 = 0.1438307$$

(10) (a)

$$(zI - A)^{-1} = \begin{bmatrix} z & -1 \\ 0 & z - 0.6 \end{bmatrix}^{-1} = \frac{1}{z(z - 0.6)} \begin{bmatrix} z - 0.6 & 1 \\ 0 & z \end{bmatrix}$$

であるので

$$\begin{aligned} H(z) &= C(zI - A)^{-1}B + D \\ &= \frac{1}{z(z-0.6)}\begin{bmatrix} z & -1 \\ 1.4z & -(z+0.8) \end{bmatrix} + \begin{bmatrix} 0 & 0 \\ 1 & 1 \end{bmatrix} \\ &= \frac{1}{z(z-0.6)}\begin{bmatrix} z & -1 \\ z+0.8 & z^2 - 1.6z - 0.8 \end{bmatrix} \end{aligned}$$

となる。

(b) $\nu_1 = 1$, $\nu_2 = 1$ であるので,$T = C$ であり正準形 SSR の $\bar{A}$, $\bar{B}$, $\bar{C}$ は

$$\bar{A} = TAT^{-1} = \begin{bmatrix} -0.8 & 1 \\ -1.12 & 1.4 \end{bmatrix}, \ \bar{B} = TB = \begin{bmatrix} 1 & 0 \\ 1.4 & -1 \end{bmatrix}, \ \bar{C} = I$$

である。よって,正準形 MFD の $\bar{P}(q)$, $\bar{Q}(q)$ は

$$\bar{P}(q) = zI - \bar{A} = \begin{bmatrix} q + 0.8 & -1 \\ 1.12 & q - 1.4 \end{bmatrix}$$

$$\bar{Q}(q) = \bar{B} + \bar{P}(q)D = \begin{bmatrix} 0 & -1 \\ q & q - 2.4 \end{bmatrix}$$

であり,正準形 VDE の $\bar{F}(q^{-1})$, $\bar{G}(q^{-1})$ は

$$\bar{F}(q^{-1}) = q^{-1}I \cdot \bar{P}(q) = \begin{bmatrix} 1 + 0.8q^{-1} & -q^{-1} \\ 1.12q^{-1} & 1 - 1.4q^{-1} \end{bmatrix}$$

$$\bar{G}(q^{-1}) = q^{-1}I \cdot \bar{Q}(q) = \begin{bmatrix} 0 & -q^{-1} \\ 1 & 1 - 2.4q^{-1} \end{bmatrix}$$

である。

【3章】

(1) 式 (3.21) を示す。$w(k), v(k)$ は白色雑音であり，式 (3.24) を用いると

$$\mathrm{E}\left[\begin{bmatrix} w(k+j) \\ v(k+j) \end{bmatrix} v^T(k)\right] = 0, \quad \mathrm{E}\left[\begin{bmatrix} w(k+j) \\ v(k+j) \end{bmatrix} y^T(k)\right] = 0$$

となるので ($j \geqq 1$)，式 (3.11) より以下の式が成立する。

$$\begin{aligned}
\Lambda_j &= \mathrm{E}\left[(Cx(k+j) + v(k+j))y^T(k)\right] = C\mathrm{E}\left[x(k+j)y^T(k)\right] \\
&= C\mathrm{E}\left[(Ax(k+j-1) + w(k+j-1))y^T(k)\right] \\
&= CA\mathrm{E}\left[x(k+j-1)(y(k))^T\right] = CA^2\mathrm{E}\left[(Ax(k+j-2))y^T(k)\right] \\
&= \cdots = CA^{j-1}\mathrm{E}\left[x(k+1)y^T(k)\right]
\end{aligned}$$

この式より，式 (3.21) が得られる。

(2) 式 (3.26) を示す。定常性により $X = \mathrm{E}[x(k+1)x^T(k+1)]$ となるので，式 (3.24) に注意するとリアプノフ方程式 (3.26a) が得られる。同様に式 (3.24) を用いると，式 (3.26b), (3.26c) が得られる。

(3) 式 (3.37) を示す。式 (3.36a) を繰り返し用いると，以下の式が得られる。

$$\begin{aligned}
\xi(1) &= F\xi(0) + Ky(0) \\
\xi(2) &= F\xi(1) + Ky(1) = F(F\xi(0) + Ky(0)) + Ky(1) \\
\xi(3) &= F\xi(2) + Ky(2) = F^3\xi(0) + F^2 Ky(0) + FKy(1) + Ky(2)
\end{aligned}$$

以上により，以下の式が成立することがわかる。

$$\begin{aligned}
\xi(s) &= F^s\xi(0) + F^{s-1}Ky(0) + F^{s-2}Ky(1) + \cdots + Ky(s-1) \\
&= F^s\xi(0) + \begin{bmatrix} F^{s-1}K & F^{s-2}K & \cdots & K \end{bmatrix} \begin{bmatrix} y(0) \\ y(1) \\ \vdots \\ y(s-1) \end{bmatrix}
\end{aligned}$$

ここで，式 (3.38) の $\mathcal{F}_s$ を用いると，式 (3.37) を得る。

(4) 式 (3.43) を確かめる。状態方程式 (3.1a) を繰り返し用い，以下の式を得る。

$$\begin{aligned}
x(k+1) &= Ax(k) + Bu(k) \\
x(k+2) &= Ax(k+1) + Bu(k+1) \\
&= A(Ax(k) + Bu(k)) + Bu(k+1)
\end{aligned}$$

$$x(k+3) = Ax(k+2) + Bu(k+2)$$
$$= A^3 x(k) + A^2 Bu(k) + ABu(k+1) + Bu(k+2)$$

この式より式 (3.208) が成立し，式 (3.43) が確かめられる．

出力方程式 (3.1b) を用い，式 (3.43) から式 (3.44) が得られる．また
$$y(k+j) = CA^j x(k) + Du(k+j)$$
$$+ \begin{bmatrix} CA^{j-1}B & CA^{j-2}B & \cdots & CB \end{bmatrix} \begin{bmatrix} u(k) \\ u(k+1) \\ \vdots \\ u(k+j-1) \end{bmatrix}$$

より，式 (3.45) が得られる．

（5）式 (3.77) を示す．式 (3.1a) の状態 $x(k+1)$ の k を $k = s+j$ とおいて，$x(s+1+j)$ を $j = 0, 1, \cdots, N-1$ について左から順に並べる．また，式 (3.1b) の出力 $y(k)$ の k を $k = s+j$ とおき，$y(s+j)$ を $j = 0, 1, \cdots, N-1$ について左から順に並べる．このとき
$$\mathcal{X}_{s+1} = \begin{bmatrix} x(s+1) & x(s+2) & \cdots & x(s+N) \end{bmatrix}$$
$$\mathcal{Y}_{s,1,N} = \begin{bmatrix} y(s) & y(s+1) & \cdots & y(s+N-1) \end{bmatrix}$$

が得られる．同様に，$x(k)$ と $u(k)$ の k を $k = s+j$ とおき，それらを $j = 0, 1, \cdots, N-1$ について左から順に並べると，以下の式を得る．
$$\mathcal{X}_s = \begin{bmatrix} x(s) & x(s+1) & \cdots & x(s+N-1) \end{bmatrix}$$
$$\mathcal{U}_{s,1,N} = \begin{bmatrix} u(s) & u(s+1) & \cdots & u(s+N-1) \end{bmatrix}$$

これらの行列および式 (3.1) を用いると，式 (3.77) を得る．

（6）式 (3.78) は，式 (3.77) を用い $\mathcal{K}_s$ を代入した以下の式から得られる．
$$\mathcal{X}_s = A^s \mathcal{X}_0 + \begin{bmatrix} A^{s-1}B & A^{s-2}B & \cdots & B \end{bmatrix} \begin{bmatrix} \mathcal{U}_{0,1,N} \\ \mathcal{U}_{1,1,N} \\ \vdots \\ \mathcal{U}_{s-1,1,N} \end{bmatrix}$$
$$= A^s \mathcal{X}_0 + \mathcal{K}_s \mathcal{U}_\mathrm{p}$$

（7）式 (3.153) を示す．式 (3.151) より，以下の式を得る．
$$\mathcal{U}_\mathrm{f} = L_{11} Q_1^T, \quad \mathcal{Y}_\mathrm{f} = L_{31} Q_1^T + L_{32} Q_2^T + L_{33} Q_3^T$$

この式から $\mathcal{U}_\mathrm{f} \mathcal{U}_\mathrm{f}^T = L_{11} L_{11}^T$ となることと，L_{11} が正則であることに注意す

ると, $\mathcal{U}_\mathrm{f}^T \left(\mathcal{U}_\mathrm{f} \mathcal{U}_\mathrm{f}^T \right)^{-1} = Q_1 L_{11}^T (L_{11} L_{11}^T)^{-1} = Q_1 L_{11}^{-1}$ を得る. したがって, $Q_2^T Q_1 = 0$, $Q_3^T Q_1 = 0$ より式 (3.153) を得る.

(8) 式 (3.172) を導出する. 式 (3.169b) に式 (3.170) を代入すると, $u(k) = r(k) - C(q)y(k)$ を得る. これに式 (3.169a) を代入して

$$u(k) = r(k) - C(q)\left(G(q)u(k) + H(q)e(k)\right)$$

が得られる. この式を整理し, 式 (3.173) の $S(q)$ を用いると以下の式を得る.

$$\begin{aligned} u(k) &= (I + C(q)G(q))^{-1} r(k) - (I + C(q)G(q))^{-1} C(q)H(q)e(k) \\ &= S(q)r(k) - S(q)C(q)H(q)e(k) \end{aligned}$$

一方, 式 (3.173) の $W(q)$ を用いると, 以下の式が成り立つ.

$$\begin{aligned} y(k) &= G(q)u(k) + H(q)e(k) \\ &= G(q)\left(S(q)r(k) - S(q)C(q)H(q)e(k)\right) + H(q)e(k) \\ &= G(q)S(q)r(k) + (I - G(q)S(q)C(q))H(q)e(k) \\ &= G(q)S(q)r(k) + \left\{I - G(q)(I + C(q)G(q))^{-1} C(q)\right\} H(q)e(k) \\ &= G(q)S(q)r(k) + \left\{I - G(q)C(q)(I + G(q)C(q))^{-1}\right\} H(q)e(k) \\ &= G(q)S(q)r(k) + (I + G(q)C(q))^{-1} H(q)e(k) \\ &= G(q)z(k) + W(q)H(q)e(k) \end{aligned}$$

ただし, $z(k) = S(q)r(k)$ を用いた. 以上により, 式 (3.172) が示された.

【4 章】

(1) 分数の微分公式より

$$\frac{dy}{dx} = \frac{e^{-x}}{(1 - e^{-x})^2} = \left(\frac{1}{1 - e^{-x}}\right)\left(1 - \frac{1}{1 - e^{-x}}\right) = y(1 - y)$$

(2) $f'(x) = 8x - 4 = 0$ とおくと, $x = 0.5$ で $f(x)$ の最小値 1 を得る. 勾配法によると以下のように $x = 0.5$ へ次第に収束することがわかる. また, α を大きくすれば修正量が増加するため, 広域での探索が可能となる. したがって, 初期の近くでは α を大きく, 次第に小さくすると, 良好な収束結果を得ることが多い.

$$x(1) = 3 - 0.05 \times (8 \times 3 - 4) = 2,$$
$$x(2) = 2 - 0.05 \times (8 \times 2 - 4) = 1,$$

$$x(3) = 1 - 0.05 \times (8 \times 1 - 4) = 0,$$
$$x(4) = 0 - 0.05 \times (8 \times 0 - 4) = 0.2, \cdots$$

（３） (a) は点 $(x(n), g(x(n))$ を通る傾きが $g'(x(n))$ の直線公式より明らかである。
(b) は接線が x 軸と交わる点が $(x(n+1), y=0)$ となることから導かれる。
(c) は問 (b) の結果に対して $g(x) = f'(x)$ とおけばよい。
(d) は $\alpha = \dfrac{1}{f''(x(n))}$ とおけばよい。

（４） 関数および変数の増分を Δ で表現すると次式となる。
$$\Delta f = \frac{\partial f}{\partial z_1}\Delta z_1 + \frac{\partial f}{\partial z_2}\Delta z_2, \quad \Delta z_1 = \frac{dz_1}{dx}\Delta x, \quad \Delta z_2 = \frac{dz_2}{dx}\Delta x$$
$$\frac{\Delta w}{\Delta x} = \frac{\Delta w}{\Delta z}\frac{\Delta z}{\Delta x}$$

上式で $\Delta \to 0$ とすると，微分の定義から諸関係が導出できる。

索引

【あ】

安定　221

【い】

1 入力 1 出力　185
一致推定量　27
一般化最小 2 乗推定量　47
一般化 δ ルール　176, 200
遺伝的アルゴリズム　181
移動平均モデル　205
イノベーション形式
　　105, 151, 161
インパルス応答列　97

【え】

エミュレータ　194
エルゴード性　223

【か】

回帰モデル　18
階数（ランク）　214
可観測　220
可観測指数　84
可観測性行列　220
拡大可観測性行列　98, 109
拡大可到達性行列　98
拡大最小 2 乗推定量　50
確定系の MOESP 法　117
確定系の N4SID 法　123
確定実現アルゴリズム　99
確率極限　27
確率実現アルゴリズム　106
確率収束　27

確率部分空間同定法　129
可到達　220
可到達性行列　220
カルマンフィルタ　199
慣性項　179

【き】

擬似逆行列　216
強化学習　174
行空間　215
教師付き学習　173
教師なし学習　173
共分散行列　222
行列入出力方程式　111
行列分数表現　82
近似離散時間モデル　68

【く】

繰返し最小 2 乗
　アルゴリズム　23
クロネッカー積　79
クロネッカーのデルタ
　　　　　　61, 222

【こ】

合成雑音　62
誤差逆伝播法　176

【さ】

最小 2 乗推定量　19
最小実現　221
最尤推定量　22
残　差　20, 51
残差平方和　20

サンプリング周期　28

【し】

式誤差　31
シグモイド関数　176
時系列パラメータ　205
自己回帰移動平均モデル　206
自己回帰モデル　205
持続的励振性　111
実数体　213
シフトオペレータ　131
弱定常　222
出力誤差　43
出力誤差法　44
出力誤差モデル　131
出力データブロック
　ハンケル行列　110
巡回型フィルタ　202
状態空間表現　82
状態空間モデル　185
　——による同定　189
小標本特性　27

【す】

数式モデル併用型同定方式
　　　　　　　　189
数値的不安定性　37
ステップ不変　29
スペクトル密度関数
　　　　　　102, 222

【せ】

正規方程式　19
正　定　219

索引　253

漸近安定	221	
漸近特性	27	
漸近バイアス	40	
線形回帰式	17	

【そ】

双一次変換	68
相似変換	220

【た】

大標本特性	27
多層パーセプトロン	175
多変量線形回帰式	77
単位行列	213
単位パルス応答列	25

【ち】

直並列型構造の同定手法	188
直　交	214
直交行列	216
直交射影行列	218
直交補空間	214

【て】

適応フィルタ	200
伝達関数モデル	38

【と】

特異値	216
特異値分解	60, 215
特異ベクトル	60
トレース	214

【に】

2次定常	222
入出力データブロック　ハンケル行列	110
入出力モデル	185
――による同定	187

2ノルム	214
ニューラルネットワーク	172
入力データブロック　ハンケル行列	110
ニューロ制御	194

【の】

ノルムの定理	213

【は】

バイアス補償最小2乗　推定量	64
バイアス補償最小2乗法	67
白色雑音	222
白色雑音列	33
パデ近似	68
パルス伝達関数	30
反復計算	48

【ひ】

非巡回型フィルタ	200
非線形離散時間システム	185
非負定	219
標準線形回帰モデル	18

【ふ】

ファジィ制御	194
フィードバック　ネットワーク	173
フィードフォワード　ネットワーク	173
複素数体	213
部分空間	214
不偏推定量	20
フロベニウスノルム	214

【へ】

閉ループ同定	155
ベクトル差分方程式	77

ベクトル差分方程式表現	83
ベクトル2ノルム	214
変数誤差モデル	61

【ほ】

方程式誤差	31
補助変数	52, 142
補助変数行列	142
補助変数推定量	52
補助変数法	51

【ま】

マルコフパラメータ	97
マルコフモデル	100

【む】

無相関	223

【も】

モニック	83

【ゆ】

尤度関数	22
ユークリッドノルム	214

【よ】

予測誤差	51

【ら】

ラグ次数	83
ランク（階数）	214

【り】

リアプノフ方程式	221

【れ】

零行列	213
零空間	215
列空間	215

【A】

ARARX モデル 48
ARMAX モデル 38
ARMAX モデル構造 151
ARMA(p,q) の同定 208
ARX モデル 38
AR(p) の同定 208

【B】

Box-Jenkins モデル 38
Box-Jenkins モデル構造 151

【C】

Cayley-Hamilton の定理 69
CL-MOESP 法 159

【E】

Elman ニューラルネットワーク 184

【G】

GMDH 183

【I】

innovation form 105

【L】

LQ 分解 217
——による直交射影 218

【M】

Markov パラメータ 97
MA(q) の同定 208
MOESP 法 117
Moore-Penrose 逆行列 216

【N】

N4SID 法 123

【O】

Ordinary MOESP 法 136

【P】

PBSID 法 169
PE 性 111
persistently exciting 111
PI-MOESP 法 144, 145
PO-MOESP 法 147, 149
Prony 法 71

【Q】

QR 分解 217

【R】

RQ 分解 60

【S】

Schur complement 219
Sylvester の不等式 215

【V】

vec 演算 79

【ギリシャ文字】

δ ルール 200

―― 著者略歴 ――

和田 清（わだ きよし）
1970年　九州大学工学部電気工学科卒業
1972年　九州大学大学院工学研究科修士課程修了（電気工学専攻）
1975年　九州大学大学院工学研究科博士課程単位取得退学（電気工学専攻）
1975年　九州大学助手
1976年　近畿大学講師
1978年　工学博士（九州大学）
1980年　近畿大学助教授
1981年　九州大学助教授
1993年　九州大学教授
2012年　九州大学名誉教授
2013年　日本文理大学教授
2015年　日本文理大学退職

奥 宏史（おく ひろし）
1994年　大阪大学工学部電子制御機械工学科卒業
1996年　大阪大学大学院基礎工学研究科博士前期課程修了（物理系専攻）
2000年　東京大学大学院工学系研究科博士課程修了（計数工学専攻），博士（工学）
2000年　Twente 大学（オランダ）Post-doctoral research fellow
2002年　大阪工業大学講師
2007年　大阪工業大学准教授
　　　　現在に至る

田中 秀幸（たなか ひでゆき）
1993年　京都大学工学部精密工学科卒業
1995年　京都大学大学院工学研究科博士前期課程修了（応用システム科学専攻）
1995年～96年　名古屋市経済局工業研究所電子部機電技術課勤務
1998年　京都大学助手
1999年　博士（工学）（京都大学）
2007年　京都大学助教
2011年　広島大学准教授
2015年　広島大学教授
　　　　現在に至る

大松 繁（おおまつ しげる）
1969年　愛媛大学工学部電気工学科卒業
1971年　大阪府立大学大学院工学研究科修士課程修了（電子工学専攻）
1974年　大阪府立大学大学院工学研究科博士課程修了（電子工学専攻），工学博士
1974年　徳島大学助手
1988年　徳島大学教授
1995年　大阪府立大学教授
2010年　大阪工業大学教授
　　　　現在に至る

システム同定
System Identification

Ⓒ 公益社団法人 計測自動制御学会 2017

2017 年 3 月 21 日　初版第 1 刷発行

検印省略

編　者	公益社団法人 計 測 自 動 制 御 学 会 東京都千代田区神田小川町 1–11–9 金子ビル 4 階
著　者	和　田　　　清
	奥　　　宏　史
	田　中　秀　幸
	大　松　　　繁
発行者	株式会社　コ ロ ナ 社
	代表者　牛来真也
印刷所	三美印刷株式会社

112–0011　東京都文京区千石 4–46–10

発行所　株式会社　コ ロ ナ 社
CORONA PUBLISHING CO., LTD.
Tokyo Japan

振替 00140–8–14844・電話 (03) 3941–3131 (代)

ホームページ http://www.coronasha.co.jp

ISBN 978-4-339-03359-5　　（齋藤）　　（製本：愛千製本所）
Printed in Japan

本書のコピー，スキャン，デジタル化等の無断複製・転載は著作権法上での例外を除き禁じられております。購入者以外の第三者による本書の電子データ化及び電子書籍化は，いかなる場合も認めておりません。

落丁・乱丁本はお取替えいたします